U0193577

认识
光通信

···2020年信息通信科普教育精品···

原荣◎编著

机械工业出版社
CHINA MACHINE PRESS

内容简介

本书为普及光通信技术知识而编写。本书运用通俗的语言和生动的插图对光纤通信、大气光通信、蓝绿光通信、可见光通信及量子通信的一些基本概念进行了系统的阐述，本书无论从内容选取、机理说明、概念解释，还是从文字叙述、插图说明和实用程度等方面，都具备自己的特色，适合想初步了解光通信基础知识的人员阅读，也可作为大中专院校相关专业的参考书籍，同时对从事光通信系统和网络研究教学、规划设计、管理和维护的有关人员也有一定的参考价值。

图书在版编目（CIP）数据

认识光通信/原荣编著 . —北京：机械工业出版社，2019. 11（2024. 1 重印）
ISBN 978-7-111-64182-7

Ⅰ. ①认… Ⅱ. ①原… Ⅲ. ①光通信-普及读物 Ⅳ. ①TN929. 1-49

中国版本图书馆 CIP 数据核字（2019）第 265401 号

机械工业出版社（北京市百万庄大街22号　邮政编码　100037）
策划编辑：李馨馨　　责任编辑：李馨馨　秦 菲
责任校对：张艳霞　　责任印制：单爱军

北京虎彩文化传播有限公司印刷

2024 年 1 月第 1 版·第 3 次印刷
184mm×240mm·21 印张·494 千字
标准书号：ISBN 978-7-111-64182-7
定价：89. 00 元

电话服务　　　　　　　　网络服务
客服电话：010-88361066　　机 工 官 网：www.cmpbook.com
　　　　　010-88379833　　机 工 官 博：weibo.com/cmp1952
　　　　　010-68326294　　金 书 网：www.golden-book.com
封底无防伪标均为盗版　　机工教育服务网：www.cmpedu.com

　　光导纤维是现代通信网络中传输信息的最佳媒质，光纤通信是信息社会的支柱。作为一种新兴的通信技术，在短短 50 多年的时间里，光纤通信获得了迅速的发展，受到人们的普遍关注。目前，无论是电信骨干网还是用户接入网，无论是陆地通信网还是海底光缆网，无论是固定通信网还是移动互联网，无论是看电视还是打电话，光纤无处不在、无时不用，光纤传输技术随时随地都能碰到。所以，人们初步了解一些光纤通信的基础知识是非常必要的。

　　光通信除光纤通信外，还有潜艇应用的蓝绿光通信、将广泛应用的可见光通信、绝对安全的量子通信以及星际国防应用的大气激光通信。

　　本书选取了光通信中最基本的和日常生活密切相关的知识和技术，增加了对光通信做出杰出贡献的有关科学家的事迹，以通俗易懂、简明扼要、图文并茂的方式系统地对其进行讲解，以便具有初中以上文化程度的普通读者也能够看懂。

　　本书共分 12 章，第 1 章和第 2 章分别介绍了光通信的历史和基础知识；第 3 章说明了光纤传输原理以及光纤传输特性和种类；第 4 章介绍了光干涉无源器件，如马赫-曾德尔（M-Z）器件和阵列波导光栅（AWG）器件等；第 5 章介绍了法拉第磁光效应器件；第 6 章介绍了发光机理、各种激光器和先进的 QPSK/QAM 光调制器；第 7 章介绍了光探测原理、几种光探测器和光接收机误码率、Q 参数和 OSNR 及其关系；第 8 章介绍了掺铒光纤放大器（EDFA）、光纤拉曼放大器和半导体光放大器（SOA）；第 9 章阐述了光纤通信系统的基础知识和几种光纤通信系统，包括 SDH、HFC、WDM、偏振复用和相干检测系统；第 10 章介绍了高速光纤通信技术，包括前向纠错、数字信号处理（DSP）、增益均衡、奈奎斯特脉冲整形、100 Gbit/s 超长距离 DWDM 系统、海底光缆通信和光纤传输量子通信；第11章简述了无源光网络接入，包括三网融合、EPON、GPON、WDM-PON；第12章介绍了自由空间光通信、蓝绿光通信、可见光通信和自由空间传输量子通信。

为了使读者更容易理解，书中特地在介绍一个现象或器件的原理前，增加了一些通俗易懂、日常生活中经常会碰到的现象，并以插图形式形象地加以说明。该书章节标题都给出了副标题，用关键词给出其目的、简要说明或实现途径，并且插入古今中外科学家、伟人、名人有关励志求学、科学探索的名言警句和小故事。

衷心感谢机械工业出版社李馨馨编辑和秦菲编辑在本书出版过程中付出的辛劳及所做的贡献！

原　荣

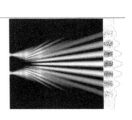

第 3 章　光纤通信传输介质——光导纤维 / 55

第 4 章　光干涉无源器件 / 89

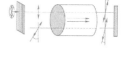
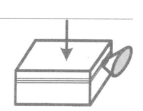

第 7 章 　光探测及光接收 / 143

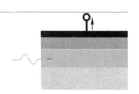

第 8 章 　光放大器 / 163

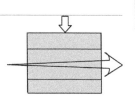

第 9 章　光纤通信系统 / 183

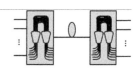

第 10 章 高速光纤通信 / 215

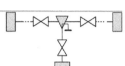

第 11 章　无源光网络接入 / 247

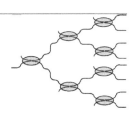

第 12 章 无线光通信 / 271

附录 / 311

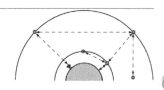

天文观测现象引导天文学家。

——尼古拉·哥白尼（N. Kopernik）

尼古拉·哥白尼（1473—1543 年）——近代自然科学的奠基人

哥白尼——近代自然科学的奠基人

尼古拉·哥白尼（1473—1543 年），是欧洲文艺复兴时期的波兰天文学家、数学家、教会法博士、神父，近代自然科学的奠基人。哥白尼确认地球不是宇宙的中心，而是行星之一，从而掀起了一场天文学的根本性革命，是人类探求客观真理道路上的里程碑。哥白尼的伟大功绩，不仅铺平了通向近代天文学的道路，而且开创了整个自然科学向前迈进的新时代。

1492 年，意大利著名的航海家哥伦布发现新大陆。后来麦哲伦和他的同伴绕地球一周，证明地球是球状的，使人们开始真正认识地球。

1496 年，哥白尼到意大利博洛尼亚大学学习教会法，同时努力钻研天文学。在意大利期间，哥白尼熟悉了希腊哲学家阿利斯塔克斯（公元前 3 世纪）的学说，确信地球和其他行星都围绕太阳运转这个日心说是正确的。

哥白尼对地球的形状，曾多次做过间接观测。1500 年 11 月 6 日，他在罗马近郊的一个高岗上观测月食，研究地球投射在月球表面的弧状阴影，从而证实了地球呈球状的论断。他也多次站在波罗的海岸边观察帆船，通过观察，他得出"就连海面也是圆形的"的结论。

1513 年，哥白尼提出了日心说，经过多年的观察和计算完成了他的伟大著作《天体运行论》。哥白尼的这一著作，列举了许多观测资料，证明了地球是球状的，根据相对运动原理，解释了行星运行的规律，并说"地球虽是一个巨大的球体，但比起宇宙来却微不足道"。他的这些论述，否定了教会的权威，闪耀着朴素的唯物主义哲学的光辉，改变了人类对自然对自身的看法。

哥白尼在《天体运行论》中提到，"所有的物体都倾向于将自己凝聚成为球状，如同一滴水或一滴其他的流体一样，总是极力将自己形成一个独立的整体""物体呈球状的原因在于它的重量，即在于物体的微粒或者说原子的一种自然倾向，要把自己凝聚成一个整体，并收缩成球状"。他的这一结论为后来牛顿发现万有引力开辟了道路。

1533 年，60 岁的哥白尼在罗马做了一系列讲演，论述了他的学说要点，但因害怕教会的迫害，他的书在完稿后，迟迟不敢发表，直到他临近古稀之年才终于决定将它出版。

1543年5月24日，在哥白尼去世的那一天，出版商才寄来他写的书。

哥白尼的《天体运行论》是伽利略（1564—1642年）和开普勒（1571—1630年）天文发现的序幕，也是物理学家牛顿（1643—1727年）发现行星运行万有引力定律的基础。伽利略用自己1609年发明的天文望远镜观察日月星辰，发现月球与其他行星所发的光都是太阳的反射光，银河系原是无数发光体的汇总。开普勒利用其老师多年积累的火星观测资料，仔细分析研究，发现火星沿椭圆轨道运行，并且提出行星运动三大定律，即椭圆轨道定律、面积相等定律、行星公转周期定律。从历史的角度看，《天体运行论》是当代天文学的起点，也是现代科学的起点。

第 1 章

光 通 信 史

认 识 光 通 信

1.1　光传递信息自古有之

人的天职在于勇于探索真理。

——尼古拉·哥白尼（N. Kopernik）

1.1.1　周幽王烽火戏诸侯——古老光通信

什么叫光通信？光通信是利用光波作为载体来传递信息的通信。

广义地说，用光传递信息并不是什么新鲜事。早在公元前 2000 多年前，我们的祖先就在都城和边境堆起一些高高的土丘，遇到敌人入侵，就在这些土丘上燃起烟火传递受到入侵的信息，各地诸侯看见烟火就立刻领兵来救援，这种土丘叫作烽火台，如图 1.1.1a 所示，它就是一种古老的光通信设备。其中"千金买笑"即"周幽王烽火戏诸侯"的故事流传甚广（见图 1.1.1b），昏君周幽王为了让自己的爱妃褒姒开怀一笑，答应"谁要能叫娘娘一笑，就赏他一千斤金子"（当时把铜叫金子），于是有人想出了一个点起烽火戏诸侯的办法，想换取娘娘一笑。一天傍晚，周幽王带着爱妃褒姒登上城楼，命令四下点起烽火。临近的诸侯看到了烽火，以为西戎（当时西方的一个部族）来犯，便领兵赶到城下救援，但见灯火辉煌，鼓乐喧天。一打听才知是周幽王为了取乐于娘娘而干的荒唐事儿，各诸侯敢怒不敢言，只好气愤地收兵回营。褒姒见状，果然淡然一笑。但事隔不久，西戎果真来犯，城楼上虽然点起了烽火，却无援兵赶到，原来各诸侯以为周幽王又是故伎重演。结果都城被西戎攻下，周幽王也被杀死了，从此西周灭亡了。

a)

b)

图 1.1.1 古老的光通信设备

a）烽火台 b）周幽王烽火戏诸侯

荷马史诗《伊利亚特》中也提到了烽火通信。

另外，夜间的信号灯、水面上的航标灯也是古老光通信的实例。

1.1.2 信号灯通信——自古到今使用

可见光信号灯是人类自公元前 2000 年以来一直采用的夜间信号装置，到今天也不例外。图 1.1.2 是夜间用信号灯与相邻舰船通信的情景。信号灯操作员一手掌握信号灯的照射方向，另一只手频繁地搬动把手，使信号灯前面的遮光百叶窗按照信号规则展开和关闭，从而发送简短信息。这是几乎每一个水手都要学习的技能之一。

图 1.1.2　信号灯操作员在控制照射方向并开/关百叶窗发送简短信息

1.1.3　航标灯通信——船舶导航指引

人类需要善于实践的人，也需要梦想者。

——居里夫人（M. Curie）

航标灯是安装在某些航标上的交通灯，在夜间发出规定的灯光颜色和闪光频率（频率可以为 0），达到规定的照射角度和能见距，对夜行的船舶进行指引。

航标灯有固定灯标、漂浮灯标、船用灯标和灯塔 4 种。固定灯标、漂浮灯标、船用灯标是作导航和警告用的信标。灯塔在海上昼夜发出可识别信号，供船舶测定位置和向船舶提供危险警告，如图 1.1.3 所示。航标灯多使用蓄电池作电源，小型灯塔已采用太阳能电池，大型灯塔则采用柴油发电机组作为主电源。

灯光通信是使用灯光通信器材进行的视觉信号通信，通常用灯光的颜色、长短闪光来表示字母、数码、勤务用语信号和某种特定意义的内容，用于保障夜间作战指挥、协同动作、标志位置、识别敌我等。常用的器材主要是各种信号灯，近代也可利用手电筒。

图 1.1.3　古代灯塔

　　船舶在夜间航行时，除了航行灯，还应安装各种信号灯，以便对外联系，供本船发生火灾、失去控制或载有易燃危险货物时使用。

　　信号灯全都为 360°环照，安装在雷达桅两侧或独立的信号灯杆两侧，有白光、红光和绿光，用于表示船舶的作业状态。

　　船舶夜航时开启桅灯、尾灯及舷灯；有拖带时，开启两盏桅灯、尾灯及舷灯。锚泊时，关闭航行灯而开启锚灯；搁浅时，在开启锚灯同时再开启两盏红信号灯。船舶失控时，夜间开启航行灯并同时开启两盏红信号灯。拖网渔船作业时，夜间除开启航行灯外还开启一白一绿信号灯。

　　通信闪光灯又称莫尔斯信号灯，由人工操作，按莫尔斯电报码信号发出白光，供近距离通信联络用。

　　在现代作战条件下，许多情况不允许使用可见光信号标志本舰位置或进行通信，因为现代传感器灵敏度较高，可见光信号很可能在较远距离就被敌方观察到。因此，现在各国舰艇都装备有夜间红外信号灯，以便用于夜间航行相遇和编队联络。

　　铁路系统也使用信号灯，用灯光颜色、形状、位置和状态等进行通信联络。

　　南海航线是全球最重要的海上贸易通道之一，但主要航线附近岛礁滩多，暗沙也多，且其位置和水深、水文缺乏准确的资料记录，加之航路附近有许多通航障碍物，这些都需要通过设置航行安全保障设施，对船舶进行导航指示。近年来，我国在南海建立了5座灯塔，除为船舶进行导航指示外，还可以帮助船舶在航行过程中进行有效定位和航路指引，对于降低船舶溢油污染概率，进而有效保护南海海洋生态环境将起到重要的支持保障作用。图1.1.4为南海渚碧灯塔。

图1.1.4　南海渚碧灯塔：茫茫南海，深深夜色，闪闪发光的灯塔，
是中国对主权的宣示，更是履行国际责任和义务的体现

1.2　近代光通信

贝尔发明电话的故事

亚历山大·格拉汉姆·贝尔（Alexander Graham Bell），1847年生于英国苏格兰，他的祖父和父亲毕生都从事聋哑人的教育事业，由于家庭的影响，他从小就对声学和语言学有浓厚的兴趣。开始，他的兴趣是在研究电报上。有一次，当他在做电报实验时，偶然发现了一块铁片在磁铁前振动会发出微弱声音的现象，而且他还发现这种声音能通过导线传向远方。这给贝尔以很大的启发。他

想，如果对着铁片讲话，不也可以引起铁片的振动吗？这就是贝尔关于电话的最初构想。

贝尔发明电话的努力得到了当时美国著名的物理学家约瑟夫·亨利的鼓励。亨利对他说："你有一个伟大发明的设想，干吧！"当贝尔说到自己缺乏电学知识时，亨利说："学吧！"

在亨利的鼓舞下，贝尔开始了实验，一次不小心把瓶内的硫酸溅到了自己的腿上，他疼痛得喊叫起来："沃特森先生，快来帮我啊！"想不到，这一句极普通的话，竟成了人类通过电话传送的第一句话音。正在另一个房间工作的贝尔先生的助手沃特森是第一个从电话里听到电话声音的人。贝尔在得知自己试验的电话已经能够传送声音时，热泪盈眶。当天晚上，他在写给母亲的信中预言："朋友们各自留在家里，不用出门也能互相交谈的日子就要到来了！"

1875年6月2日傍晚，当时贝尔28岁，沃特森21岁，他们趁热打铁，经过半年的改进，终于制成了世界上第一台实用的电话机。

贝尔1875年6月2日制成了世界上第一台实用的电话机，1876年3月，贝尔的电话专利申请获得美国批准。两年后的1878年，贝尔在波士顿，其助手沃特森在纽约，两地相距300多千米，首次进行了长途电话实验，如图1.2.1所示。

图1.2.1 贝尔在波士顿和相距300多千米的沃特森首次进行长途通话

1.2.1 贝尔发明光电话

1876 年，贝尔发明了光电话，他用太阳光作光源，通过透镜把光束聚焦在送话器前的振动镜片上。如图 1.2.2 所示，人嘴对准橡胶管前面的送话口，一发出声音，振动镜就振动而发生变形，引起光的反射系数改变，使光强度随语音的强弱变化，实现语音对光强度的调制。这种已调制的反射光通过透镜 2 变成平行光束向右传送。在接收端，用抛物面反射镜把从大气传送来的光束反射到处于焦点的硒管上，硒的电阻随光的强弱变化，使光信号变换为电流，传送到受话器，使受话器再生出声音。在这种光波系统中，光源是太阳光，接收器是硒管，传输介质是大气。1880 年使用这种光电话传输距离最远仅 213 m，很显然，这种系统没有实用价值。1881 年，贝尔宣读了一篇题为《关于利用光线进行声音的产生与复制》的论文，报道了他的光电话装置。

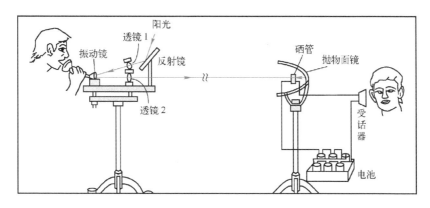

图 1.2.2　1876 年贝尔的光电话实验装置

1.2.2 梅曼发明激光器

用灯泡作光源，调制速度非常有限，只能载运一路音频信号。

1958 年有人制造出了世界上第一台微波发射器，美国人梅曼（Theodore Harold Maiman，1927—2007 年）受到其理论的启发，决定设计能发射可见光的激光器，但他的主管反对这项研究，于是梅曼从政府那里获得了 5 万美元的研究预算。他的固体激光器使用位于装置中心的人造红宝石棒作为工作物质，用螺旋状氙灯作泵浦源，如图 1.2.3a 所示。作为谐振腔的掺有铬离子（Cr^{3+}）的红宝石（Al_2O_3）棒的一端镀成全反射镜，另一端镀成半反射镜。1960 年 5 月 16 日，梅曼利用这台设备获得了波长为 694.3 nm 的脉冲相干光，1960 年 7 月 7 日他又在曼哈顿的一个新闻发布会上当众演示了他发明的世界上第一台红宝石激光器。图 1.2.3b 是对梅曼的介绍。

世界上第一台红宝石激光器发明者——梅曼

梅曼（T. H. Maiman，1927—2007 年）出生于洛杉矶市，其父亲是一名电气工程师，梅曼在科罗拉多大学学习工程物理学期间，就通过帮助大学修理电子设备获得收入支付学费。先后在斯坦福大学获得硕士学位和博士学位，他的博士论文为实验物理方向，导师为诺贝尔奖获得者威利斯·兰姆。1955 毕业后，他进入休斯飞行器公司担任研究员。1960 年，他在休斯研究实验室发明了世界上第一台红宝石激光器。1962 年离开休斯飞行器公司，成立 Korad 公司，担任董事会主席，志在开发更多的激光设备。

梅曼曾获多个奖项，还曾两度被诺贝尔奖提名，1984 年入选美国国家发明家名人堂，他是美国国家科学院和美国国家工程学院的院士，许多大学都授予他荣誉学位。

a)   b)

图 1.2.3　梅曼发明世界上第一台红宝石激光器

a）梅曼在观察他制作的红宝石激光器　b）对梅曼的介绍

之后氦-氖（He-Ne）气体激光器、二氧化碳（CO_2）激光器也先后出现，并投入实际应用，给光通信带来了新的希望。激光（LASER）是取英文 Light Amplification by Stimulated Emission of Radiation 的第一个字母组成的缩写词，其意思是受激发射的光放大。这种光与燃烧木材和钨丝灯发出的光不一样，它由物质原子结构的本质所决定，它的频率很高，超过微波频率一万倍，也就是说它的通信容量是微波的一万倍，如果每个话路频带宽度为 4000 Hz，则可容纳 100 亿个话路。而且，激光的频率成分单纯、方向性好、光束发散角小，几乎是一束平行的光束，所以对光通信很有吸引力。但是最初发明的激光器在室温下不能连续工作，因此，不能在通信中获得实际应用。

1.2.3　最早的光通信系统

自贝尔发明光电话后，有人又用弧光灯代替日光作为光源延长了通信距离，但还是只限于数千米。在第一次世界大战期间，曾有人使用弧光灯作发射机，通过声生电流对其光强进行调制；使用硅光电池作接收器，当调制后的光信号照射到硅光电池的 PN 结上时，通过光伏效应就在外电路产生变化的光电流，在晴好天气通信距离可达 8 km，如图 1.2.4a 所示。当光电倍赠管出现后，人们又用它作为接收器，将调制后的光信号还原成电信号，如图 1.2.4b 所示。

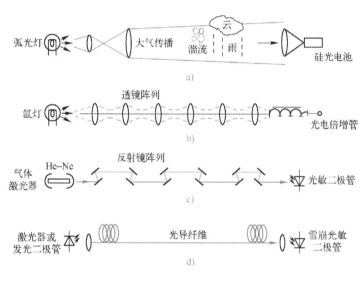

图 1.2.4 光通信发展历史

a）大气传输光通信 b）透镜光波导 c）反射镜光波导 d）现代光纤通信

光电倍增管中有电压逐级提高的多级阳极，其工作原理就是利用电子多级加速发射使外电路的光生电流放大。

实验表明，用光波承载信息的大气传输进行点对点通信是可行的，但是通话的性能受空气质量和气候影响十分严重，不能实现全天候通信。

为了克服气候对激光通信的影响，人们把激光束限制在特定的空间内传输，因而在 1958 年美国古鲍等提出了透镜阵列光波导（1965 年，E. Miller 进行了报道）和反射镜阵列光波导的光波传输系统，如图 1.2.4b 和图 1.2.4c 所示。这两种波导从理论上说是可行的，但是实现起来却非常困难，地上人为活动会使地下透镜光波导变形和振动，为此必须把光波导深埋或选择在人车稀少的地区使用。

1.2.4 光纤通信鼻祖——高锟

高锟——光纤之父、诺贝尔物理学奖得主

高锟 1933 年出生于江苏省金山县（今上海市金山区），从小就对科学很有兴趣，喜欢做模型、烟火，还把自制的泥巴外皮"炸弹"扔到街头，发生爆炸，幸好没有伤到路人。家中的三楼一直是他童年的实验室。

高锟一家 1948 年移居香港，1954 年赴英国攻读电机工程，1957 年获得伦敦大学电子工程理学学士学位，1965 年获得伦敦大学博士学位。

1960 年，高锟进入美国国际电话电报公司（International Telephone and Telegraph，ITT）设于英国的欧洲研究中心——标准电信实验室（Standard Telecommunication Laboratory，STL）任工程师，重点研究毫米波微波传输通信系统。研究三年后，他发现该技术面临着各种限制，没办法从根本上改善通信。1964 年，他提出在电话网络中以光波代替电波，以硅纤维代替铜导线。1966 年 7 月，33 岁的高锟登上了人生的第一座高峰，发表了《用于光波传输的电介质纤维表面波导》（Dielectric-fiber surface waveguide for optical frequency）的里程碑论文，他预测，当玻璃纤维损耗下降到 20 dB/km 时，以石英玻璃纤维作长途信息传递的介质将带来一场通信业的革命。但是，当时热门的通信技术是毫米波空心波导通信和金属空心管内一系列透镜构成的光波导，贝尔实验室的研究重点还是空心光波导。因此，这篇论文刚发表时，并没有在通信界引起人们的注意，主流的研究室都不看好光纤通信，甚至有人讥讽其为痴人说梦。

当然，做出损耗低于 20 dB/km 的玻璃纤维并不是一件容易的事，要知道当时世界上最好的光学玻璃是德国的照相机镜头，其损耗是 700 dB/km，常规玻璃损耗约为几万 dB/km。因此，当时贝尔实验室的权威专家都断定光纤通信没有前途，继续致力于研究空心光波导系统。高锟访问贝尔实验室，想寻求帮助时，还受到了冷遇。

不过，高锟并没有因此灰心。为了找到那种没有杂质的玻璃，高锟跑了很多地方，去了许多玻璃工厂。高锟的执着打动了英国国防部和英国邮政总局。1967 年，英国邮政总局拨款给高锟研究光学纤维。

当时世界最大的玻璃公司康宁（Corning）看到高锟的预言后，斥资 3000 万美元，在 1970 年首次研制成功损耗为 20 dB/km 的光纤。

至此，贝尔实验室的研究员开始相信高锟的研究，1970 年也开始研究光纤通信，1972 年停止了所有空心光波导的研究。1973 年，美国贝尔实验室研制出损耗降低到 2.5 dB/km 的光纤。1970 年，室温下连续振荡的 GaAlAs 双异质结半导体激光器也研制成功。1976 年后，各种实用的光纤通信系统陆续面世。低损耗光纤和连续振荡半导体激光器的研制成功，是光纤通信发展的重要里程碑。

高锟曾说过，所有的科学家都应该固执，只要觉得自己是对的，就要坚持，否则不会成功。是的，正因为他的坚持，我们才能迎来光纤通信的时代。

高锟著有《光纤通信系统：理论、设计和应用》（Optical Fiber Systems：Technology, Design, and Applications），于 1982 年由麦克劳希尔（McGraw-Hill）出版社出版；另著有《潮平岸阔——高锟自述》，2005 年由香港三联书局出版。

人类从未放弃过对理想光传输介质的寻找，经过不懈的努力，人们发现了透明度很高的石英玻璃丝可以传光。这种玻璃丝叫作光学纤维，简称"光纤"。人们用它制成了在医疗上用的内窥镜（胃镜）。但是它的衰减损耗很大，只能传送很短的距离。

直到 20 世纪 60 年代，最好的玻璃纤维的衰减损耗仍在 1000 dB/km 以上，这是什么概念呢？10 dB/km 就是输入的信号传送 1 km 后只剩下了十分之一，20 dB 就表示只剩下百分之一，30 dB 是指只剩千分之一，以此类推，1000 dB 的含意就是只剩下 $1/10^{100}$，这是无论如何也不可能用于通信的。因此，当时有很多科学家和发明家认为用玻璃纤维通信的希望渺茫，从而放弃了光纤通信的研究。

就在这种情况下，出生于上海的高锟（K. C. Kao）博士，通过在英国标准电信实验室所做的大量研究的基础上，对光波通信做出了一个大胆的设想。他认为，既然电可以沿着金属导线传输，那么光也应该可以沿着导光的玻璃纤维传输。1966 年 7 月，高锟就光纤传输的前景发表了具有重大历史意义的论文，论文分析了玻璃纤维损耗大的主要原因，大胆地预言，只要能设法降低玻璃纤维的杂质，就有可能使光纤的损耗从 1000 dB/km 降低到 20 dB/km，从而有可能用于通信。这篇论文使许多国家的科学家受到鼓舞，加强了为实现低损耗光纤而努力的信心。

在高锟早期的实验中，光纤的损耗约为 1000 dB/km，他指出这么大的损耗不是石英纤维本身的固有特性，而是由于材料中的杂质离子的吸收产生的，如果把材料中金属离子含量的比重降低到 10^{-6} 以下，光纤损耗就可以减小到 10 dB/km，再通过改进制造工艺，提高材料的均匀性，可进一步把光纤的损耗减小到几 dB/km。这种想法很快就变成了现实，1970 年，光纤进展取得了重大突破，美国康宁（Corning）公司成功研制损耗为 20 dB/km 的石英光纤。这是什么概念呢？用它和玻璃的透明程度比较，光透过玻璃功率损耗一半（相当于 3 dB）的长度分别是：普通玻璃为几厘米、高级光学玻璃最多也只有几米，而通过每千米损耗为 20 dB 的光纤长度可达 150 m。这就是说，光纤的透明程度已经比玻璃高出了几百倍！在当时，制成损耗如此之低的光纤可以说是惊人之举，这标志着光纤用于通信有了现实的可能性。

在现已安装使用的光纤通信系统中，光纤长度有的很短，只有几米长（计算机内部或机房内），有的又很长，如连接洲与洲之间的海底光缆。20 世纪 70 年代中期以来，光纤通信的发展速度之快令人震惊，可以说没有任何一种通信方式可与之相比拟。光纤通信已成为所有通信系统的最佳技术选择。

由于高锟（Charles K. Kao）在开创光纤通信历史上的卓越贡献，1979 年 5 月获得了瑞士国王颁发的国际伊利申通信奖金，1996 年南京紫金山天文台以他的名字命名了一颗小行星（编号为 3463）"高锟星（Kaokuen）"，1998 年 IEE 授予他荣誉奖章。2009 年 10 月 6 日，瑞典皇家科学院又授予高锟 2009 年度诺贝尔物理学奖，如图 1.2.5 所示。

目前，一种超低损耗光纤在 1550 nm 波长的损耗仅为 0.149 dB/km，接近了石英光纤的理论损耗极限。图 1.2.4d 表示目前正在应用的利用光导纤维进行光通信的示意图。

a)   b)

图 1.2.5　光纤通信发明家高锟

a) 2009 年高琨教授领取诺贝尔物理学奖　b) 高锟

　　在光纤损耗降低的同时，作为光纤通信用的光源，半导体激光器也被发明出来，并取得了实质性的进展。1970 年，美国贝尔实验室和日本 NEC 先后研制成功室温下连续振荡的 GaAlAs 双异质结半导体激光器。1977 年半导体激光器的寿命已达到 10^5 小时，完全满足实用化的要求。

　　低损耗光纤和连续振荡半导体激光器的研制成功，是光纤通信发展的重要里程碑。

1.2.5　光通信发展简史

爱因斯坦在那不可思议的 1905 年

　　1900 年 12 月 14 日，普朗克（42 岁）在柏林宣读了他关于黑体辐射的论文，宣告了量子的诞生。就在那一年，爱因斯坦从苏黎世联邦理工学院毕业，正在为将来的生活发愁。他在大学里旷了许多课，没有一个人肯留他在校做理论或实验方面的工作，一个即将失业的黯淡前途正等待着这位不修边幅的年轻人。

　　1905 年，幸好瑞士伯尔尼专利局提供给了他一个稳定的职位和收入，从此，他就成了一位留着一头乱蓬蓬头发的具有三等技师职称的 26 岁小公务员。

　　这一年是一个相当神秘的年份。在这一年，人类的天才喷薄而出，像江河那般奔涌不息，卷起最震撼人心的美丽浪花。这一年，对于人类的智慧来说，实在要算是一个极致的高峰，在那段日子里谱写出来的美妙的科学旋律，直到今天都让我们心醉神摇。而攀上天才顶峰的人物，便是这位伯尔尼专利局的小公务员——爱因斯坦。

1905年3月17日，爱因斯坦写出了一篇关于辐射的论文——《关于光的产生和转化的一个启发性观点》，成为量子论的奠基石之一，给他带来了多少人梦寐以求的诺贝尔奖。1905年4月30日，关于测量分子大小的论文为他赢得了博士学位。1905年5月11日和12月19日，两篇关于布朗运动的论文，成为了分子论的里程碑。1905年6月30日，爱因斯坦发表了一篇题为《论运动问题的电动力学》的论文，这个不起眼的题目，后来被加上一个如雷贯耳的名称——狭义相对论。同年9月27日，关于物体惯性和能量关系的论文对狭义相对论进行了进一步说明，并且在其中提出了著名的质能方程 $E = mc^2$。

为了纪念1905年的光辉，人们把100年后的2005年定为"国际物理年"。

古希腊玻璃工匠发现玻璃棒能传光。

1870年，英国人丁铎尔观察到光沿细小水流传播的现象。

1910年，德国人汉德罗斯、德拜对介质波导进行了分析。

1927年，英国人贝尔德首次利用光全反射现象解释了石英纤维解析图像的原理，并且获得了两项专利。

1930年，德国人拉姆进行了由玻璃纤维传光的最初实验。

1936—1940年，美国人研究波导管通信。

1951年，荷兰人和英国人希尔等开始用柔软玻璃纤维束传送图像。

1953年，荷兰人范赫尔把一种折射率为1.47的塑料涂在玻璃纤维上，形成比玻璃纤维芯折射率低的套层，得到了对光线反射的单根纤维。但由于塑料套层不均匀，光能量损失太大。

1958年，美国人古鲍等进行了透镜阵列波导系统传输光束实验。

20世纪60年代初，日本也开始制作塑料包层光纤，并用来传送图像，但损耗很大，在一米长度上光强就衰减到原值的几分之一，不能用来传送信号。

1966 年，英籍华人高锟发表里程碑式论文，提出降低玻璃纤维的杂质，使光纤的损耗降低到 20 dB/km，就有可能把光纤用于通信。

1977 年，世界上第一条光纤通信系统在美国芝加哥市投入商用，速率为 45 Mbit/s。

20 世纪 70 年代，光纤通信系统主要是用多模光纤的短波长（850 nm，1 nm = 10^{-9} m）。20 世纪 80 年代以后，逐渐改用单模光纤长波长（1310 nm）。到 20 世纪 90 年代初，通信容量扩大了 50 倍，达到 2.5 Gbit/s。

20 世纪 90 年代，传输波长又从 1310 nm 转向更长的 1550 nm 波长，掺铒光纤放大器（EDFA）的应用迅速得到了普及，用它可替代光-电-光再生中继器，同时可对多个 1.55 μm 波段的光信号进行放大，从而使波分复用（WDM）系统得到普及。

光通信发展的简史如表 1.2.1 所示。

表 1.2.1　光通信发展简史

古代光通信	烽火台、夜间的信号灯、水面上的航标灯、古代希腊吹玻璃工匠观察到玻璃棒可以传光
1666 年	牛顿用三角棱镜将太阳白光分解为七色彩带，并用微粒学进行了解释
1669 年	巴塞林那斯（E Bartholinus）发现光通过方解石晶体出现双折射现象
1678 年	惠更斯（Huygens）在《光论》中提出波前的每一点是产生球面次波的点波源，而以后任何时刻的波前则可看作是这些次波的包络
1801 年	托马斯·杨（Thoms Young）进行光波双缝干涉实验
1815 年	菲涅尔（Fresnel）利用干涉原理解释了波的衍射现象，建立了菲涅尔方程
1821 年	菲涅尔（Fresnel）发表题为《关于偏振光线的相互作用》的论文
1864 年	麦克斯韦（Maxwell）通过理论研究预言，和无线电波、X 射线一样，光是一种电磁波，光学现象实质上是一种电磁现象，光波就是一种频率很高的电磁波
1867 年	麦克斯韦证实，光的传播是通过电场、磁场的状态随时间变化的规律表现出来。他把这种变化列成了数学方程，后来人们就叫它为麦克斯韦波动方程，这种统一电磁波的理论获得了极大的成功
1876 年	贝尔（Bell）发明了光电话（光源为阳光，接收器为硅光电池，传输介质为大气）
1888 年	赫兹（Hertz）首先用人工的方法获得了电磁波，实验验证了麦克斯韦预言——光是一种电磁波
1891~1893 年	赫兹用实验方法测出了电磁波的传播速度，它和光的传播速度几乎相等
1897 年	法国物理学家法布里（Fabry）和珀罗（Perot）发明了法布里-珀罗光学谐振器，奠定了激光器、滤波器和干涉仪等的理论基础
1900 年	普朗克（Planck）在柏林宣读了他关于黑体辐射的论文，宣告了量子的诞生

（续）

1905 年	爱因斯坦（Einstein）用光量子的概念，从理论上成功地解释了光电效应现象，奠定了光探测器、光伏电池和电荷耦合器件（CCD）等的理论基础，为此，他于 1912 年获得了诺贝尔物理学奖
1910 年	德国人汉德罗斯、德拜对介质波导进行了分析
1915 年	威廉·布拉格（William Bragg）父子获得 1915 年诺贝尔物理学奖，以表彰他们用 X 射线对晶体结构的分析所做出的贡献。他们也是布拉格衍射方程的建立者
1927 年	英国人贝尔德首次利用光全反射现象解释了石英纤维解析图像的原理，并且获得了两项专利
1929 年	L. R. 科勒制成了银氧铯光电阴极，出现了光电管
1930 年	1930 年，德国人拉姆拉出了石英细丝，进行了传光实验并论述了它传光的原理
20 世纪 50 年代	1953 年，荷兰人范赫尔把一种折射率为 1.47 的塑料涂在玻璃纤维上，形成比玻璃纤维芯折射率低的套层，得到了对光线反射的单根纤维。但由于塑料套层不均匀，光能量损失太大
1958—1959 年	英国人卡潘尼等进行了包层玻璃纤维的研究
20 世纪 60 年代	1960 年，美国人梅曼（Maiman）发明了第一台红宝石激光器，进行了透镜阵列传输光的实验 1961 年，中国科学院长春光学精密机械研究所研制成功中国第一台红宝石激光器 1961 年，美国人嘉蓬等制成氦-氖（He-Ne）气体激光器 1961 年，英国人卡潘尼、休尼查等对光纤中的模进行了研究 1962 年，制成砷化镓半导体激光器 1966 年，英籍华人高锟（K. C. Kao）就光纤传光的前景发表了具有历史意义的论文
20 世纪 70 年代	1970 年，美国康宁公司研制成功损耗为 20 dB/km 的石英光纤 1970 年，美国贝尔实验室和日本 NEC 先后研制成功室温下连续振荡的 GaAlAs 双异质结半导体激光器 1976 年，日本在奈良县开始筹建世界上第一个完全用光缆实现光通信的实验区 1977 年，世界上第一条光纤通信系统在美国芝加哥市投入商用，速率为 45 Mbit/s
20 世纪 80 年代	提高传输速率，增加传输距离，大力推广应用，光纤在海底通信获得应用
1989 年	美国国家科学院院士 C. H. Bennett 等人首次在桌面平台上完成了量子密钥分发的实验验证
20 世纪 90 年代	掺铒光纤放大器（EDFA）的应用迅速得到了普及，WDM 系统实用化
2010 年以后	偏振复用/相干检测、超强 FEC 纠错技术、DSP 色散补偿技术、先进光调制技术、奈奎斯特脉冲整形技术得到广泛应用
1993 年	日内瓦大学 Muller 等人首次完成了基于偏振态编码的光纤量子密钥分发实验验证
2010 年	中国科学家潘建伟及其团队实现了 200 km 用光纤分发量子密钥实验
2012 年	中国科学家潘建伟及其团队在青海湖进行了 101 km 的大气传输量子纠缠分发实验
2018 年	中国科学家潘建伟及其团队与奥地利科学院研究组合作，利用"墨子号"量子科学实验卫星，在中国和奥地利之间首次实现距离达 7600 km 的洲际量子密钥分发，并利用共享密钥实现加密数据传输和视频通信

　　进入 21 世纪以来，由于多种先进的调制技术、超强 FEC 纠错技术、电子色散补偿技术等一系列新技术的突破和成熟，以及有源和无源器件集成模块大量问世，出现了以 100 Gbit/s 为基础的 WDM 系统的应用。

1.3　光纤通信系统

> 做事固执、冥顽不化，可能不是个好品质，但所有的科学家都应该固执己
> 见，一旦认准的路，就要百折不回走到底，撞上南墙也不回头，否则的话，你
> 永远不会成功。

> ——高锟（K. C. Kao）

1.3.1　光纤是怎样传光的

大气传输容易受到天气的影响，透镜波导传输又容易受外界影响产生变形和振动，由于没有找到稳定可靠和低损耗的传输介质，所以光通信的研究曾一度走入低谷。

那么能不能找到一种介质，就像电线电缆导电那样来传光呢？

古代希腊的一位吹玻璃工匠观察到，光可以从玻璃棒的一端传输到另一端。1930年，德国人拉出了石英细丝，人们就把它称为光导纤维，简称光纤或光波导，并论述了它传光的原理。接着，这种玻璃丝在一些光学机械设备和医疗设备（如胃镜）中得到应用。

现在，为了保护光纤，在它外面包上一层塑料外衣，所以它就可以在一定程度上弯曲，而不会轻易折断。那么，光能不能沿着弯曲的光纤波导传输呢？答案是肯定的。

光纤由纤芯和包皮两层组成，它们都是玻璃，只是材料成分稍有不同。一种光纤的芯径只有 $50 \sim 100\,\mu m$，包皮直径约为 $120 \sim 140\,\mu m$，$1\,\mu m = 10^{-3}\,mm$，所以光纤很细，比头发丝还细。假定光线对着纤维以一定入射角射入光纤，如图1.3.1所示，当光线传输到芯和皮的交界面上时，会发生类似镜子反射光的现象，又一次反射回来。当光线传输到光纤的拐弯处时，来回反射的次数就会增多，只要弯曲不是太厉害，光线就不会跑出光纤。光线就是这样在光纤内往返曲折地向前传输。

图 1.3.1　光线在光纤里传输的示意图

1.3.2　光纤通信系统组成

用光纤传输信息的过程大致如图 1.3.2 所示，在发送端，把用户要传送的信号（如声音）变为电信号，然后使光源发出的光强随电信号变化，这个过程称为调制，它把电信号变为光信号，最后用光纤把该光信号传送到远方；在接收端，用光探测器接收光信号，并把光信号还原为携带用户信息（如声音）的电信号，这个过程称为解调，最后再变成用户能理解的信息（如声音）。

目前，光源通常用半导体激光器及其光电集成组件。光纤短距离用多模光纤，长距离用单模光纤。光探测器用 PIN 光电二极管（即光/电转换二极管，本书统一称为光敏二极管）或雪崩光电二极管（APD）及其光电集成组件。调制器有使光信号强度随电信号变化的直接调制，这就像调幅收音机使电载波的幅度随声音的强弱变化一样；而另外一种调制方式却不同，它不会使光信号强度随电信号强弱直接变化，而是使光源发出连续不断的光波，它的强度变化是通过一个外调制器实现的，这种调制方式叫外调制。光纤就像电线一样也有损耗，所以光信号在光纤内传输时，它的光强也逐渐减弱，为此，就像在电缆通信系统中有电中继器一样，在光纤通信系统中也有光中继器，使传输的光信号放大。光中继器有光-电-光中继器和直接对光放大的全光中继器。本书就对光纤通信系统所用到的各种器件和各个组成部分逐一加以介绍。

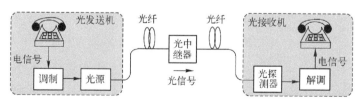

图 1.3.2　光纤通信系统的组成

1.3.3　光纤通信优点

在光纤通信系统中，作为载波的光波频率比电波频率高得多，而作为传输介质的光纤又比同轴电缆损耗低得多，因此相对于电缆或微波通信，光纤通信具有许多独特的优点。

（1）频带宽、传输容量大

电缆基本上只适用于数据速率较低的局域网（LAN），高速局域网（传输速率≥100 Mbit/s）和城域网（MAN）必须采用光纤。

（2）损耗小、中继距离长

电缆的每千米损耗通常在几分贝到十几分贝，而 1.55 μm 光纤的损耗通常只有 0.2 dB/km，显然，电缆的损耗明显大于光纤，有的甚至大几个数量级。

（3）重量轻、体积小

由于电缆体积和重量较大，安装时还必须慎重处理接地和屏蔽问题，在空间狭小的场合，如舰船和飞机中，这个弱点更显突出。

（4）抗电磁干扰性能好

光纤是由电绝缘的石英材料制成的，光纤通信线路不受各种电磁场的干扰和闪电雷击的损坏，所以无金属加强筋光缆非常适用于存在强电磁场干扰的高压电力线路周围、油田、煤矿和化工等易燃易爆的环境中。

（5）泄漏小、保密性好

在现代社会中，不但国家的政治、军事和经济情报需要保密，企业的经济和技术情报也已成为竞争对手的窃取目标。因此，通信系统保密性能往往是用户必须考虑的一个问题。现代侦听技术已能做到在离同轴电缆几千米以外的地方窃听电缆中传输的信号，可是对光缆却困难得多。因此，要求保密性高的网络不能使用电缆。

在光纤中传输的光泄漏是非常微弱的，即使在弯曲地段也无法窃听。没有专用的工具，光纤是不能分接的，因此信息在光纤中传输非常安全，对军事、政治和经济具有重要的意义。

(6) 节约金属材料，有利于资源合理使用

制造同轴电缆和波导管的金属材料，在地球上的储量是有限的；而制造光纤的石英（SiO_2），在地球上的储量是多得无法估算的。

总之，由于通信用光纤都是用石英玻璃和塑料制成，是极好的电绝缘体，而且光信号在光缆中传输时不易产生泄露，所以不存在电气危害、电磁干扰、接地、屏蔽和保密性差等问题，再加上传输特性好的优点，使光纤成为迄今为止最好的信息传输媒质。因此不管是在干线网上，还是在接入网上，光纤通信都取得了飞速的发展。

第 2 章

——

光通信基础

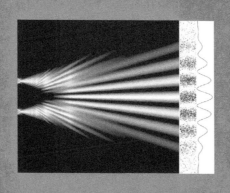

认 识 光 通 信

2.1 光是电磁波

一提到光，人们会立刻联想到太阳光和电灯光。光是一种电磁波，太阳光和电灯光可以看作是波长在可见光范围内的电磁波的混合体。与此相反，光纤通信使用的激光器发出的光则是单色光，具有极窄的光谱宽度。点光源是只有几何位置而没有大小的光源。在自然界，理想的点光源是不存在的，但是对于均匀发光的小球体，如果它本身的大小和它到观察点的距离相比小得多，我们就可以近似地把它看作点光源。激光器发出的光也可以看作是点光源。光线是光向前传播的一条类似几何线的直线。有一定关系的一些光线的集合叫光束。

光具有两种特性，即波动性和粒子性，下面分别加以介绍。

2.1.1 光的波动性——麦克斯韦预言存在电磁波

麦克斯韦电磁学论文《论法拉第力线》的诞生过程

英国物理学家詹姆斯·克拉克·麦克斯韦（James Clerk Maxwell，1831—1879 年）的电学研究始于 1854 年，当时他刚从剑桥大学毕业不过几星期，读到了法拉第的《电学实验研究》，立即被书中新颖的实验和见解吸引住了。当时人们对法拉第的观点和理论看法不一，有不少非议。原因之一就是法拉第理论的严谨性还不够，法拉第是实验大师，有着常人所不及之处，唯独欠缺数学功力，所以他的学术创见都是以直观形式来表达的。一般的物理学家恪守牛顿的物理学理论，对法拉第的学说感到不可思议。在剑桥大学的学者中，这种分歧也相当明显。汤姆逊也是剑桥大学里一名很有见识的学者之一，麦克斯韦对他敬佩不已，麦克斯韦特意给汤姆逊写信，向他求教有关电学的知识。汤姆逊比麦克斯韦大 7 岁，对麦克斯韦从事电学研究给予过极大的帮助。在汤姆逊的指导下，麦克斯韦得到启示，相信法拉第的新论中有着不为人所了解的真理。他认真地研究了法拉第的著作后，感受到力线思想的宝贵价值，也看到法拉第在定性表述上的弱点。于是这个刚刚毕业的青年科学家抱着给法拉第的理论"提供数学方法基础"的愿望，决心把法拉第的天才思想以清晰准确的数学形式表示出来。

1855 年麦克斯韦发表了第一篇关于电磁学的论文《论法拉第力线》。7 年后，年仅 31 岁的麦克斯韦就从理论上科学地预言了电磁波的存在。1873 年出版的《论电和磁》，把电磁场理论用简洁、对称、完美的数学形式表示出来，这些数学表达式经赫兹整理和改写，成为经典电动力学的主要基础——麦克斯韦方程组。因此，《论电和磁》被称为继牛顿《自然哲学的数学原理》之后的一部极为重要的物理学经典。

1864 年，麦克斯韦（Maxwell）通过理论研究指出，和无线电波、X 射线一样，光是一种电磁波，光学现象实质上是一种电磁现象，光波就是一种频率很高的电磁波，光波是电磁波谱的一个组成部分，如图 2.1.1 所示。

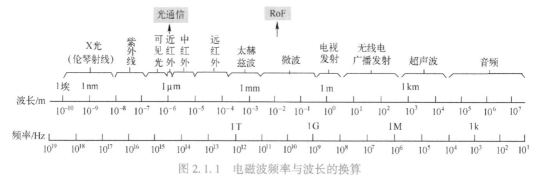

图 2.1.1　电磁波频率与波长的换算

英国物理学家麦克斯韦完成了 19 世纪最美妙的科学发现——电磁场理论，并预言了电磁波的存在，他的理论预言得到了赫兹的实验证实。人类的无线电技术，就是在电磁场理论的基础上发展起来的。

利用它的波动性可解释光的反射、折射、衍射、干涉和衰减等特性。单频光称为单色光，在均匀介质中，可用麦克斯韦波动方程的弱导近似形式描述，即

$$\nabla^2 E = \left(\frac{1}{v^2}\right)\left(\frac{\partial^2 E}{\partial t^2}\right) \quad 和 \quad \nabla^2 H = \left(\frac{1}{v^2}\right)\left(\frac{\partial^2 H}{\partial t^2}\right) \tag{2.1.1}$$

式中，∇^2 是二阶拉普拉斯运算符，E 和 H 分别是电场和磁场；v 是在均匀介质中的光速，在真空中，v 就是 c，其值为 $(\mu_0 \varepsilon_0)^{-12}$，$\mu_0$ 是真空中的导磁系数，ε_0 是真空中的导电系数。

可以用下面的纯正弦波描述一个传播的电磁波（用电场描述）：

$$E_x = E_o \sin(\omega_o t - k_o z) \tag{2.1.2}$$

式中，E_x 是随时间和空间不断变化的电场；E_o 是波幅；$\omega_o = 2\pi\nu_o$ 是角频率；k_o 是波数或传播常数。假定该电磁波无限扩展到所有空间，并在所有时间均存在，如图 2.2.1 所示。

光波可以用频率（波长）、相位和传播速度来描述。频率是每秒传播的波数，波长是在介质或真空中传输一个波（波峰-波峰）的距离。

频率用赫兹（Hz）、MHz、GHz 或 THz 表示，1 赫兹 = 1 次/秒，即在单位时间内完成振动的次数，赫兹的名字来自于德国物理学家海因里希·鲁道夫·赫兹（Heinrich Rodolf Hertz）。通常，将式（2.1.2）描述的正弦波幅度在 1 s 内的重复变化次数称为信号的"频率"，用 ν 表示；而把信号波形变化一次所需的时间称作"周期"，用 T 表示，以秒（s）为单位。波行进一个周期所经过的距离称为"波长"，用 λ 表示，以米（m）为单位，ν、T 和 λ 的关系为

$$\nu = 1/T, \quad c = \lambda\nu$$

式中，c 是电磁波的传播速度，$c = 3 \times 10^8 \ \text{m/s}$。

波长用微米（μm）或纳米（nm）表示。在日常生活中，把"光"定义为可用眼睛看见的辐射。图 2.1.2a 表示人的眼睛对各种波长辐射的相对灵敏度，由图可见，人眼对黄绿光最灵敏。

在总结了前人近百年的电磁学研究成果之后，麦克斯韦对法拉第的电磁感应理论

(见5.1.2节）加以发展，他指出，变化的磁场能产生变化的电场，变化的电场也能产生变化的磁场，这种交替变化的电磁场会以波的形式在空间传播。麦克斯韦的电磁场理论，把光学和电磁学统一了起来，是19世纪科学史上极伟大的科学理论之一。

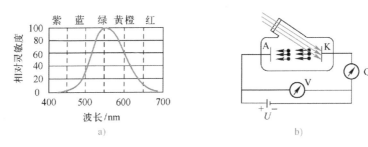

图 2.1.2　光的波动性和光子性

a）人眼对不同波长光的灵敏度　b）光电效应实验装置图

詹姆斯·克拉克·麦克斯韦（James Clerk Maxwell，1831—1879年），英国物理学家、数学家，经典电动力学创始人，统计物理学奠基人之一（图2.1.3）。1847年进入爱丁堡大学学习数学和物理，毕业于剑桥大学。他成年时期的大部分时光是在大学里当教授，最后是在剑桥大学任教。普遍认为，麦克斯韦是对物理学非常有影响力的物理学家之一。没有电磁学就没有现代电工学，也就不可能有现代文明。1879年，48岁的麦克斯韦因病与世长辞，他光辉的生涯就这样过早地结束了。

麦克斯韦的主要成就是，建立了麦克斯韦方程组，创立了经典电动力学，预言了电磁波的存在，提出了光的电磁说。代表作品有《电磁学通论》《论电和磁》等。麦克斯韦方程组简洁深刻，被誉为"上帝谱写的诗歌"。

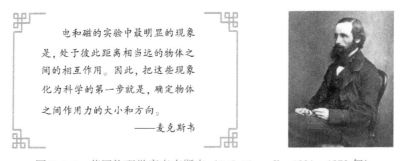

电和磁的实验中最明显的现象是，处于彼此距离相当远的物体之间的相互作用。因此，把这些现象化为科学的第一步就是，确定物体之间作用力的大小和方向。

——麦克斯韦

图 2.1.3　英国物理学家麦克斯韦（J. C. Maxwell，1831—1879年）

1886年，赫兹经过反复实验，发明了一种金属环，用这种环做了一系列的实验，终于在 1888 年证实了人们怀疑和期待已久的电磁波的存在。赫兹的实验公布后，轰动了科学界，由法拉第开创、麦克斯韦总结的电磁理论，至此取得了决定性的胜利。**麦克斯韦的伟大遗愿终于实现了。**

1891—1893 年，德国物理学家赫兹又用实验方法测出了电磁波的传播速度，它和光的传播速度近似相等。

2.1.2 赫兹实验验证电磁波存在

赫兹实验验证电磁波存在的故事

1887 年，赫兹刚刚 30 岁，新婚燕尔，他站在卡尔斯鲁厄大学的一间实验室里，专心致志地摆弄着他的装置。装置很简单，其主要部分是一个电火花发生器，有两个大铜球作为电容，并通过铜棒连接到两个相隔很近的小铜球上。导线从两个小球上伸展出去，缠绕在一个大感应线圈的两端，然后又连接到一个梅丁格电池上，将这个古怪的装置连成了一个整体。

赫兹全神贯注地注视着那两个几乎紧挨在一起的小铜球，然后合上了电路开关。顿时，电的魔力开始在这个简单的系统里展现出来：无形的电流穿过装置里的感应线圈，并开始对铜球电容进行充电。赫兹冷冷地注视着他的装置，在心里面想象着电容两端电压不断上升的情形。在电学领域攻读了那么久，赫兹对自己的知识是有充分信心的。他知道，当电压上升到 20000 V 左右时，两个小球之间的空气就会被击穿，电荷就可以从中穿过，往来于两个大铜球之间，从而形成一个高频电感电容振荡回路（LC 回路）。但是，他现在想要观察的不是这个。

果然，过了一会儿，随着细微的"啪"的一声，一束美丽的蓝色电花爆开在两个铜球之间，整个系统形成了一个完整的回路，细小的电流束在空气中不停地扭动，绽放出幽幽的荧光。火花稍纵即逝，因为每一次放电都伴随着少许能量的损失，使电容两端的电压很快又降低到击穿值以下。于是这个"怪物"养精蓄锐，继续充电，直到再次恢复饱满的精力，开始另一场火花表演。

　　赫兹更加紧张了。他跑到窗口，将所有的窗帘都拉上，同时又关掉了实验室的灯，让自己处在一片黑暗之中。这样一来，那些火花就显得格外醒目。赫兹揉了揉眼睛，盯着那串间歇放电的电火花，还有电火花旁边的空气，心里想象了一幅又一幅的图景。他不是要看这个装置如何产生火花短路，而是为了求证那虚无缥缈的"电磁波"的存在。那是一种什么样的东西啊，它看不见，摸不着，谁也没有看见过、验证过它的存在。可是，赫兹对此坚信不疑，因为它是麦克斯韦理论的一个预言，而麦克斯韦理论在数学上简直完美得像一个奇迹！仿佛是上帝之手写下的一首诗歌。这样的理论，很难想象它是错误的。赫兹吸了一口气，又笑了："不管理论怎样无懈可击，它毕竟还是要通过实验来验证的呀！"如果麦克斯韦是对的话，那么每当发生器火花放电的时候，在两个铜球之间就应该产生一个振荡的电场，同时引发一个向外传播的电磁波。赫兹转过头去，在不远处，放着两个开口的长方形铜环，其接口处也各镶了一个小铜球，那是电磁波的接收器。如果麦克斯韦所说的电磁波真的存在，那么它就会飞越空间，到达接收器，在那里感生一个振荡的电动势，从而在接收器的开口处也同样激发出电火花来。

　　实验室里面静悄悄地，赫兹一动不动地站在那里，仿佛他的眼睛已经看见那无形的电磁波在空间穿越。当发生器上产生火花放电的时候，接收器是否也同时感生出火花来呢？赫兹睁大了双眼，他的心跳得快极了。此时，铜环接收器突然显得有点异样，赫兹简直忍不住要大叫一声，他凑到铜环的前面，明明白白地看见似乎有微弱的火花在两个铜球之间的空气里跃过。是幻觉，还是心理作用？不，都不是。一次、两次、三次，赫兹看清楚了：虽然它一闪即逝，但千真万确，真的有火花正从接收器的两个小球之间穿过，而接收器既没有连接电池，也没有任何能量来源。赫兹不断地重复着放电过程，每一次，火花都听话地从接收器上被激发出来，在赫兹看来，世上简直没有什么能比它更美丽了。

　　良久良久，终于赫兹揉了揉眼睛，直起腰来。现在一切都清楚了，电磁波真真实实地存在于空间之中，正是它激发了接收器上的电火花。他胜利了，麦克斯韦的理论也胜利了，物理学的一个新高峰——电磁理论终于被建立起来了。伟大的法拉第为它打下来地基，伟大的麦克斯韦建造了它的主体，而今天，他——伟大的赫兹，为这座大厦封了顶。（摘编自曹天元《量子物理史话》）

1888 年，德国物理学家海因里希·鲁道夫·赫兹首先用实验的方法获得了电磁波，并且通过电谐振接收到它，这就证实了电磁波的实际存在。后来又通过实验发现，电磁波在金属表面上要反射，在金属凹面镜上反射后会聚焦，通过沥青棱镜时要发生折射等现象。从而证实了光波在本质上跟电磁波是一样的。

早在 1862 年，年仅 31 岁的英国物理学家麦克斯韦就从理论上科学地预言了电磁波的存在，但是他本人并没有能够用实验证实。一些对电磁波理论持反对态度的人不断发难："谁见过电磁波？它是什么样子？拿出来看看！"

第一个证明电磁波存在的就是德国物理学家赫兹（图 2.1.4）。1888 年 2 月，他公布用自行设计的装置（如图 2.1.5a 所示）完成了这一轰动科学界的实验。

我不相信一个人只由理论就可以知道实际。

——赫兹

图 2.1.4　德国物理学家海因里希·鲁道夫·赫兹

（Heinrich Rudolf Hertz，1857—1894 年）

1886 年，29 岁的赫兹在做放电实验时，偶然发现身边的一个线圈两端发出电火花，如图 2.1.5b 所示，这些小火花在迅速地来回跳跃。他想到，这可能与电磁波有关。

后来，他制作了一个十分简单而又非常有效的电磁波金属探测器——谐振环，就是把一根粗铜丝弯成环状，环的两端各连一个金属小球，球间距离可以调整。最初，赫兹把谐振环放在放电的莱顿瓶（一种早期的电容器）附近，如图 2.1.5c 所示，反复调整谐振环的位置和小球的间距，终于在两个小球间闪出电火花。

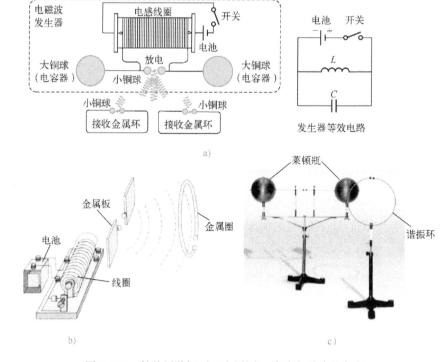

图 2.1.5　赫兹用谐振环（金属圈）检验电磁波的存在

a) 赫兹的实验装置（电磁波发生器+接收器）原理图

b) 通电线圈产生电磁波　　c) 莱顿瓶（电容器）放电产生电磁波

赫兹认为，这种电火花是莱顿瓶放电时发射出的电磁波被谐振环接收后而产生的。后来，赫兹又用谐振环接收到其他装置产生的电磁波，谐振环中也发出了电火花。所以，谐振环就好像收音机一样，它是电磁波的接收器。就这样，人们怀疑并期待已久的电磁波终于被实验证实了。

1888 年 2 月 13 日，赫兹在柏林科学院将他的实验结果公布于世。这让整个科学界为之震动。赫兹实验不仅验证了电磁波的存在，同时也导致了无线电通信的产生，开辟了电子技术的新纪元。

赫兹在 1894 年元旦去世，终年不到 37 岁。但是，赫兹对人类的贡献是不朽的，人们为了永远纪念他，就把频率的单位定为"赫兹"。

为了测量电磁波的速度，赫兹在暗室远端的墙壁上装上可反射电波的锌板，如

图 2.1.6 所示，入射波与反射波重叠应产生驻波。赫兹先求出振荡器（电感电容组成的谐振器）的频率 ν，又以接收器检波器量得驻波的波长 λ，二者乘积即电磁波的传播速度。为了测量的准确性，他把检波器放在距振荡器不同距离处检测加以证实，正如麦克斯韦预测的那样，电磁波传播的速度等于光速。1888 年，赫兹的实验成功了，而麦克斯韦理论也因此获得了无上的光彩。赫兹在实验时曾指出，电磁波可以被反射、折射和偏振，如同可见光、热波一样。由他的振荡器所发出的电磁波是平面偏振波，其电场平行于振荡器的导线，而磁场垂直于电场，且两者均垂直于传播方向。

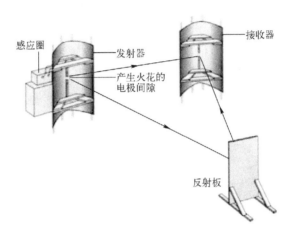

图 2.1.6   赫兹用入射波与反射波重叠产生的驻波测量电磁波的速度

此后，1890 年，波波夫（1859—1906 年）演示了一个无线电接收器。1896 年，马可尼（1874—1937 年）实现了收发无线电报信号达到 6 km。1901 年，马可尼实现了横跨大西洋的无线电报通信。

2.1.3   光的粒子性——爱因斯坦的贡献

爱因斯坦，继伽利略、牛顿以来最伟大的物理学家

阿尔伯特·爱因斯坦（Albert Einstein），1879 年 3 月 14 日出生于德国符腾堡王国乌尔姆市，犹太裔物理学家。1900 年毕业于苏黎世联邦理工学院，1905 年，创立狭义相对论，获苏黎世大学哲学博士学位，1915 年创立广义相对论。

爱因斯坦提出光子假设，成功解释了光电效应，因此获得 1921 年诺贝尔物理学奖。

爱因斯坦 1955 年 4 月 18 日去世，享年 76 岁。他为核能开发奠定了理论基础，开创了现代科学技术新纪元，被公认为是继伽利略、牛顿以来最伟大的物理学家。1999 年 12 月 26 日，爱因斯坦被美国《时代周刊》评选为"世纪伟人"。

利用光的波动性可以解释很多现象，就像麦克斯韦方程组那样，但是很多时候光的行为并不像一个波，而更像是由许多微粒组成的集合体，这种微粒称为光子——一个携带光能量的量子（Quantum）概念，这种量子概念假设由普朗克（M. K. E. L. Planck）于 1900 年在解决黑体辐射这个令人困扰已久的问题时首先提出，他指出，必须假定，能量在发射和吸收的时候，不是连续不断的，而是分成一份一份的。为此，1918 年普朗克荣获诺贝尔物理学奖。

1905 年，爱因斯坦（1879—1955 年）提出单色光的最小单位是光子，光子能量可用普朗克方程来描述

$$E = h\nu \tag{2.1.3}$$

式中，h 是普朗克常数，单位焦耳·秒（J·s）；ν 是光频，光束的颜色取决于光子的频率，而光强则取决于光子的数量。光子能量 E 与它的频率 ν 成正比，光子频率越高，光子能量越大。光子能量用电子伏特（eV）表示，1 eV 就是一个电子电荷经过 1 V 电位差时，电场力所做的功。

像所有运动的粒子一样，光子与其他物质碰撞时也会产生光压。光也是一种能量的载体，当光子流打到物质表面上时，它不但要把能量传递给对方，也要把动量传递给对方。由于量子化效应，每个电子只能整份地接受光子的能量，而且也遵守能量守恒定律和动量守恒定律。为了验证上述说法的正确性，可用图 2.1.2b 表示的实验装置进行实验。在一个抽成真空的玻璃容器内，装有阳极 A 和金属锌板的阴极 K。两个电极分别与电流计 G、伏特计 V 和电池组 B 连接。当光子照射到阴极 K 的金属表面上时，它的能量被金属中的电子全部吸收，如果光子的能量足够大，大到可以克服金属表面

对电子的吸引力，电子就能跑出金属表面，在加速电场的作用下，向阳极 A 移动而形成电流。这种现象就叫作光电效应。实验表明，使用可见光照射时，不论光的强度多么大，照射时间多么久，电流计总是没有电流；但使用紫外光照射时，不论光的强度多么微弱，照射时间多么短暂，电流计总是有电流，说明金属板上有电子跑出来。这是因为可见光的频率低，光子能量小，小于锌的电子溢出功；而紫外光的频率高，光子能量大，大于锌的电子溢出功。

爱因斯坦将这种现象解释为量子化效应：金属被光子击出电子，每一个光子都带有一部分能量 E，这份能量对应光的频率 ν，光束的颜色取决于光子的频率，而光强则取决于光子的数量。由于量子化效应，每个电子只能整份地接受光子的能量，因此，只有高频率的光子（蓝光，而非红光）才有能力将电子击出。

爱因斯坦（Albert Einstein，图 2.1.7）因为他的光电效应理论获得了 1921 年诺贝尔物理学奖。光电效应是光探测器的基础。

人生价值,应该看他贡献了什么,而不是取得了什么。

——爱因斯坦(A. Einstein)

图 2.1.7　爱因斯坦

光在不同的介质中具有不同的传播速度，在真空中它以最大的速度直线传播，光子能量 E 可用质能方程描述，即

$$E = mc^2 \tag{2.1.4}$$

式中，m 是光子质量，单位为 kg；c 是光速，单位为 km/s。频率 ν、波长 λ 和光速 c 的关系为

$$\nu = \frac{c}{\lambda} \tag{2.1.5}$$

用它可进行电磁波频率与波长的换算。图 2.1.1 表示电磁波频率与波长的换算，图中也标出光通信所用到的波段。用式（2.1.5）可进行电磁波频率与波长的换算。

从式（2.1.3）和式（2.1.4）可以得到 $\nu=mc^2/h$ 和 $m=h\nu/c^2$。

1913 年，尼尔斯·波尔（1885—1962 年）发布了原子结构与化学模型，即原子具有吸引电子的原子核，离核心最远的轨道由更多的电子组成，其决定了原子的化学属性。这些电子通过发射或吸收量子（电子或光子）能量，可以从一层移动到另一层，比如激励一个高能级的电子到低能级，而发射出一个光子；或者低能级电子吸收一个光子能量激励到高能级，如图 2.1.8 所示。

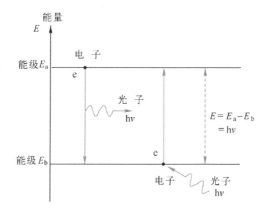

图 2.1.8　光子的发射和吸收

光的光子性可以用来度量光接收机的灵敏度，比如"0"码不携带能量时，用每比特接收的平均光子数 $\overline{N}_\mathrm{p}=N_\mathrm{p}/2$ 表示接收机灵敏度，它的使用相当普遍，特别是在相干检测通信系统中，光探测器的量子极限是 $\overline{N}_\mathrm{p}=10$。但大多数接收机实际工作的 $\overline{N}_\mathrm{p}$ 远大于量子极限值，通常 $\overline{N}_\mathrm{p}\geqslant1000$。

2.2　均匀介质中的光波

科学家必须在庞杂的经验事实中抓住某些可用精确公式来表示的普遍特征，由此探求自然界的普遍原理。

——爱因斯坦（A. Einstein）

2.2.1　电场的波动方程

光是一种电磁波，即由密切相关的电场和磁场交替变化形成的一种偏振横波，它是电波和磁波的结合。它的电场和磁场随时间不断地变化，分别用 E_x 和 H_y 表示，在空间沿着 z 方向并与 z 方向垂直向前传播，这种波称为行波，如图 2.2.1 所示。由于电磁感应，当磁场发生变化时，会产生与磁通量的变化成比例的电场；反过来，电场的变化也会产生相应的磁场。并且 E_x 和 H_y 总是相互正交传输。最简单的行波是正弦波，沿 z 方向传播的数学表达式为

$$E_x = E_\circ \cos(\omega t - kz + \varphi_\circ) \tag{2.2.1}$$

式中，E_x 是时间 t 在 z 方向传输的电场；$E_\circ$ 是波幅；ω 是角频率；k 是传播常数或波数，$k = 2\pi/\lambda$，这里 λ 是波长；$\varphi_\circ$ 是相位常数，它考虑到在 $t = 0$ 和 $z = 0$ 时，E_x 可以是零也可以不是零，这要由起点决定。$(\omega t - kz + \varphi_\circ)$ 称为波的相位，用 ϕ 来表示。

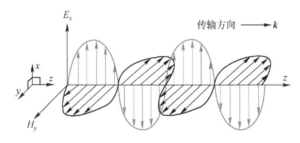

图 2.2.1　电磁波是行波，电场 E_x 和磁场 H_y 随时间不断变化，

在空间沿着 z 方向总是相互正交传输

由电磁理论可知，随时间变化的磁场总是产生同频率随时间变化的电场（法拉第电磁感应定律）；同样，随时间变化的电场也总是产生同频率随时间变化的磁场。因此电场和磁场总是以同样的频率和传播常数（ω 和 k）同时相互正交存在，如图 2.2.1 所示，所以也有与式（2.2.1）类似的磁场 H_y 行波方程，通常我们用电场 E_x 来描述光波与非导电材料（介质）的相互作用，下文凡提到光场就是指电场。

2.2.2　光程差/相位差——光干涉及器件基础

图 2.2.1 中，行波沿矢量 k 传播，k 称为波矢量，它的幅度是传播常数 $k = 2\pi/\lambda$，显

然，它与恒定的相平面（波前）垂直。波矢量 k 的传播方向可以是任意方向，也可以与 z 不一致。

根据式（2.2.1），在给定的时间（t）和空间（z），对应最大场的相位 φ 可用下式描述：

$$\varphi = (\omega t - kz + \varphi_0)$$

在时间间隔 δt，波前移动了 δz，因此该波的相速度是 $\delta z / \delta t$。于是相速度为

$$v = \frac{\mathrm{d}z}{\mathrm{d}t} = \frac{\omega}{k} = \nu\lambda \tag{2.2.2}$$

式中，ν 是频率（$\omega = 2\pi\nu$），单位是赫兹（Hz），1 Hz 等于每秒振荡 1 周，两个相邻振荡波峰之间的时间间隔称为周期 T，等于光波频率的倒数，即 $\nu = 1/T$。

假如波沿着 z 方向依波矢量 k 传播，如式（2.2.1）所示，被 Δz 分开的两点间的相位差 $\Delta\varphi$ 可用 $k\Delta z$ 简单表示，因为对于每一点 ωt 是相同的。假如相位差是 0 或 2π 的整数倍，则两个点是同相位，于是相位差 $\Delta\varphi$ 可表示为

$$\Delta\varphi = k\Delta z \quad 或 \quad \Delta\varphi = \frac{2\pi\Delta z}{\lambda} \tag{2.2.3}$$

我们经常对光波上给定时间被一定的距离分开的两点间的相位差感兴趣，比如由马赫-曾德尔（MZ）干涉仪构成的滤波器、复用/解复用器和调制器，由阵列波导光栅（AWG）构成的诸多器件（滤波器、波分复用/解复用器、光分插复用器和波长可调/多频激光器等），以及由电光效应制成的外调制器和由热光效应制成的热光开关等，它们的工作原理均用到相位差的概念，所以大家要特别予以关注，之后有关章节也会经常用到这一概念，并使用式（2.2.3）。

2.3　光的传播特性

威廉·亨利·布拉格，不向贫穷低头，穿着破皮鞋努力奋斗成功

威廉·亨利·布拉格，年轻时在威廉皇家学院求学。

在威廉皇家学院读书的年轻人，大多是富有人家的子弟，衣着很讲究，唯有身材还较矮小的布拉格衣衫褴褛，拖着一双比他的脚大得多的破旧皮鞋。

尽管布拉格品学兼优，但一些纨绔子弟见他这套装束，不仅讥刺他，而且诬蔑他，硬说这双又破又旧的大皮鞋是偷来的。

有一天，老学监把他叫到办公室，两眼死死盯紧那双破旧的皮鞋。聪明的布拉格心里明白是怎么回事，便从怀里掏出一张小纸片交给学监。这是他父亲写给他的一封信，上面有这样几句话：

"儿子，真抱歉，但愿再过一两年，我的那双破皮鞋，你穿在脚上不再嫌大……我抱着这样的希望：一旦你有了成就，我将引以为荣，因为我的儿子正是穿着我的破皮鞋努力奋斗成功的。"

老学监看完后，慈爱地紧紧握住布拉格的手，深有感触地说："孩子，对不起，我也误解了你。你的父亲虽然贫穷，但对你满怀希望。有一位好父亲，就是有一笔巨大的财富。你不要辜负他的希望，我也会尽力帮助你。"

威廉·亨利·布拉格与其威廉·劳伦斯·布拉格均为英国著名物理学家，通过对 X 射线谱的研究，提出晶体衍射理论，建立了布拉格公式（布拉格定律），并改进了 X 射线分光计。父子俩分享了 1915 年诺贝尔物理学奖。

2.3.1 光的反射、折射和全反射——光纤波导传光基础

光在同一种物质中传播时，是直线传播的。但是光波从折射率较大的介质入射到折射率较小的介质时，在一定的入射角度范围内，光在边界会发生反射和折射，如图 2.3.1a 所示。入射光与法平面的夹角 θ_i 叫入射角，反射光与法平面的夹角 θ_r 叫反射角，折射光与法平面的夹角 θ_t 叫折射角。

把筷子倾斜地插入水中，可以看到筷子与水面的相交处发生弯折，原来的一根直直的筷子似乎变得向上弯了，这就是光的折射现象，如图 2.3.1b 所示。因为水的折射率要比空气的大（$n_1>n_2$），所以折射角 θ_t 要比入射角 θ_i 大，所以我们看到水中的筷子向上翘起来了。

水下的潜水员在某些位置时，可以看到岸上的人，如图2.3.2中入射角为θ_{i1}的情况。但是当他离开岸边向远处移动，当入射角等于或大于某一角度θ_c时，他就感到晃眼，什么也看不见，此时的入射角θ_c就叫临界角。

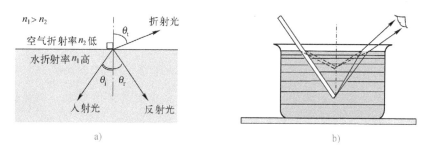

图 2.3.1　光的反射和折射

a) 入射光、反射光和折射光　b) 插入水中的筷子变得向上弯曲了

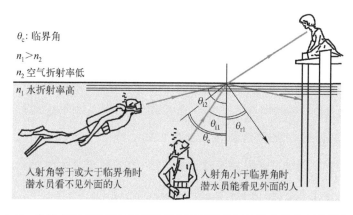

图 2.3.2　光线在界面的反射和折射使水下不同位置的潜水员看到的景色有别

现在考虑一个平面电磁波从折射率为n_1的介质1传输到折射率为n_2的介质2，并且$n_1 > n_2$，就像光从纤芯辐射到包层一样，如图2.3.3和图2.3.5a所示，$\boldsymbol{k}_i$、$\boldsymbol{k}_r$和$\boldsymbol{k}_t$分别表示入射光、反射光和折射光的波矢量，但因入射光和反射光均在同一个介质内，所以$\boldsymbol{k}_i = \boldsymbol{k}_r$；$\theta_i$、$\theta_r$和$\theta_t$分别表示入射光、反射光和折射光方向与两介质边界面法线的角度。

入射光在界面反射时，只有$\theta_r = \theta_i$的反射光因相长干涉而存在，因入射光A_i和B_i同相，所以反射波A_r和B_r也必须同相，否则它们会发生相消干涉而相互抵消，所有其他角度的反射光都不同相而发生相消干涉。

　　折射光 A_t 和 B_t 在介质 2 中传输，因为 $n_1 > n_2$，所以光在介质 2 中的速度要比光在介质 1 中的大。当波前 AB 从介质 1 传输到介质 2 时，我们知道在同一波前上的两个点总是同相位的，入射光 B_i 上的相位点 B 经过一段时间到达 B'，与此同时入射光 A_i 上的相位点 A 到达 A'。于是波前 A' 波和 B' 波仍然具有相同的相位，否则就不会有折射光。只有折射光 A_t 和 B_t 以一个特别的折射角 θ_t 折射时，在波前上的 A' 点和 B' 点才同相。

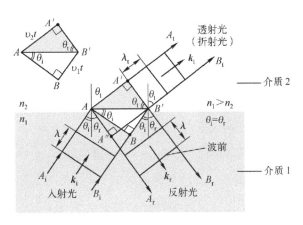

图 2.3.3　光波从折射率较大的介质入射到折射率
较小的介质在边界发生反射和折射

　　如果经过时间 t，相位点 B 以相速度 v_1 传输到 B'，此时 $BB' = v_1 t = ct/n_1$。同时相位点 A 以相速度 v_2 传输到 A'，$AA' = v_2 t = ct/n_2$。波前 AB 与介质 1 中的波矢量 k_i 垂直，波前 $A'B'$ 与介质 2 中的波矢量 k_t 垂直。从几何光学可以得到（见图 2.3.3 左上角的小图）

$$AB' = \frac{v_1 t}{\sin\theta_i} = \frac{v_2 t}{\sin\theta_t} \quad 或者 \quad \frac{\sin\theta_i}{\sin\theta_t} = \frac{v_1}{v_2} = \frac{n_2}{n_1} \tag{2.3.1}$$

　　这就是斯奈尔定律，它表示入射角和折射角与介质折射率的关系。该定律由威里布里德·斯奈尔（Willebrord Snell）于 1621 年重新发现，图 2.3.4 为斯奈尔像。

　　现在考虑反射波，波前 AB 变成 $A''B'$，在时间 t，B 移动到 B'，A 移动到 A''。因为它们必须同相位，以便构成反射波，BB' 必须等于 AA''。因为 $BB' = AA'' = v_1 t$，从三角形 ABB' 和 $A''AB'$ 可以得到

$$AB' = \frac{v_1 t}{\sin\theta_i} = \frac{v_1 t}{\sin\theta_r}$$

荷兰天文学、数学家、物理学家斯奈尔

威理博·斯奈尔（Willebrord Snell, 1580—1626
年）是荷兰天文学家、数学家和物理学家。斯奈尔的
大学生涯在莱顿大学度过，主修法律，但是他对数学
发生兴趣，开始研读数学。由于他天资聪颖，才华横
溢，于1600年莱顿大学聘请他为数学讲师。1608
年，斯奈尔获得莱顿大学硕士学位。1613年，其父
亲过世，继承父亲的职位，成为莱顿大学的数学教
授。1615年，他应用三角测量方法，测量同经度纬
度相差一度的两点之间的距离，然后乘以360来计
算地球圆周长。他研究出一种计算圆周率的新方
法，比阿基米德割圆术更准确。1621年，他重新发
现了折射定律，被后人命名为斯奈尔定律。

为了纪念斯奈尔在科学方面的贡献，月球的一
个陨石坑以他的名字命名为斯奈尔陨石坑。

图2.3.4　斯奈尔——折射定律发现者

因此 $\theta_r = \theta_i$，即入射角等于反射角，与物质的折射率无关。

在式（2.3.1）中，因 $n_1 > n_2$，所以折射角 θ_t 要比入射角 θ_i 大，当折射角 θ_t 达到90°时，入射光沿交界面向前传播，如图2.3.5b所示，此时的入射角称为临界角 θ_c，有

$$\sin\theta_c = \frac{n_2}{n_1} \tag{2.3.2}$$

当入射角 θ_i 超过临界角 θ_c（$\theta_i > \theta_c$）时，没有折射光，只有反射光，这种现象叫作全反射，如图2.3.5c所示。这就是图2.3.2中入射角为 θ_{i2} 的那个潜水员只觉得水面像镜面一样晃眼，看不见岸上姑娘的原因。也就是说，潜水员要想看到岸上的姑娘，入射角必须小于临界角，即 $\theta_i < \theta_c$。

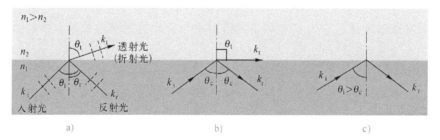

图2.3.5　光波从折射率较大的介质以不同的入射角
进入折射率较小的介质时出现三种不同的情况
a）$\theta_i < \theta$ 同时反射和折射　b）$\theta_i = \theta_c$ 临界角　c）$\theta_i > \theta_c$ 全反射

由此可见，全反射就是光纤波导传输光的必要条件。光线要想在光纤中传输，必须使光纤的结构和入射角满足全反射的条件，使光线闭锁在光纤内传输。

对于 $\theta_i > \theta_c$，不存在折射光线，即发生了全内反射。此时，$\sin\theta_t > 1$，θ_t 是一个虚构的折射角，所以沿着边界传输的光波称为消逝波。

2.3.2 光的衍射——单频激光器基础

波的一个重要特性是它的衍射效应。

举一个简单例子来解释这一原理，假设有两个相邻房间 A、B，两个房间之间有一扇敞开的门。当声音从房间 A 的角落里发出时，则处于房间 B 的人所听到的这声音有如是从位于门口的波源传播而来的。对于房间 B 的人而言，位于门口的空气振动是声音的波源。

又比如，用防洪堤围成一个入口很窄的渔港，港外的水波会从入口处绕到堤内来传播，这种现象也是一种衍射现象。

1. 光的衍射

衍射是波的一种共性，光也是波，所以光也有衍射。光的衍射是指直线传播的光可以绕射到障碍物背后去的一种现象。

1801 年，英国物理学家托马斯·杨（Thoms·Young）进行了一个经典的双缝干涉实验，如图 2.3.6 所示，他把一支蜡烛放在一张开了一个小孔的纸前面，这样就形成一个点光源。在点光源的后面再放一张开了两道平行狭缝的纸，结果发现，在白色像屏上可以看到明暗相间的黑白条纹，如图 2.3.6a 所示。他遮住一个狭缝时，屏上只有一个红的光强均匀的光带；当两个狭缝均不遮掩时，屏上两个光带重合区出现了红黑交替的光带，红带相当明亮，其宽度相等；同时，各黑带的宽度也相等，并且等于红带的宽度。因此得出了光是一种波的结论，明亮的地方，那是因为两道光正好同相位，即它们的波峰和波谷正好相互增强，这就是所谓的"相长干涉"，结果造成了两倍光亮的效果，如图 2.3.6b 所示；而黑暗的那些条纹，则是两条光反相位，它们的波峰和波谷相对，即所谓的"相消干涉"，正好相互抵消了，如图 2.3.6c 所示。

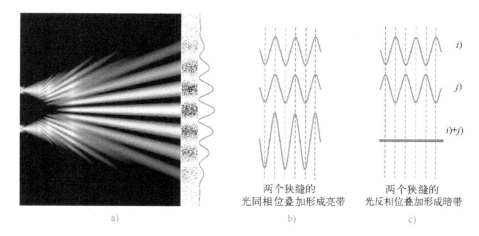

图 2.3.6　英国物理学家托马斯·杨 1801 年进行的双缝干涉实验

a）双缝干涉产生明亮相间的光带　b）同相位叠加（相长干涉）形成亮带

c）反相位叠加（相消干涉）形成暗带

　　与杨氏干涉的双缝设计不同，奥古斯丁·让·菲涅尔（Augustin-Jean Fresnel，1788—1827 年）采用小孔干涉实验，证实了光束通过小孔时，能够产生一圈圈明暗相间的同心圆，如图 2.3.7 所示。菲涅尔的干涉实验再一次有力证明了光的波动说，因此在 1819 年获得了巴黎科学院的大赛奖。

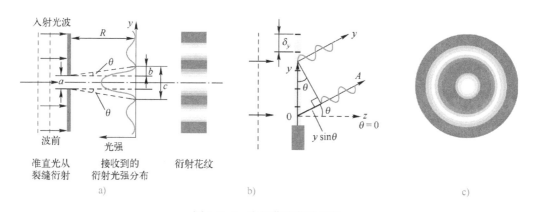

图 2.3.7　光的弗琅荷费衍射

a）裂缝衍射　b）裂缝 a 可划分成 N 个孔径为 δ_y 的点光源　c）小孔衍射光斑

　　19 世纪早期由托马斯·杨和菲涅尔所演示的双缝干涉实验和小孔干涉实验为惠更斯的理论提供了实验依据，这些实验显示，当光穿过网格时，可以观察到一个干涉光斑，与水波的干涉行为十分相似。

声波在传播过程中可以弯曲和偏转，光波也有类似的特性，例如一束光在遇到障碍物时也弯曲传播，尽管这种弯曲很小。图 2.3.7a 表示准直光通过孔径为 a 的小孔时发生光的偏转，形成明暗相间的光强花纹，称为弥散（爱里）环，这种现象称为光的衍射，光强的分布图案称为衍射光斑。显然，衍射光斑与光通过小孔时产生的几何阴影并不相符。

衍射可以理解为从小孔发射出的多个光波的干涉。我们考虑一个平面光波入射到长为 a 的裂缝中，根据惠更斯-菲涅尔（Huygens-Fresnel）原理，每个波前上没有被遮挡的点在给定的间隔都可以作为球面二次波光源，其频率与首次波的频率相同，在远处任一点光场的幅度是所有这些波的幅度和相位的叠加。当平面波到达裂缝时，裂缝上的点就变成相干的球面二次波光源，这些球面波干涉构成新的波前，是这些二次球面波波前的包络。这些球面波可以相长干涉，不仅在正前方向，而且也在其他适当的方向发生相长干涉，在观察屏幕上出现明亮相间的花纹。衍射实际上就是干涉，它们之间并没有什么区别。

可以把裂缝宽度 a 划分成 N 个相干光源，每个长 $\delta_y = a/N$，如果 N 足够大，就可把该光源看作点光源，如图 2.3.7b 所示。

小孔衍射的光斑是明暗相间的衍射花纹，如图 2.3.7c 所示。明亮区对应从裂缝上发出的所有球面波的相长干涉，黑暗区对应它们的相消干涉。

托马斯·杨和菲涅尔的故事

1773 年的 6 月 13 日，英国一个教徒的家庭里诞生了一个男孩，叫托马斯·杨（Thomas Young）。他两岁的时候就能够阅读各种经典，到了 16 岁时已经能够说 10 种语言，并学习了牛顿的《数学原理》等科学著作。

托马斯·杨 19 岁的时候，去伦敦学习医学，研究了人体眼睛的构造，开始接触到了光学上的一些基本问题，并最终形成了他的光是波动的想法。

我们都知道，一列普通的水波，它有波峰和波谷，如果两列波相遇，当它们正好都处在波峰时，两列波叠加就会出现两倍的波峰值；当它们都处于波谷时，两列波叠加就会出现两倍深的谷底值；当一列波在它的波峰，另外一列波在它的波谷，两列波就会互相抵消，将会波平如镜，既没有波峰，也没有波谷。

托马斯·杨在研究牛顿环的明暗条纹时，被这个关于波动的想法深深打动了。为什么会形成一明一暗的条纹呢？一个思想渐渐地在杨的脑海里成型：用波来解释不是很简单吗？明亮的地方，那是因为两道光正好是"同相"的，它们的波峰和波谷正好相互增强，结果造成了两倍光亮的效果；而黑暗的那些条纹，则一定是两道光处于"反相"的，它们的波峰波谷相对，正好互相抵消了。这一大胆而富于想象的见解使托马斯·杨激动不已，他马上着手进行了一系列的实验，并于1801年和1803年分别发表论文，阐述了如何用光波的干涉效应来解释牛顿环和衍射现象。

在1807年，托马斯·杨总结出版了他的《自然哲学讲义》，综合整理了他在光学方面的工作，并在里面第一次描述了令他名扬四海的光的双缝干涉实验。

但是，托马斯·杨的著作开始受尽了权威们的嘲笑和讽刺，被攻击为"荒唐"和"不合逻辑"，在近20年间竟然无人问津。托马斯·杨为了反驳专门撰写了论文，但是却无处发表，只好印成小册子，但是据说发行后"只卖出了一本"。

但是，微粒说对一个简单的两个小孔衍射的实验结果却几乎无法反驳，为什么两道光叠加在一起反而造成黑暗。而波动说对此的解释却简单而直接：两个小孔距离屏幕上某点的距离是波长的整数倍时，两列光波正好互相加强，形成亮点。反之，当距离差刚好是半个波长的相位差时，两列波就正好互相抵消，形成暗点。理论计算出的明亮条纹距离和实验值分毫不差。

微粒说和波动说决定性的时刻在1819年终于到来了。1818年，一个不知名的31岁的法国年轻工程师——菲涅尔向法国科学院的一个悬赏征文竞赛组委会提交了一篇《关于偏振光线的相互作用》论文。在这篇论文里，菲涅尔采用了托马斯·杨关于光是波动说的观点，但是革命性地提出光是一种类似水波的横波而不是一种类似弹簧波的纵波。从这个观念出发，他以严密的数学推理，圆满地解释了光的衍射，并解决了一直以来困扰波动说的偏振问题。他的体系完整无缺，以致使委员会成员为之深深惊叹。

菲涅尔理论的胜利，为他获得了那一届的科学奖，同时一跃成为可以和牛顿、惠更斯比肩的光学界的传奇人物。1819 年 5 月 6 日，一位科学家向法国科学院提交了他关于光速测量实验的报告，在准确地测出光在真空中的速度之后，他也进行了水中光速的测量，发现水中光速小于真空中的光速。这一结果彻底宣判了微粒说的死刑，波动说终于在 100 多年后登上了物理学统治地位的宝座。

麦克斯韦于 1861 发表了《论物理力线》的论文，他预言，光其实只是电磁波的一种。这个预言被赫兹在 1887 年用实验证实。波动说突然发现，它不仅是光学领域的统治者，而且已成为了整个电磁王国的最高司令，而它的基础，就是麦克斯韦不朽的电磁理论。

图 2.3.8 表示不同入射光波的衍射光斑，图 2.3.8a 表示平面入射光波射入一个小孔，射出的光波发生衍射，在其背后的屏幕上产生光强度变化的光斑（爱里环），如果屏幕离开小孔足够远，屏幕上的光斑就是弗琅荷费衍射光斑。图 2.3.8b 表示尺寸为 $b×a$ 的方孔产生的衍射光斑。图 2.3.8c 和图 2.3.8d 表示两个相距不同的点光源通过小孔后在其后屏幕上产生的衍射光斑，由图可见，当距离 s 变得越来越短时，将导致两个爱里环圆盘靠得越来越近，最后将难以分辨。

1678 年，荷兰物理学家克里斯蒂安·惠更斯（Christiaan Huygens，1629—1695 年）（图 2.3.9）完成著作《光论》，1690 年这本书公开发行，在这本书中他提出"惠更斯原理"。他认为，波前的每一点是产生球面次波的点波源，而以后任何时刻的波前则可看作是这些次波的包络。

借着这一原理，惠更斯给出了波的直线传播与球面传播的定性解释，并且推导出反射定律与折射定律；但是他并不能解释为什么当光波遇到边缘、孔径或狭缝时，会偏离了直线传播，即衍射效应。

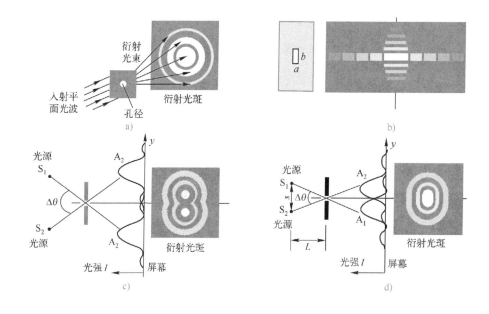

图 2.3.8　不同入射波的衍射光斑

a) 小孔衍射　　b) 方孔衍射　　c) 两个点光源距离

较远时的衍射　　d) 两个点光源距离较近时的衍射

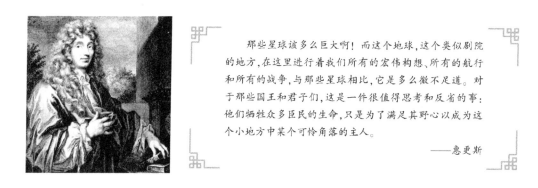

那些星球该多么巨大啊！而这个地球，这个类似剧院的地方，在这里进行着我们所有的宏伟构想、所有的航行和所有的战争，与那些星球相比，它是多么微不足道。对于那些国王和君子们，这是一件很值得思考和反省的事：他们牺牲众多臣民的生命，只是为了满足其野心以成为这个小地方中某个可怜角落的主人。

——惠更斯

图 2.3.9　克里斯蒂安·惠更斯

　　1815 年，奥古斯汀-让·菲涅尔在惠更斯原理的基础上假设这些次波会彼此发生干涉，因此惠更斯-菲涅尔原理是惠更斯原理与干涉原理的结晶。用这种观点来描述波的传播，可以解释波的衍射现象。惠更斯-菲涅尔原理是建立衍射理论的基础，并指出了衍射的实质是所有次波彼此相互干涉的结果。

惠更斯-菲涅尔（Huygens-Fresnel）原理是研究波传播问题的一种分析方法，用荷兰物理学者克里斯蒂安·惠更斯和法国物理学者奥古斯丁·让·菲涅尔的名字命名。

菲涅尔的科学成就主要有两个方面。一是衍射，他以惠更斯原理和干涉原理为基础，用新的定量形式建立了惠更斯-菲涅尔原理，完善了光的衍射理论。他的实验具有很强的直观性、明确性，如菲涅尔透镜、小孔衍射等。另一成就是偏振，他与其他人一起研究了偏振光的干涉（见2.3.3节）。

2. 衍射方程和衍射光栅

最简单的衍射光栅是在不透明材料上具有一排周期性分布的裂缝，如图2.3.10a所示。入射光波在一定的方向上被衍射，该方向与波长和光栅特性有关。图2.3.10b表示光通过有限数量的裂缝后，接收到的衍射光强分布。由图可见，沿一定的方向（θ）具有很强的衍射光束，根据它们出现位置的不同，分别标记为零阶（中心）及其分布在其两侧的一阶和二阶光波等。假如光通过无限数量的裂缝，则衍射光波具有相同的强度。事实上，任何折射率的周期性变化，都可以作为衍射光栅，衍射光栅解复用器将在4.4.3节介绍。

我们假定入射光束是平行波，因此裂缝变成相干光源。并假定每个裂缝的宽度 a 比把裂缝分开的距离 d 更小，如图2.3.10a所示。从两个相邻裂缝以角度 θ 发射的光波间的路径差是 $d\sin\theta$，由式（2.2.3）可知，$\Delta z = d\sin\theta = (\Delta\phi/2\pi)\lambda = m\lambda$，令 $m = \Delta\phi/2\pi$，所以，所有这些从一对相邻裂缝发射的光波相长干涉的条件是路径差 $d\sin\theta$ 一定是波长的整数倍，即

$$d\sin\theta = m\lambda \quad m = 0, \pm1, \pm2, \cdots \tag{2.3.3}$$

很显然，相消干涉的条件是路径差 $d\sin\theta$ 一定要等于半波长的整数倍，即

$$d\sin\theta = \left(m + \frac{1}{2}\right)\lambda \quad m = 0, \pm1, \pm2, \cdots$$

式（2.3.3）就是著名的衍射方程，有时也称为布拉格衍射条件，式中 m 值决定衍射的阶数，$m = 0$ 对应零阶衍射，$m = \pm1$ 对应一阶衍射，……当 $a < d$ 时，衍射光束的幅度被单个裂缝的衍射幅度调制，如图2.3.10b所示。由式（2.3.3）可见，不同波长的光对应不同

长度的距离 d，因此，衍射光栅可以把不同波长的入射光分开，它已被广泛应用到光谱分析仪中。

威廉·亨利·布拉格（图 2.3.10c）与其子威廉·劳伦斯·布拉格皆为英国著名物理学家，通过对 X 射线谱的研究，提出晶体衍射理论，建立了布拉格公式（布拉格定律），并改进了 X 射线分光计。

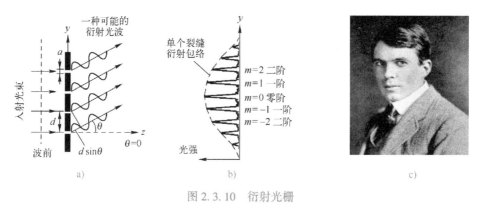

图 2.3.10　衍射光栅

a）有限裂缝数衍射光栅　b）接收到的衍射光强分布　c）威廉·亨利·布拉格（W. L. Bragg）

2.3.3　光的偏振——菲涅尔的贡献

当光通过不同介质界面时，入射光分为反射光和折射光，斯奈尔推导出了式（2.3.1）所示的反射定律和折射定律。但是，这两个定律只决定了它们的方向，为了确定这两部分光的强度和振动的取向，1821 年，菲涅尔发表了题为《关于偏振光线的相互作用》的论文，假设光是横电磁波，把入射光分为振动平面平行于入射面的线偏振光和垂直于入射面的线偏振光，成功地解释了偏振现象，并导出了能够表示光的折射比、反射比之间关系的菲涅尔方程，解释了马吕斯的反射光偏振现象和双折射现象，奠定了晶体光学的基础。1823 年，菲涅尔又发现了光的圆偏振和椭圆偏振现象。

奥古斯汀·让·菲涅尔（图 2.3.11）是法国物理学家，被誉为物理光学的缔造者。

光波和声波同样都是波，但它们具有不同的性质。声波是在它的行进方向上，以反复的强弱变化来传播的疏密纵波；而光波却是在与传播方向垂直的平面内振动的横波（见 2.2.1 节）。自然光在垂直于它行进方向（z 轴）的平面内（由 y 轴和 x 轴构成的平面）的所有方向上都有振动，我们把这种光称为非偏振光。然而，在晶体中传输时，自然光振动方向要受到限制，它只允许在某一特定方向上振动的光通过，如图 2.3.12 所示。我们把这种只在特定方向上振动的光称为偏振光。

菲涅尔——物理光学的缔造者

奥古斯汀·菲涅尔（Augustin Fresnel, 1788—1827 年）是法国物理学家, 成功地解释了偏振现象和双折射现象, 发现了光的圆偏振和椭圆偏振现象。

鉴于菲涅尔对光的本性研究以及波动光学理论的建立做出的卓越贡献, 1823 年菲涅尔被选为巴黎科学院院士, 1825 年又成为英国伦敦皇家学会会员, 1827 年在重病中获得了人生最后一项殊荣——伦敦皇家学会授予的拉姆福德奖章, 之后不久因结核病去世, 享年仅 39 岁。

图 2.3.11　奥古斯汀·让·菲涅尔

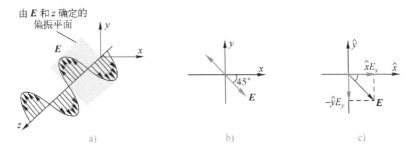

a)　　　　　　　　　b)　　　　　　　　c)

图 2.3.12　线性偏振光

a) 线性偏振光波, 它的电场振荡方向限定在沿垂直于传输 z 方向的线上　b) 场振荡包含在偏振
平面内　c) 在任一瞬间的线性偏振光可用包含幅度和相位的 E_x 和 E_y 合成

　　光的偏振（也称极化）描述了当光通过晶体介质传输时其电场的特性。线性偏振光是它的电场振荡方向和传播方向总在一个平面内（振荡平面）, 如图 2.3.12a 所示, 因此线性偏振光是平面偏振波。与此相反, 非偏振光是一束光在每个垂直 z 方向的随机方向都具有电场 E。如果一束非偏振光波通过一个偏振片, 就可以使它变成线性偏振光, 因为偏振片把电场振荡局限在与传输方向垂直的一个平面内, 这个偏振片就叫作起偏器, 如图 5.1.1 所示。

2.3.4　光的双折射——光调制器基础

巴塞林那斯——双折射现象发现者

丹麦物理学家（E Bartholinus，1625—1698 年）出版了一本关于晶体的小册子，首次观察到，当一束光通过方解石晶体时，会分解成两束光，一束光遵守斯奈尔折射定律，而另一束光却表现为异常（e）光线，即使光束垂直入射晶体的解理面，在晶体内部，e 光束也以偏离正常的（o）光线而折射。这种现象就是双折射现象。当巴塞林那斯旋转该晶体时，o 光束保持不动，而 e 光束也随着晶体的旋转而旋转。巴塞林那斯的发现是晶体学和光学的一个里程碑，从而引起科学家们对材料的各向异性特性的研究和开发利用。

我们从 2.3.1 节已知，当光从空气进入水或玻璃时，就产生折射。但是，当偏振光进入某些晶体时，却会发现折射光线不只一条，而是两条。这种现象称为双折射，如图 2.3.13 所示。下面就来说明为什么会产生双折射。

1. 各向同性材料和各向异性材料

晶体的一个重要特征是它的许多特性与晶体的方向有关。因为折射率 $n = \sqrt{\varepsilon_r}$，介电质常数 ε_r 与电子极化有关，电子极化又与晶体方向有关，所以晶体的折射率与传输光的电场方向有关。大部分非晶体材料，例如玻璃和所有的立方晶体是光学各向同性材料，即在每个方向具有相同的折射率。所有其他晶体，如方解石（$CaCO_3$）和 $LiNbO_3$，它们的折射率都与传输方向和偏振态有关，这种材料叫作各向异性晶体，如图 2.3.15 所示。1669 年，丹麦物理学家巴塞林那斯（E Bartholinus）首次观察到双折射（Double Refraction）现象，如图 2.3.13 所示，但是他无法解释这一现象。图 2.3.14 是双折射现象的发现者——巴塞林那斯。

可用三种折射率指数 n_1、n_2 和 n_3 来描述光在各向异性晶体内的传输，n_1、n_2 和 n_3 分别表示互相垂直的三个轴 x、y 和 z 方向上的折射率。这种晶体具有两个光学轴，所以也称为双轴晶体。当 $n_1 = n_2$ 时，晶体只有一个光轴，称这种晶体为单轴晶体。在单轴晶体中，$n_3 > n_1$ 的晶体（如石英）是正单轴晶体，$n_3 < n_1$ 的晶体（如方解石和 LiNbO$_3$）称为负单轴晶体。

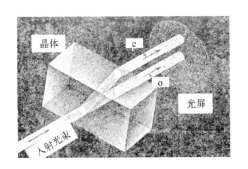

图 2.3.13　一束光入射到方解
石晶体上变成两束偏振光

图 2.3.14　巴塞林那斯（E. BartboLinus）
——双折射现象的发现者

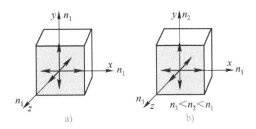

图 2.3.15　各向同性晶体和各向异性晶体

a）各向同性晶体　b）各向异性晶体

由于实际光纤的纤芯折射率并不是各向同性，即 $n_{1x} \neq n_{1y}$，所以单模光纤也存在双折射现象，引起偏振模色散（Polarization Mode Dispersion，PMD）。

2. 双折射的 3 种特例

偏振光与光轴的关系虽然不同，但均垂直投射到方解石晶体切割出来的薄片上，会产生不同的现象，如图 2.3.16 所示。图 2.3.16a 表示晶片切割成光轴与晶体的表面垂直，偏振光与光轴平行投射到晶片上，o 光和 e 光均以 o 光的速度 v_o 无偏向地通过晶片。所以出射光束有与入射光束相同的偏振特性，此时的方解石表现得与各向同性晶体一样，o 光和 e 光没有任何区别。图 2.3.16b 表示另外一种特例，所用的晶片切割成光轴与晶片的表面平行，入射光束虽然无偏向地传播，但在晶体内 o 光以 v_o 传播，e 光以与 v_o 不同的速度 v_e 传播，o 光和 e 光在互相正交的方向上偏振。图 2.3.16c 使用的晶片光轴与晶片的表面成任意角，在这样切割成的晶片中，产生两条分开的光束，以不同的速度通过晶体。图 2.3.16d 使用的晶片与图 2.3.16c 的相同，并且画出两条与图 2.3.13c 一样的出射光束，在互相正交的方向上偏振。

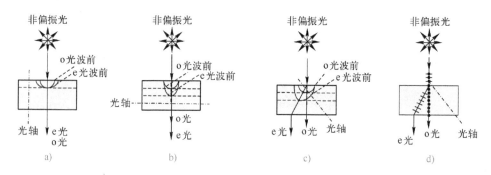

图 2.3.16 偏振光与光轴的关系不同，投射进入方解石晶片上的非偏振光产生不同的双折射现象

a) 入射光与光轴平行，不发生双折射，也没有速度差　b) 入射光与光轴垂直，在同一方向发生有速度差的双折射（相位光调制器、相位延迟片就是这种情况）　c) 入射光与光轴成一定角度，在不同方向发生有速度差的双折射（相位光调制、相位延迟片就是这种情况）　d) 同图 2.3.16c，但偏振态和出射光线都表示出来了

第 3 章
———

光纤通信传输介质
——光导纤维

认 识 光 通 信

3.1　光纤结构和类型

　　固执于光的旧有理论的人们，最好是从它自身的原理出发，提出实验的说明。并且，如果它的这种努力失败的话，他应该承认这些事实。

——托马斯·扬（T. Young）

　　光纤由玻璃，即石英（SiO_2）组成。光纤和光缆结构如图 3.1.1 所示，光纤由玻璃制成的纤芯和包层组成，为了保护光纤，包层外面还增加尼龙外层。

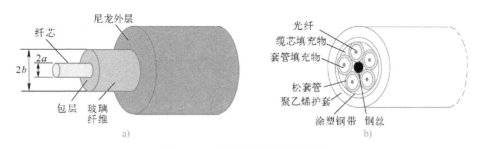

图 3.1.1　光纤和光缆结构示意图

a）光纤结构　b）一种光缆结构

　　光纤是一种纤芯折射率 n_1 比包层折射率 n_2 大的同轴圆柱形电介质波导。纤芯材料主要成分为二氧化硅（SiO_2），纯度达 99.999%，其余成分为极少量的掺杂剂如二氧化锗

（GeO₂）等，以提高纤芯的折射率。纤芯直径 $2a$ 为 8~100 μm。包层材料一般也为 SiO_2，外径 $2b$ 为 125 μm，其作用是把光强限制在纤芯内。为了增强光纤的柔韧性、机械强度和耐老化特性，还在包层外增加一层涂覆层，其主要成分是环氧树脂和硅橡胶等高分子材料。光在纤芯与包层的界面上发生全反射而被限制在纤芯内传播，包层为光的传输提供反射面和光隔离，并起一定的机械保护作用。

实际光纤通信系统使用的光纤都是包在光缆内，光缆由许多光纤组成，光纤外面是松套管，松套管内是填充物。光缆的中心是一条增加强度用的钢丝，最外面是保护用的护套。

3.1.1 玻璃丝传光发展史——全反射应用

古代，希腊吹玻璃工匠观察到玻璃棒可以传光。

1854 年，英国的廷德尔在英国皇家学会的一次演讲中指出，光线能够沿盛水的弯曲管道进行反射而传输，并用实验证实了这个想法。

1870 年，英国物理学家廷德尔在实验中观察到，把光照射到盛水的容器内，从出水口向外倒水时，光线也沿着水流传播，出现弯曲现象，这好像不符合光只能直线传播的定律。实际上，这时光仍是沿直线传播，只不过在水流中出现了光反射现象，因而光是以折线方式前进的。光也可以"走弯路"。

1927 年，英国的贝尔德首次利用光全反射现象制成石英纤维，进行图像解析，并且获得了两项专利。

1930 年，有人拉出了石英细丝，并论述了它传光的原理。

1951 年，荷兰和英国开始进行柔软纤维镜的研制。

1953 年，荷兰人范赫尔把一种折射率为 1.47 的塑料涂在玻璃纤维上，形成比玻璃纤维芯折射率低的套层，得到了对光线全反射（绝缘）的玻璃纤维。但由于塑料套层不均匀，光能量损失太大。

1955 年，光在弯曲管道中反射前行的现象得到实际应用。当时在伦敦英国学院工作的卡帕尼博士用极细的玻璃制作成了光导纤维。每根细如丝的光导纤维是用两种折射率不同的玻璃制成，一种玻璃形成中心束线，另一种包在中心束线外面形成包层。由于两种玻璃在光学性质上的差别，光线以一定角度从光导纤维的一端射入后，不会从纤维壁逸出，而是沿两层玻璃的界面连续反射前进，从另一端射出。最初，这种光导纤维只是应用在医学上，用光纤束组成内窥镜，可以观察人体肠胃内的疾病，协助医生及时做出确切的判断。

其实，现代的多模光纤通信也就是运用光反射原理，把光的全反射限制在光纤内部，用光信号取代传统通信方式中的电信号，实现信息的传递。

3.1.2 多模光纤/单模光纤——由传输模式数量决定

作为信息传输波导，实用光纤有两种基本类型，即多模光纤和单模光纤，如图 3.1.2 所示。顾名思义，多模光纤可以传输多个模式的光，而单模光纤却只能传输一个模式的光。图 3.1.2 也表示出这两种光纤内的光线在纤芯传播的路径，由于光线在这两种光纤中传播的路径不同，单模光纤只有一个模式，而且是直线传输；而多模光纤有多个模式，且每个模式传输的路径不同，高阶模比低阶模传输的路径长，所用的时间就长，到达终点的时间不同，几种模式的光合在一起就使输出脉冲相对于输入脉冲展宽了。

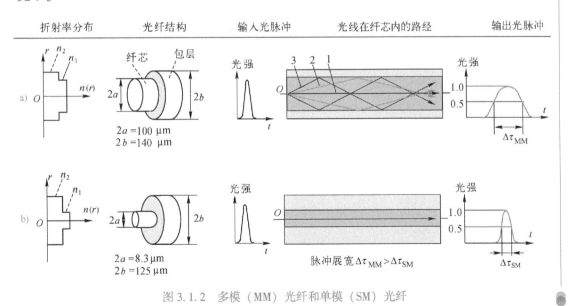

图 3.1.2 多模（MM）光纤和单模（SM）光纤

a) 多模光纤 b) 单模光纤

单模光纤的芯径要比多模光纤的小，当光纤的芯径很小时，光纤只允许与光纤轴线一致的光线通过，即只允许通过一个基模。只能传播一个模式的光纤称为单模光纤。单模光纤的纤芯直径比多模光纤小得多，模场直径只有 $9\sim10\,\mu m$，仅是多模光纤的十分之一，光线沿轴线直线传播，如图 3.1.2b 所示，传播速度最快，输出脉冲信号到达终点的展宽（$\Delta\tau_{1/2}$）最小。

多模光纤和单模光纤传播速度的差异可以用图 3.1.3 形象地表示，三种汽车各有不同的外形和速度，代表不同的模式，模式越高，传输越慢。

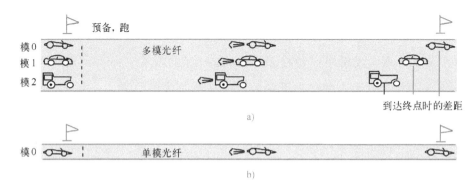

图 3.1.3　多模光纤和单模光纤传播速度的差异

a）模拟多模光纤　b）模拟单模光纤

3.1.3　阶跃光纤/渐变光纤——折射率在纤芯分布不同色散也不同

根据光纤横截面上折射率的径向分布情况，可以将光纤粗略地分为阶跃（SI）光纤和渐变（GI）光纤。阶跃光纤折射率在纤芯为 n_1 保持不变，到包层突然变为 n_2，如图 3.1.4a 所示。渐变光纤折射率 n_1 不像阶跃光纤是个常数，而是在纤芯中心最大，沿径向往外按抛物线形状逐渐变小，直到包层变为 n_2，如图 3.1.4b 所示。

渐变多模光纤的折射率分布可使光纤内的光线同时到达终点，其理由是，虽然各模光线以不同的路径在纤芯内传输，但是因为这种光纤的纤芯折射率不再是一个常数，所以各模的传输速度也互不相同。如图 3.1.5 所示，沿光纤轴线传输的光线速度最慢（因 $n_{1,r\to0}$ 最大，所以速度 $c/n_{1,r\to0}$ 最小）；光线 3 到达末端传输的距离最长，但是它的传输速度最快（因 $n_{1,r\to a}$ 最小，所以速度 $c/n_{1,r\to a}$ 最大），这样一来到达终点所需的时间几乎相同。$n_{1,r\to 0}$ 表示纤芯折射率从包层变化到纤芯，$n_{1,r\to a}$ 表示纤芯折射率从纤芯变化到与包层交界处。

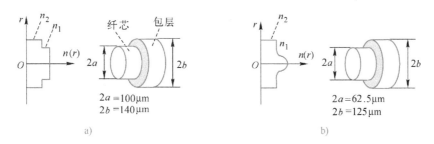

图 3.1.4 阶跃光纤和渐变光纤

a）阶跃光纤 b）渐变光纤

为了进一步理解渐变多模光纤的传光原理，我们可把这种光纤看作由折射率恒定不变的许多同轴圆柱薄层 a、b 和 c 等组成，如图 3.1.6a 所示，而且 $n_a>n_b>n_c>\cdots$。使光线 1 的入射角 θ_A 正好等于折射率为 n_a 的 a 层和折射率为 n_b 的 b 层的交界面 A 点发生全反射时的临界角 $\theta_c(ab)=\arcsin(n_b/n_a)$，然后到达光纤轴线上的 O' 点。而光线 2 的入射角 θ_B 却小于在 a 层和 b 层交界面 B 点处的临界角 $\theta_c(ab)$，因此不能发生全反射，而光线 2 以折射角 $\theta_{B'}$ 折射进入 b 层。如果 n_b 适当且小于 n_a，光线 2 就可以到达 b 和 c 界面的 B' 点，它正好在 A 点的上方（OO' 线的中点）。假如选择 n_c 适当且比 n_b 小，使光线 2 在 B' 发生全反射，即 $\theta_{B'}>\theta_c(bc)=\arcsin(n_c/n_b)$。于是通过适当地选择 n_a、n_b 和 n_c，就可以确保光线 1 和光线 2 通过 O'。那么，它们是否同时到达 O' 呢？由于 $n_a>n_b$，所以光线 2 在 b 层要比光线 1 在 a 层传输得快，尽管它传输得路径比较长，也能够赶上光线 1，所以几乎同时到达 O' 点。这种渐变多模光纤的传光原理，相当于在这种波导中有许多按一定规律排列的自聚焦透镜，把光线局限在波导中传输，如图 3.1.5 所示。

实际上，渐变光纤的折射率是连续变化的，所以光线从一层传输到另一层也是连续的，如图 3.1.6b 和图 3.1.6c 所示。当光线经多次折射后，总会找到一点，其折射率满足全反射。

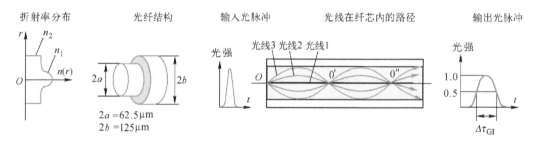

图 3.1.5　渐变折射率多模光纤的结构、折射率分布和在纤芯内的传输路径

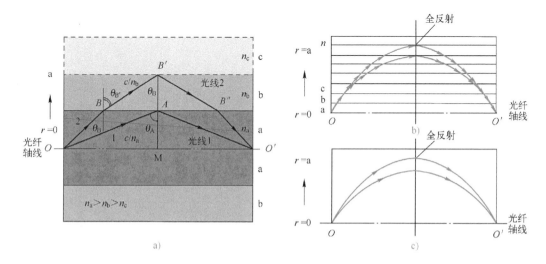

图 3.1.6　渐变多模光纤内光线传输路径不同但同时到达终点

3.1.4　相速度/群速度——相速度是波前传输速度，群速度是相速度的分量

现在考虑传输模中的一条光线，如图 3.1.7 所示，它在纤芯内以角度 θ 全反射，在介质中的相速度，即光在光纤中的传输速度 $\upsilon = c/n_1$。但是，能量沿波导传输的速度是

$$\upsilon_{\mathrm{g}} = \upsilon\cos\theta = \frac{c}{n_1}\cos\theta \qquad (3.1.1)$$

这一速度称为群速度，它表示调制光脉冲包络的传输速度，如图 3.1.7 所示。

群速度和光纤模式有关，模数不同，其群速度也不同。由于不同的模有不同的传输速度，因而在入射端输入的光脉冲中，次数越高的模越滞后。这并不难理解，因为模的次数越高，其角度 θ 越大（见图 3.1.2），传输就需要更多的时间。

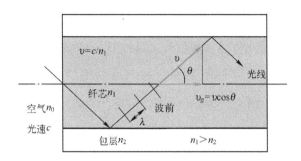

图 3.1.7　阶跃型光纤波导的群速度 υ_g

3.1.5　光纤制造

光纤的纤芯折射率 n_1 比包层折射率 n_2 高，纤芯材料主要成分为 SiO_2，其余成分为极少量的掺杂剂（如 GeO_2 等），以提高纤芯的折射率。包层材料一般也为 SiO_2，作用是把光强限制在纤芯中，为了增强光纤的柔韧性、机械强度和耐老化性，其包层外增加了一层涂覆层，其主要成分是环氧树脂和硅橡胶等高分子材料。

制造光纤时，需要先熔制出一根合适的玻璃棒，如图 3.1.8a 所示。为使光纤的纤芯折射率 n_1 比包层折射率 n_2 高，首先在制备纤芯玻璃棒时，要均匀地掺入少量比石英折射率高的材料（如锗）；接着在制备包层玻璃时，再均匀地掺入少量比石英折射率低的材料（如硼）。这就制成了拉制光纤的原始玻璃棒，通常把它叫作光纤预制棒。把预制棒放入

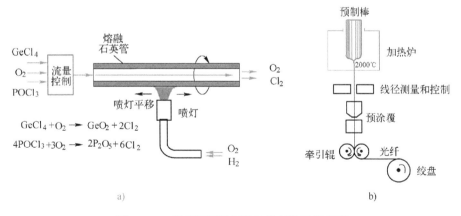

图 3.1.8　光纤预制棒制造和拉丝装置示意图

a）预制棒制造原理图　b）拉丝装置示意图

高温（约 2000℃）拉丝炉中加温软化，拉制成线径很细的玻璃丝，如图 3.1.8b 所示，同时在玻璃丝外增加一层高分子材料涂覆层，以便增强玻璃丝的柔韧性和机械强度。玻璃丝中的纤芯和包皮的厚度比例和折射率分布与预制棒材料的完全一样。这种只有约 125 μm 粗细的玻璃丝就是通信用的导光纤维，简称为光纤。当然，为了使纤芯直径在拉制过程中保持一致，还需要对线径进行测量控制。

3.2 光纤传输原理

古今中外，凡成就事业、对人类有作为的无一不是脚踏实地、艰苦攀登的结果。

——钱三强

根据纤芯直径 $2a$ 和光波波长 λ 比值的大小，光纤的传输原理可用光在波导中的光线理论或导波理论进行分析。对于多模光纤，$2a/\lambda$ 远远大于光波波长 λ，可用几何光学的光线理论近似分析光纤的传光原理和特性；对于单模光纤，$2a$ 可与 λ 比拟，就必须用麦克斯韦导波理论来进行分析。

3.2.1 全反射和相干——光纤传输条件

由 2.3.1 节可知，光波从折射率较大的介质入射到折射率较小的介质时，在边界将发生反射和折射，当入射角 θ_i 超过临界角 θ_c 时，将发生全反射，如图 2.3.4c 所示。光纤传输电磁波的条件除满足光线在纤芯和包层界面上的全反射条件外，还需满足传输过程中的相干加强条件。因此，对于特定的光纤结构，只有满足一定条件的电磁波可以在光纤中进行有效的传输，这些特定的电磁波称为光纤模式。光纤中可传导的模式数量取决于光纤的具体结构和折射率的径向分布。如果光纤中只支持一个传导模式，则称该光纤为单模光纤。相反，支持多个传导模式的光纤称为多模光纤。

为简单和直观起见，以阶跃型光纤为例，进一步用几何光学方法分析多模光纤的传输原理和导光条件。如图 3.2.1 所示，光线在光纤端面以不同角度 α 从空气入射到纤芯（$n_0 < n_1$），不是所有的光线都能够在光纤内传输，只有一定角度范围内的光线在射入光纤

时产生的折射光线才能在光纤中传输。假如在光纤端面的入射角是 α，在波导内光线与正交于光纤轴线的夹角是 θ。此时，$\theta>\theta_c$（临界角）的光线将发生全反射，而 $\theta<\theta_c$ 的光线将进入包层泄漏出去。于是，为了光能够在光纤中传输，入射角 α 必须要能够使进入光纤的光线在光纤内发生全反射而返回纤芯，并以曲折形状向前传播。由图 3.2.1 可知，最大的 α 角应该是使 $\theta=\theta_c$。在 n_0/n_1 界面，根据斯奈尔定律（见 2.3.1 节）可得

$$\frac{\sin\alpha_{max}}{\sin(90°-\theta_c)}=\frac{n_1}{n_0} \tag{3.2.1}$$

全反射时，由式（2.3.2）可知，$\sin\theta_c=n_2/n_1$，将此式代入式（3.2.1），可得

$$\sin\alpha_{max}=\frac{(n_1^2-n_2^2)^{1/2}}{n_0}$$

当光从空气进入光纤时，$n_0=1$，所以

$$\sin\alpha_{max}=(n_1^2-n_2^2)^{1/2} \tag{3.2.2}$$

定义数值孔径（NA）为

$$NA=\sqrt{n_1^2-n_2^2}=n_1\sqrt{2\Delta} \tag{3.2.3}$$

式中，$\Delta=(n_1-n_2)/n_1$ 为纤芯与包层相对折射率差。设 $\Delta=1\%$，$n_1=1.5$，得到 $NA=0.21$ 或 $\theta_c=12.1°$。因此用数值孔径表示的光线最大入射角 α_{max} 是

$$\sin\alpha_{max}=\frac{NA}{n_0}$$

$$\sin\alpha_{max}=NA（n_0=1 时） \tag{3.2.4}$$

角度 $2\alpha_{max}$ 称为入射光线的总接收角，它与光纤的数值孔径和光发射介质的折射率 n_0 有关。式（3.2.4）只应用于子午光线入射，对于斜射入射光线，具有较宽的可接收入射角。多模光纤的大多数入射光线是斜射光线，所以它对入射光线所允许的最大可接收角要比子午光线入射的大。

当 $\theta=\theta_c$ 时，光线在波导内以 θ_c 入射到纤芯与包层交界面，折射光线沿交界面向前传播（折射角为 90°），如图 3.2.1b 所示。当 $\theta<\theta_c$ 时，光线将折射进入包层并逐渐消失。因此，只有与此相对应的在半锥角为 $2\alpha_{max}$ 的圆锥内入射的光线才能在光纤内传播，所以光纤的受光范围是 $2\alpha_{max}$。

NA 表示光纤接收和传输光的能力，NA（或 α_{max}）越大，光纤接收光的能力越强，从

光源到光纤的耦合效率越高。对无损耗光纤，在 α_{max} 内的入射光都能在光纤中传输。NA 越大，纤芯对光能量的束缚能力越强，光纤抗弯曲性能越好。但 NA 越大，经光纤传输后产生的输出信号展宽越大，因而限制了信息传输容量，所以要根据使用场合选择适当的 NA。

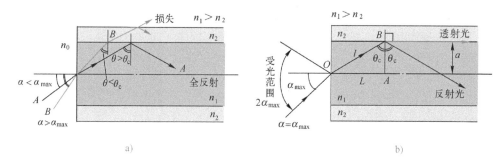

图 3.2.1　光纤传输条件

a）不同入射角 θ 的光纤　b）$\theta = \theta_c$ 的光线

3.2.2　一维光纤波导——直线光线

1. 光波在波导中传输的条件——全反射和相长干涉

光纤波导横截面是二维（r 和 φ）尺寸，如图 3.2.6 所示，反射从所有表面，即从与 y 轴成 φ 角的任意半径方向所碰到的界面发生反射。为了理解光纤的传输理论，先来分析光线在一维（$\varphi = 0$）光纤波导中的传播，如图 3.2.2 所示。

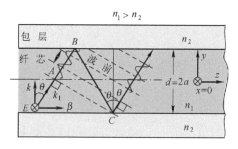

图 3.2.2　光纤波导中传输的光波必须与它自己相长干涉，

否则相消干涉就不会建立起传输光场

由于波导芯的折射率 n_1 大于包层的折射率 n_2，所以光在光纤波导界面处发生全反射。取电场 E 方向为沿 x 方向、平行于界面并正交于 z 方向。光线以 z 字形沿 z 方向向前传播，并在纤芯和包层界面处（如 B 和 C 点）全反射，图中用细实线表示出光线恒定的相位波前，它正交于传输方向。光线在 C 点反射后，反射光线波前正好与在 A 点的起始光线波前重叠，如果它们不同相，这两束光线将相消干涉，相互抵消。因此只有特定的反射角 θ 能够发生相长干涉，由此可见，只有特定的波才能在波导中存在。

A 和 C 两点的相位差对应光路径长度 AB+BC，而且在 A 和 B 点的每次全反射都会产生一个相位差 φ。假如 k_1 是光波在 n_1 介质中的传播常数，$k_1=kn_1=2\pi n_1/\lambda$，式中 k 和 λ 分别是自由空间传播常数和波长。为了实现相长干涉，A、C 两点间的相位差必须是 2π 的整数倍，即

$$\Delta\phi(AC)=k_1(AB+BC)-2\phi=m(2\pi)，\quad m=0,1,2,\cdots$$

由图 3.2.2 可知，$BC=d/\cos\theta$，$AB=BC\cos(2\theta)$，于是

$$AB+BC=BC\cos(2\theta)+BC=BC\left[(2\cos^2\theta-1)+1\right]=2d\cos\theta$$

所以光波在波导中传输的条件是

$$k_1\left[2d\cos\theta\right]-2\phi=m(2\pi)\quad 或\quad k_1 d\cos\theta-\phi=m\pi，\quad m=0,1,2,\cdots \tag{3.2.5}$$

显然，对于给定的 m，只有一定的 θ 和 φ 值才能满足式（3.2.5），φ 与 θ 有关，也与光波的偏振态有关。因此对于每个 m 值，将允许有一个 θ_m 和一个相对应的 ϕ_m。因 $k_1=2\pi n_1/\lambda$，$d=2a$，所以满足波导相长干涉的波导条件式（3.2.5）变成

$$\frac{2\pi n_1(2a)}{\lambda}\cos\theta_m-\phi_m=m\pi，\quad m=0,1,2,\cdots \tag{3.2.6}$$

式中，ϕ_m 表示 φ 是入射角 θ_m 的函数。

波矢量 k_1 可以分解成两个沿波导（z 轴）的传播常数 β 和 k，如图 3.2.2 所示。设 θ_m 满足波导条件，则

$$\beta_m=\boldsymbol{k}_1\sin\theta_m=\left(\frac{2\pi n_1}{\lambda}\right)\sin\theta_m \tag{3.2.7}$$

$$k_m=\boldsymbol{k}_1\cos\theta_m=\left(\frac{2\pi n_1}{\lambda}\right)\cos\theta_m \tag{3.2.8}$$

由式（3.2.6）显然可见，只有一定入射角的光线才能在波导内传输，并与 $m=0,1,2,\cdots$ 对应，而且大的 m 值产生小的 θ_m 角。每个不同的 m 值将产生不同的由式（3.2.7）决定的传播常数 β，m 值称为模数。

与式 (2.2.1) 类似，沿波导传输的光波可用式 (3.2.9) 来描述

$$E(y,z,t) = 2E_m(y)\cos(\omega t - \beta_m z) \tag{3.2.9}$$

式中，$E_m(y)$ 表示对于给定的 m，电场在 z 方向传输过程中沿 y 方向的分布，如图 3.2.3 所示。图 3.2.4 表示 $m=0,1,2$ 三种模式的波沿波导 y 方向的电场分布，m 越大，光场进入包层越深，在包层靠近界面的消逝波以指数形式沿 y 方向衰减。整个电场沿 z 方向以各自的传播常数 β_m 传输，从 3.1.4 节可知它是群速度。图 3.2.5 表示光脉冲进入波导后分裂成各种模式的波，以不同的群速度向前传输，高阶模传输最慢，低阶模最快，在波导输出端重新复合构成展宽的输出光脉冲。

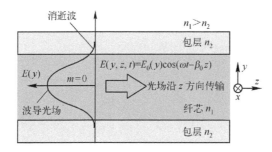

图 3.2.3　$m=0$ 基模光波沿波导 y 方向的电场分布，通常入射角 $\theta=90°$，沿 z 方向的相速度最大

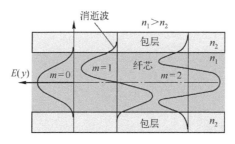

图 3.2.4　$m=0,1,2$ 三种模式的波沿光纤波导 y 方向的电场分布

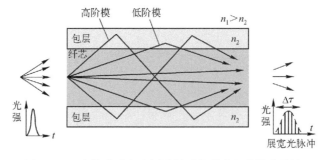

图 3.2.5　光脉冲进入光纤波导后分裂成各种模式的波

2. 归一化芯径——V 参数

虽然式 (3.2.6) 规定了光波在波导中传输所允许的入射角, 但它还必须同时满足全反射条件 $\sin\theta_m > \sin\theta_c$, 因此在波导中有一个允许在其中传输的最大模数。从式 (3.2.6) 可以获得 $\sin\theta_m$ 的表达式, 并应用 $\sin\theta_m > \sin\theta_c$, 得到最大模数 m 必须满足

$$m \leqslant (2V-\phi)/\pi \qquad (3.2.10)$$

式中

$$V = \frac{2\pi a}{\lambda}\sqrt{n_1^2 - n_2^2} = \frac{2\pi a}{\lambda}n_1\sqrt{2\Delta} = \frac{2\pi a}{\lambda}\mathrm{NA} \qquad (3.2.11)$$

V 数也叫作 V 参数, 因为频率与波长成反比, 所以叫归一化频率; 在光纤波导中, 因为 $d = 2a$, 所以 V 参数也叫归一化芯径。对于给定的自由空间波长 λ, V 数取决于波导几何尺寸 ($d = 2a$) 和波导特性 (n_1 和 n_2)。从式 (3.2.10) 和式 (3.2.11) 可知, 要想使模式数量减少, 可以减少 $2a/\lambda$ 值, 或者使 n_1 和 n_2 值更接近些。

3.2.3　二维光纤波导——螺旋光线

光纤波导横截面是二维 (r 和 φ) 尺寸, 如图 3.2.6 所示。因为任意方向的半径 r 均可以用 x 和 y 来表示, 所以波的相长干涉包括 x 方向和 y 方向的反射, 因此用两个整数 l 和 m 来标记所有可能在波导中存在的行波或导模。

在阶跃折射率光纤中, 沿光纤曲折传输的光线, 除通过轴线入射的子午光线外 (每个反射光线也通过光纤轴线), 如图 3.2.6a 所示, 还有非轴线入射的斜射光线, 此时反射光线没有通过轴线, 而是围绕轴线螺旋式前进, 如图 3.2.6b 所示。

在阶跃多模光纤中, 入射的法线光线和斜射光线都产生沿光纤传输的导模, 每一个都具有一个沿 z 方向的传播常数 (群速度) β, 如图 3.2.2 所示。法线光线在光纤内产生 TE 波和 TM 波, 然而斜射光线产生的导模既有横电场 E_z 分量, 又有横磁场 B_z 分量, 因此既不是 TE 波, 也不是 TM 波, 而是 HE 波或 EH 波, **这两种模的电场和磁场都具有沿 z 方向的分量, 所以称为混合模**, 如图 3.2.6b 所示。HE 模的磁场分量比电场分量强, 而 EH 模却相反。

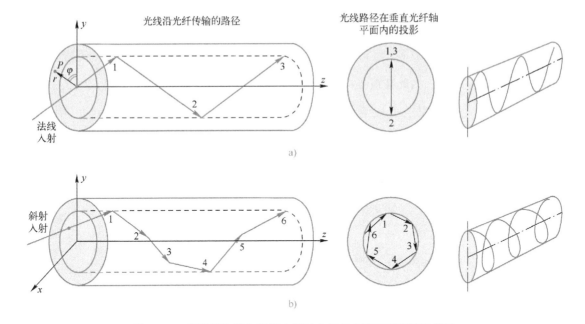

图 3.2.6　光线以法线和斜射入射时在纤芯内以不同的路径传输

a）子午光线总与光纤轴相交　b）斜线光线不与轴相交，而是围绕轴曲折前进（螺旋光线），

数字表示光线反射的次数

当光纤的折射率差 $\Delta \ll 1$ 时，称这种光纤为弱导光纤。通常阶跃型光纤 $\Delta \approx 0.01$，所以它是弱导光纤。这种光纤的导模几乎是平面偏振行波，它们具有横电场和横磁场，即 $\boldsymbol{E}$ 和 $\boldsymbol{B}$ 互相正交，且垂直于 z 轴，类似于平面波的场方向，但是场强在平面内不是常数，称这些波为线性偏振（LP）波，即具有横电场和横磁场的特性。这种沿光纤传输的 LP 导模可用沿 z 方向的电场分布 $E(r,\varphi)$ 表示，这种场分布或者场斑是在垂直于光纤轴（z 方向）的平面内，因此与 r 和 φ 有关，而与 z 方向无关。因此用对应于 r 和 φ 两种边界的两个整数 l 和 m 来描述其特性。这样在一个 LP 模中的传输场分布可用 $E_{lm}(r,\varphi)$ 表示，称这种模为 LP_{lm} 模。于是 LP_{lm} 模就可用沿 z 方向的行波表示

$$E_{\mathrm{LP}} = E_{lm}(r,\varphi)\exp[\mathrm{j}(\omega t - \beta_{lm}z)] \tag{3.2.12}$$

式中，E_{LP} 表示 LP 模的电场，β_{lm} 是它沿 z 方向的传播常数。显然，对于给定的 l 和 m，$E_{lm}(r,\varphi)$ 表示在 z 轴某个位置上特定的场分布，该场以 β_{lm}（群速度）沿光纤传播。

图 3.2.7a 表示阶跃光纤的基模（E_{01}）电场分布，它对应 $l=0$ 和 $m=1$ 的 LP_{01} 模（即零次模，$N=0$）。该场在纤芯的中心（光纤轴）最大，由于折射波（含消逝波）的存在，

有部分场进入包层，其大小与 V 参数有关，由式（3.2.11）可知，即与波长有关。各模的光强与 E^2 成正比，这意味着，在 LP_{01} 模内的光强分布具有沿光纤轴线的最大值，如图 3.2.7b 所示，在中心最大，向外逐渐减弱，接近包层最小。图 3.2.7c 也表示出 LP_{11} 模（即 1 次模，$N=1$）和 LP_{21} 模（即 2 次模，$N=2$）的强度分布。l 和 m 对应 LP_{lm} 模的光强分布图案（场斑），l 表示循环一周（$\varphi=360°$）最大光强的对数，m 表示从纤芯开始沿 r 方向到包层具有场斑的个数。例如，LP_{21} 模表示循环一周有两对场斑，从纤芯到包层有一个场斑。由此可见，l 表示螺旋传输的程度，或者说斜射光线对该模贡献的大小，对于 LP_{01}（基模）l 为零，说明没有斜射光线，对于 LP_{11} 模，循环一周有一对场斑；m 与光线的反射角有关。

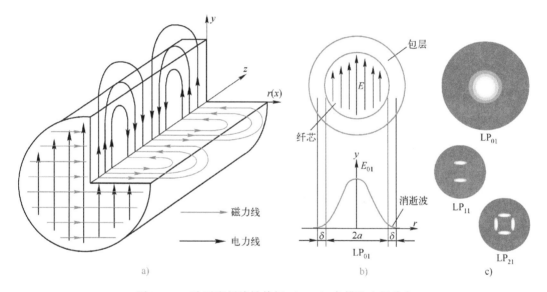

图 3.2.7　阶跃光纤线性偏振（LP_{lm}）各模的电场分布

a）LP_{01}（HE_{11}）模电力线和磁力线在光纤波导中的分布　b）LP_{01} 模与光纤轴垂直的横截面的电场分布

c）LP_{lm} 模与光纤轴垂直的横截面的强度分布

从上面的讨论可知，光以各种传导模沿光纤传输，每种模具有自己的传播常数 β_{lm}（即与波长有关的群速度 $V_g(l,m)$）、电场分布 $E_{lm}(r,\varphi)$。当脉冲光射入光纤后，它通过各种导模沿光纤传输，然而每种模式的光以不同的群速度传输，低次模传输快，高次模传输慢，所以到达光纤末端的时间也各不相同，经光探测器转变成光生电流后，各模式混合使输出脉冲相对于输入脉冲展宽，这种色散称为模间色散。色散与光纤波导的结构参数和尺寸（a 和 Δ）有关，这一点将在 3.3.2 节进一步讨论，因此可以设计一种只能传输基模的波导，从而也就没有模间色散。

3.2.4 光纤模式——麦克斯韦波动方程求解结果

光纤波导是导电率为零的一种圆柱形波导，用 3 个变量即光纤半径尺寸 r、光纤轴方向 z 和 r 与 y 轴的夹角 φ 表示，如图 3.2.6 所示，在光纤中传输的光波是电磁波，其运动规律仍遵守麦克斯韦波动方程，它是一种偏微分方程。在柱坐标系中，用拉普拉斯方程表示的光纤波导内的电场为

$$\frac{\partial^2 E_z}{\partial r^2}+\frac{1}{r}\frac{\partial E_z}{\partial r}+\frac{1}{r^2}\frac{\partial^2 E_z}{\partial \varphi^2}+\frac{\partial^2 E_z}{\partial z^2}+k_0^2 n^2 E_z=0 \tag{3.2.13}$$

式中，k_0 为传播常数，n 为阶跃光纤折射率，当 $r \leqslant$ 纤芯半径 a 时，$n=n_1$；当 $r>a$ 时，$n=n_2$。

由光纤波导结构决定的边界条件，用分离变量法将波动方程式（3.2.13）化解为系数为自变量函数的贝塞尔线性方程，然后通过适当的换元法将变系数方程化为常系数方程，便可把光的传播用电磁波表示。

只有满足边界条件所决定的某一相位匹配条件之电磁波，才能被封闭在纤芯内传输，这就是传输模。解波动方程可以得到光纤模式特性、场结构、传播常数和截止条件等。用波动光学分析光波在光纤中的传输结果是，第一类 l 阶贝塞尔函数 $J_l(x)$ 可以描述光波在纤芯内的光场分布，它有点像衰减的正弦函数；第一类 l 阶修正的贝塞尔函数 $K_l(x)$ 可以描述光波在包层内的光场分布，它有点像衰减的指数函数。对于阶跃折射率光纤，反映其特性的 V 参数为

$$V=k_0 a\sqrt{n_1^2-n_2^2}$$

因传播常数 $k_0=2\pi/\lambda$（见 2.2.2 节），所以

$$V=\frac{2\pi a}{\lambda}\sqrt{n_1^2-n_2^2}=\frac{2\pi a}{\lambda}n_1\sqrt{2\Delta}=\frac{2\pi a}{\lambda}\text{NA} \tag{3.2.14}$$

式中，λ 是自由空间工作波长，a 是纤芯半径，n_1 和 n_2 分别是纤芯和包层的折射率，NA 是光纤的数值孔径，Δ 是纤芯和包层的折射率差

$$\Delta = \frac{n_1 - n_2}{n_1} \approx \frac{n_1^2 - n_2^2}{2n_1^2} \tag{3.2.15}$$

由式（3.2.14）可知，V 参数与光纤的几何尺寸（芯径）$2a$ 有关，所以称为归一化纤芯直径，或简称为归一化芯径；另一方面，V 参数又与波长成反比，具有频率的量纲，所以又称为归一化频率，同时又与光纤波导折射率 n_1 和 n_2 有关，因此它是描述光纤特性的重要参数。

引入归一化传播常数 b，它与传播常数（群速度）$\beta (\beta = \beta_{lm})$ 的关系是

$$b = \frac{(\beta / k)^2 - n_2^2}{n_1^2 - n_2^2} \tag{3.2.16}$$

式中，传播常数（相速度）$k = 2\pi / \lambda$，n_1 和 n_2 分别是纤芯和包层的折射率。

因为 LP 模的传播常数 β_{lm} 取决于波导特性和光源波长，因此仅用与 V 参数有关的归一化传播常数 b，描述光在波导中的传输特性是非常方便的。图 3.2.8 表示几种低阶线性偏振模（LP）的 b 与 V 的关系。

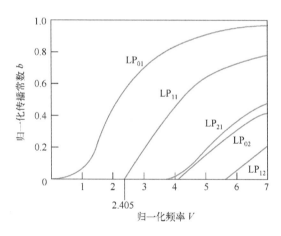

图 3.2.8　几种 LP 模的归一化传播常数 b 与归一化频率 V 的关系

注：LP_{01} 为零次模，$N=0$；LP_{11} 为 1 次模，$N=1$；LP_{21} 为 2 次模，$N=2$

由图 3.2.8 可见，基模 LP_{01} 对所有的 V 数都存在，所以 LP_{01} 在任何光纤中都能存在，是永不截止的模式，称为基模或主模。而 LP_{11} 在 $V = 2.405$ 截止，对于每个比基模高的特定的 LP 模，总有一个对应于截止波长的截止 V 数。给出光纤的 V 参数，从图 3.2.8 很容易找到对于允许在波导中存在的 LP 模所对应的 b，接着按式（3.2.16）

就可以求得 β。

当 $V<2.405$ 时，只有一种模式即基模 LP_{01} 通过光纤芯传输，当减小芯径使 V 数进一步减小时，光纤仍然支持 LP_{01} 模，但该模进入包层的场强增加了，因此该模的一些光功率被损失掉。这种只允许基模 LP_{01} 在要求的波长下传输的光纤称为单模光纤。通常单模光纤比多模光纤具有更小的纤芯半径 a 和较小的折射率差 Δ。

当 $V>2.405$ 时，假如光源波长 λ 减小得足够小，单模光纤将变成多模光纤，高阶模也将在光纤中传输。因此光纤变成单模的截止波长 λ_c 由 $V_{cut-off} = (2\pi a/\lambda_c)(n_1^2-n_2^2)^{1/2} = 2.405$ 得出

$$\lambda_c = \frac{2\pi a}{2.405}(n_1^2-n_2^2)^{1/2} \qquad (3.2.17)$$

改变阶跃折射率光纤的各种物理参数可能对传输模数量的影响可从式（3.2.10）和式（3.2.14）推断出来，例如，增加芯径（a）或者折射率（n_1）可增加模数 V；另一方面，增加波长 λ 或者包层折射率（n_2）可以减少模数。式（3.2.14）不包含包层直径，这说明它在各导模的传输中没有扮演重要的角色。在多模光纤中，光通过许多模传输，并且所有模主要局限在芯内传输。在阶跃折射率光纤中，一小部分基模场将进入包层传输。假如包层没有足够的厚度，这部分场将到达包层的最外边并泄漏出去，发生光能量的丢失，如图 3.2.1a 所示。因此，通常阶跃单模光纤的包层直径至少是纤芯直径的 10 倍。

3.3　光纤传输特性

科学的探讨和研究，其本身就含有至美，它给人的愉快就是酬报。

——居里夫人（M. Curie）

3.3.1　光纤损耗——越纯净损耗越小

光纤是熔融 SiO_2 制成的，光信号在光纤中传输时，由于 SiO_2 材料并不完全纯净，这些杂质会吸收光。除吸收损耗外，由于构成 SiO_2 的离子晶格在光波（电磁波）的作用下发生振动，也要损失能量。此外，还有散射损耗，这种散射是由在光纤制造过程中材料

密度的不均匀（造成折射率不均匀）产生的。光纤对光能量的吸收损耗、散射损耗和辐射损耗，使光在光纤中传输时逐渐衰减，如图 3.3.1 所示。

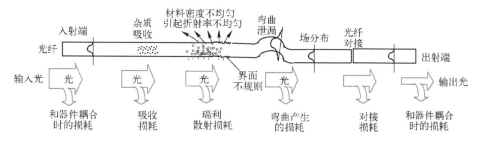

图 3.3.1　光纤传输线的各种损耗引起光在光纤中传输时逐渐衰减

另外，在密集波分复用（DWDM）系统中，不同波长的光同时注入一根光纤，波长越多，注入光纤的能量就越大，当光纤中传输的光强大到一定程度时就会产生受激拉曼散射、受激布里渊散射和四波混频等非线性现象，使输入光能量转移到新的频率分量上，产生非线性损耗。

通常，光纤内传输的光功率 P 随距离 z 的增大而衰减，可以用下式表示

$$\frac{\mathrm{d}P}{\mathrm{d}z}=-\alpha P \tag{3.3.1}$$

式中，α 是衰减系数。如果 P_{in} 是在长度为 L 的光纤输入端注入的光功率，根据式（3.3.1）可得到输出端的光功率应为

$$P_{out}=P_{in}\exp(-\alpha L) \tag{3.3.2}$$

习惯上，功率的单位为分贝毫瓦（dBm），衰减系数 α 的单位为 dB/km，由式（3.3.2）得到用分贝表示的衰减系数为

$$\alpha_{dB}=\frac{1}{L}10\lg\left(\frac{P_{in}}{P_{out}}\right)\mathrm{dB/km} \tag{3.3.3}$$

光纤的损耗与波长有关，波长越长，损耗越小，图 3.3.2 给出了典型单模光纤和多模光纤衰减谱。由图可知，单模光纤衰减在波长 1.55 μm 是 0.19 dB/km，在波长 1.30 μm 是 0.35 dB/km。

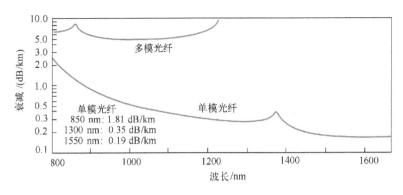

图 3.3.2　典型光纤衰减谱

3.3.2　光纤色散——模式不同、路径不同、到达终点时间不同导致脉冲展宽

牛顿——影响科学史的人

艾萨克·牛顿（Isaac Newton，1643—1727 年），英国著名物理学家，主要著作有《自然哲学的数学原理》和《光学》。在《光学》里，牛顿用微粒学详尽地阐述了光的色彩复合和分散，从粒子的角度解释了薄膜透光、牛顿环及衍射实验中发现的种种现象，他也对双折射现象进行了研究。在光学上，他发明了反射望远镜，并基于对三角棱镜将白光发散成可见光谱的观察，发展出了颜色理论。

他在 1687 年发表的论文《自然定律》里，对万有引力定律和三大运动定律（惯性定律、具有 6 个性质的第 2 定律、作用与反作用定律）进行了描述。这些描述奠定了此后三个世纪里物理世界的科学观点，并成为现代工程学的基础。他通过论证开普勒行星运动定律与他的引力理论间的一致性，展示了地面物体与天空物体的运动都遵循着相同的自然定律，为太阳中心说提供了强有力的理论支持，并推动了科学革命。在力学上，牛顿阐明了动量和角动量守恒原理，提出了牛顿运动定律。他还系统地表述了冷却定律，并研究了声速。在数学上，牛顿与莱布尼茨共同发明了微积分。他也证明了广义二项式定理，并为幂级数的研究做出了贡献。

1. 太阳白光被分解为七色彩带——色散

色散是日常生活中经常会碰到的一种物理现象。一束白光通过一块玻璃三角棱镜时，在棱镜的另一侧被散开，变成七色的光带，在光学中称这种现象为色散，如图 3.3.3 所示。

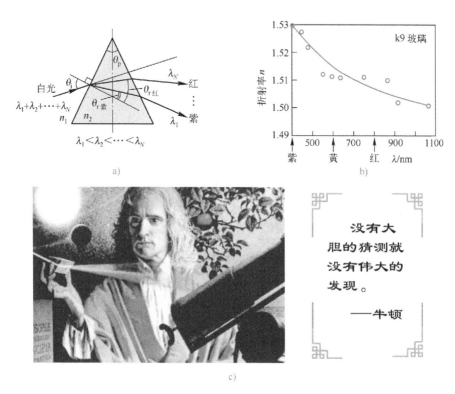

a)

b)

图 3.3.3　棱镜对入射白光分解成彩带

a) 棱镜将入射白光解复用成七色彩带　b) 玻璃折射率和波长的关系

c) 牛顿用三角棱镜将太阳光分解为七色彩带

1666 年，英国物理学家艾萨克·牛顿（Jsaac Newton，1643—1727）做了一次非常著名的实验，他用三角棱镜将太阳白光分解为红、橙、黄、绿、青、蓝、紫的七色彩带，如图 3.3.3a 所示，其原因如下。

光从空气射入某种介质发生折射时，如果入射角用 θ_i 表示，折射角用 θ_r 表示，则介质的折射率为

$$n = \frac{\sin\theta_{\mathrm{i}}}{\sin\theta_{\mathrm{r}}} \quad 或 \quad \sin\theta_{\mathrm{r}} = \frac{\sin\theta_{\mathrm{i}}}{n} \tag{3.3.4}$$

我们已知道，光在介质中的速度 $v = c/n$ 比光在真空的速度 c 要慢，所以任何介质的折射率都大于 1。并且，当光从空气射向任何介质时，入射角一定大于折射角。

白光是由各种单色光组成的复色光，红光波长最长，紫光波长最短。不同波长的光通过同一种介质时，因折射率 $n(\lambda)$ 与波长有关，所以波长不同，折射角也不同。图 3.3.3b 表示用 k9 玻璃给出的不同波长下的折射率参数画出的曲线，由图可见，波长不同，折射率也不同，各单色光的折射角 $\sin\theta_{\mathrm{r}} = \sin\theta_{\mathrm{i}}/n$ 也不同。其中，紫光在玻璃中的折射率在这七色中最大（$n_{紫光} = 1.532$），而红光则最小（$n_{红光} = 1.513$），所以紫光在玻璃中的折射角 $\theta_{\mathrm{r紫}}$ 最小，因此紫光就位于光谱的下端；红光的折射角 $\theta_{\mathrm{r红}}$ 最大，因此红光位于光谱的上端，如图 3.3.3a 所示。橙、黄、绿、青、蓝等色光，按波长的长短，依次排列在红光和紫光之间。棱镜就是这样把白光分解成七色光谱的。

可见，色散是日常生活中经常会碰到的一种物理现象。

不过，在牛顿的理论里，光的复合和分解被比喻成不同颜色微粒的混合和分开。

2. 色散由群速度不同引起

当光信号通过光纤时，也要产生色散现象。色散是由于不同成分的光信号在光纤中传输时，因群速度不同产生不同的时间延迟而引起的一种物理效应。光信号分量包括发送信号调制和光源谱宽中的频率分量，以及光纤中的不同模式分量。

在折射率为 n_1 的均匀波导中，平面波的传播速度为 $v = c/n_1$，也就是说，折射率为 n_1 的介质波导中的光速比真空中的光速 c 慢，前者是后者的 $1/n_1$。玻璃的 $n_1 \approx 1.5$，因而在玻璃中的光速度要比在真空中的慢 33%。

3. 模式色散

模式色散是由于在多模光纤中，不同模式的光信号在光纤中传输的群速度不同，引起到达光纤末端的时间延迟不同，经光探测后各模式混合使探测器输出光生电流脉冲相对于输入脉冲展宽了，如图 3.3.4 所示。由图 3.3.4 可见，在多模光纤输入端，最初各模重合，但是由于零阶模（$N=0$）光线的入射角 θ_0 比基模（$N=1$）的入射角 θ_1 小，所以零阶模光线到达输出端的时间 τ_0 比基模光线到达输出端的时间 τ_1 要短，即 $\tau_0 < \tau_1$，所以在接

收端经光探测转换成电流信号后，各模光线混合后使输出光生电流脉冲相对于输入脉冲展宽了 $\Delta\tau$。

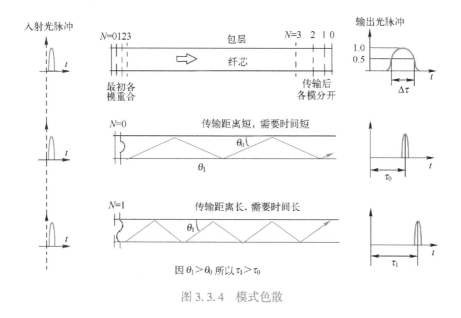

图 3.3.4　模式色散

模式色散引起脉冲展宽，从而影响到光纤所能传输的最大信号比特速率 B。

3.3.3　光纤传输最大比特率——由光纤色散决定

在数字通信中，通常沿光纤传输的是代表信息的光脉冲。在发射端，信息首先被转变成脉冲形式的电信号，如图 3.3.5 所示，代表信息的数字比特脉冲通常都很窄。电脉冲驱动光发射机 LD 使其在二进制"1"码时发光，"0"码时不发光，然后耦合进光纤，经光纤传输后到达光接收机，再还原成电脉冲，最后从中解调出信息。数字通信工程师感兴趣的是光纤能够传输的最大数字速率，这个速率称为光纤的比特率容量 B（bit/s），它直接与光纤的色散特性有关。

在图 3.3.5 中，τ 表示光纤对输入光脉冲的传输延迟；$\Delta\tau_{1/2}$ 则表示，由于各种色散基理，非单色光源不同波长的光和光纤波导各种模式的光经光纤传输后在不同时间到达终点，经光探测器在光/电转换的过程中，因光场叠加导致输出电脉冲展宽。通常用输出光强最大值一半的全宽（FWHM）表示。由图 3.3.5 可知，为了把两个连续的输出脉冲分

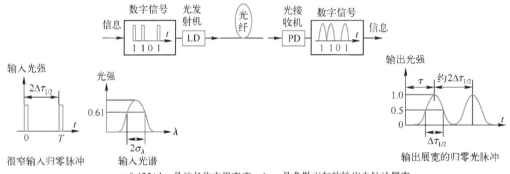

$\sigma_\lambda=0.425\Delta\lambda_{1/2}$ 是波长均根宽度，$\Delta\tau_{1/2}$ 是色散引起的输出电脉冲展宽

图 3.3.5　光纤色散使数字光纤传输系统输出脉冲展宽

开，即码间不要互相干扰，要求它们峰-峰间的时间间隔至少为 $2\Delta\tau_{1/2}$。为此，最好是每隔 $2\Delta\tau_{1/2}$ 秒在输入端输入一个脉冲，即输入脉冲的周期 $T=1/B=2\Delta\tau_{1/2}$，于是归零脉冲最大比特率 B 是

$$B=\frac{0.5}{\Delta\tau_{1/2}} \tag{3.3.5}$$

如果输入信号是模拟信号（如正弦波），式（3.3.5）中的 B 就是频率 f。式（3.3.5）假定代表二进制"1"的脉冲在一个周期内，下一个"1"到来前必须回到"0"，如图 3.3.5 所示，这种比特率称为归零比特率，否则就是非归零比特率，所以非归零比特率是归零比特率的 2 倍。

3.4　光纤种类

希望你们年轻的一代，也能像蜡烛为人照明那样，有一分热，发一分光，忠诚而踏实地为人类伟大的事业贡献自己的力量。

——法拉第（M. Faraday）

波导色散与制造光纤的材料特性和光纤的几何尺寸有关，改变单模光纤结构和参数设计，就有可能设计不同种类的光纤。

已经开发的有色散位移光纤、非零色散位移光纤、色散补偿光纤，以及在 1.55 μm 衰减最小的光纤等。

图 3.4.1 表示标准单模光纤、色散位移光纤、非零色散位移光纤和色散补偿光纤的结构和折射率分布。

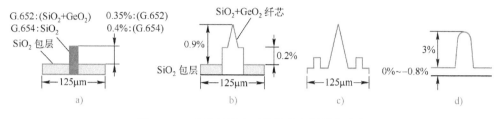

图 3.4.1　几种单模光纤的结构和折射率分布

a）标准单模光纤　b）色散位移光纤　c）非零色散位移光纤　d）色散补偿光纤

图 3.4.2 表示标准光纤、色散位移光纤、非零色散位移光纤、色散平坦光纤和色散补偿光纤的色散特性和衰减特性。

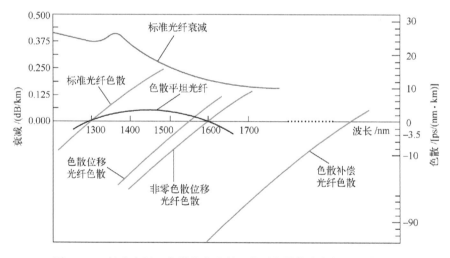

图 3.4.2　标准光纤、色散位移光纤、非零色散位移光纤、色散平坦
光纤和色散补偿光纤的色散和衰减特性

3.4.1　G.652 标准单模光纤（SSF）

标准单模光纤是指零色散波长在 1.3 μm 窗口的单模光纤，国际电信联盟（ITU）把这种光纤规范为 G.652《单模光纤和光缆特性》光纤，这属于第一代单模光纤，其特点

是当工作波长在 1.3 μm 时，光纤色散很小，系统的传输距离只受一个因素，即光纤衰减所限制。但这种光纤在 1.3 μm 波段的损耗较大，为 0.3~0.4 dB/km；在 1.55 μm 波段的损耗较小，为 0.2~0.25 dB/km。色散在 1.3 μm 波段为 ±3.5 ps/(nm·km)，在 1.55 μm 波段较大，约为 20 ps/(nm·km)。这种光纤可支持用于在 1.55 μm 波段的 2.5 Gbit/s 的干线系统，但由于在该波段的色散较大，若传输 10 Gbit/s 的信号，传输距离超过 50 km 时，就要求使用价格昂贵的色散补偿模块，另外由于它的使用也增加了线路损耗，缩短了中继距离，所以不适用于 DWDM 系统。

3.4.2　G.653 色散位移光纤（DSF）

G.652 光纤的最大缺点是低衰减和零色散不在同一工作波长上，为此，在 20 世纪 80 年代中期，成功开发了一种把零色散波长从 1.3 μm 移到 1.55 μm 的色散位移光纤，它属于第二代单模光纤。

G.653 光纤也分为 A 和 B 两类，A 类是常规的色散位移光纤，B 类与 A 类类似，只是对偏振模色散（PMD）的要求更为严格，允许 STM-64 的传输距离大于 400 km，并可支持 STM-256 应用。

3.4.3　G.654 截止波长位移光纤（CSF）

为了满足海底光缆长距离通信的需求，科学家们开发了一种应用于 1.55 μm 波长的纯石英芯单模光纤，它是通过降低光纤包层的折射率，来提高光纤 SiO_2 芯层的相对折射率而实现的。该光纤具有更大的有效面积（大于 110 μm²），超低的非线性和损耗，它在 1.55 μm 波长附近仅为 0.151 dB/km，可以尽量减少使用掺铒光纤放大器（EDFA）的数量，并具有氢老化稳定性和良好的抗辐射特性，特别适用于无中继海底 DWDM 传输。G.654 光纤在 1.3 μm 波长区域的色散为零，但在 1.55 μm 波长区域色散较大，为 17~20 ps/(nm·km)。

3.4.4　G.655 非零色散位移光纤（NZ-DSF）

色散位移光纤在 1.55 μm 色散为零，不利于多信道 WDM 传输，因为当复用的信道数较多时，信道间距较小，这时就会发生一种称为四波混频（FWM）的非线性光学效应，这种效应使两个或三个传输波长混合，产生新的、有害的频率分量，导致信道间发生串扰。如果光纤线路的色散为零，FWM 的干扰就会十分严重；如果有微量色散，FWM 干扰反而还会减小。针对这一现象，科学家们研制了一种新型光纤，即 NZ-DSF 光纤。这种光纤实质上是一种改进的色散位移光纤，其零色散波长不在 1.55 μm，而是在 1.525 μm 或 1.585 μm 处。在光纤的制作过程中，适当控制掺杂剂的量，使它大到足以抑制高密度波分复用系统中的四波混频，小到足以允许单信道数据速率达到 10 Gbit/s，而不需要色散补偿。非零色散光纤消除了色散效应和四波混频效应，而标准光纤和色散位移光纤都只能克服这两种缺陷中的一种，所以非零色散光纤综合了标准光纤和色散位移光纤最好的传输特性，既能用于新的陆上网络，又可对现有系统进行升级改造，它特别适合于高密度 WDM 系统的传输，所以非零色散光纤是新一代光纤通信系统的最佳传输介质。

表 3.4.2 列出了 G.655 光纤与 G.656 光纤/光缆参数的比较。由表可见，非零色散位移光纤综合了常规光纤和色散位移光纤最好的传输特性，是新一代 DWDM 光纤通信系统的最佳传输介质，将在大容量线路中取代色散位移光纤。

3.4.5　G.656 宽带非零色散位移光纤（WNZ-DSF）

我们知道，光纤在 1383 nm 波长附近，由于 OH 离子的吸收，产生了一个较大的损耗峰，所以早期的光纤通信系统，只能使用光纤的 0.85 μm 波段（第一窗口）和 1.3 μm 波段（第二窗口），现在人们把早期使用的第二窗口称为 O 波段。随着光电器件和光纤技术的进步，人们为了利用光纤在 1.55 μm 波段损耗几乎最小的特性，又在该波段开发出了许多先进的实用化光纤通信系统，这一波段称为常规波段。使用 DWDM 技术建立起来的许多长距离干线系统和海底光缆系统就是使用光纤的这一 C 波段。随着 1290~1660 nm 波段光纤拉曼放大器的使用以及为了满足 DWDM 系统向长波方向扩展的需要，光纤制造商和系统开发者又起用了 1600 nm 波段即长波段（L）和超长波段（U）。为了将 DWDM 系统应用于城域网，仅使用现有的波段是不够的，为此光纤制造商在 1380 nm 波长附近，把 OH 离子浓度降到了 10^{-8} 以下，消除了 1360~1460 nm 波段的损耗峰，使该波段的损耗也降低到 0.3 dB/km 左右，可应用于光纤通信，而且色散值也小，所以在相同比特率下传输的距离更长，该波段就是 E 波段，它位于 O 波段和 S 短波段之间。这样一来，全波光纤，顾名思义，就是在光纤的整个波段，从 1280 nm 开始到 1675 nm 终止，这样的宽波段都可以用来通信。与常规光纤相比，全波光纤应用于 DWDM，可使信道数增加 50%，这就为 DWDM 系统应用于城域网创造了条件。ITU-T 把这种光纤规范为 G.656《宽带非零色散位移单模光纤和光缆特性》。

光纤的 C 波段正好与 EDFA 工作波段一致，这是目前常用的光纤波段，以它为参考，比它波长短的称为 S 段，比它长的称为 L 波段，比它的波长更长的称为 U 波段，如表 3.4.1 和图 3.4.3 所示。

表 3.4.1 通信光纤的工作窗口

	初始波段	扩展波段	短波段	常规波段	长波段	超长波段
工作波段	O	E	S	C	L	U
工作波长/nm	1260~1360	1360~1460	1460~1530	1530~1565	1565~1625	1625~1675

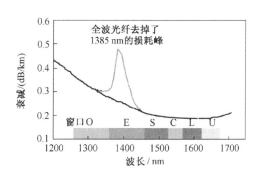

图 3.4.3 光纤的损耗谱和工作窗口

ITU-T G.656 光纤克服了以往使用的 G.652、G.653 和 G.655 光纤的一些缺陷，可广泛地应用到长途骨干网和城域网络。该光纤具有优异的色散特性，由于在 S+C+L 波段内都具有较合适的色散系数，并且具有适中的有效面积，可以有效地抑制非线性效应，因此该光纤可在 S+C+L 波段内应用密集的波分复用技术。此外，该光纤还具有优异的偏振模特性、几何性能和机械性能。

3.4.6　G.657 接入网用光纤

随着光纤宽带业务向家庭延伸（FTTH），通信光网络的建设重点正在由核心网向光纤接入网发展。在 FTTH 建设中，由于光缆被安放在拥挤的管道中或者经过多次弯曲后被固定在接线盒和插座等狭小空间的线路终端设备中，所以 FTTH 用的光缆应该是结构简单、敷设方便和价格便宜的光缆。为了规范抗弯曲单模光纤产品的性能，ITU-T 于 2006 年在日内瓦通过了 ITU-T G.657《接入网用弯曲不敏感单模光纤和光缆特性》建议。

在实际使用的光缆线路中，光缆中的光纤不可避免地会受到各种弯曲应力作用，这些弯曲应力作用的结果是使光纤中的传导模变换为辐射模，导致光功率损失。研究证明，抗弯曲光纤是具有比较大的纤芯、包层折射率差、小的模场直径（MFD）或者长的截止波长（λ_c）的光纤。

3.4.7　正负色散光纤和色散补偿光纤（DCF）

（1）正色散单模光纤（PDF）

正色散值可以减小非线性效应对 DWDM 系统的影响，大部分 G.65x 序列单模光纤在 1550 nm 波长附近具有正的色散值，可作为 PDF 光纤。

（2）负色散单模光纤（NDF）

负色散值可以减小非线性效应对 DWDM 系统的影响，G.655 单模光纤在 1550 nm 波长附近具有负的色散值，可作为 NDF 光纤。

（3）色散补偿光纤（DCF）

色散补偿光纤具有大的负色散值，它是针对现已敷设的 1.3 μm 标准单模光纤而设计的一种新型单模光纤。为了使现已敷设的 1.3 μm 光纤系统采用 WDM/EDFA 技术，就必须将光纤的工作波长从 1.3 μm 改为 1.55 μm，而标准光纤在 1.55 μm 波长的色散不是零，而是正的 17~20 ps/(nm·km)，并且具有正的色散斜率，所以必须在这些光纤中加接具有负色散的色散补偿光纤，进行色散补偿，以保证整条光纤线路的总色散近似为零，从而实现高速率、大容量、长距离的通信。典型的 DCF 特性见表 3.4.2，几种单模光纤的结构和折射率分布比较见图 3.4.1。

表 3.4.2   ITU-T G.65x 光纤和色散补偿光纤的性能比较

光 纤 类 型	SSF 光纤 G.652	DSF 光纤 G.653	CSF 光纤 G.654	NZ-DSF G.655	WNZ-DSF G.656	DCF 光纤
零色散波长/μm	1.3 附近	1.55 附近	1.3 附近	1.525 或 1.585 附近	1.52 或 1.585 附近	1.7 以上
1.55 μm 色散 /[ps/(nm·km)]	+(17~20)	~0	+(17~20) 最大 22	±(2~3)	>+(2~3)	−70~−200
1.55μm 最大衰减 /(dB/km)	0.4	0.35	0.22	0.35	<0.3	0.3~0.5

3.5   光缆结构和类型

天才在于积累，聪明在于勤奋。

——华罗庚

对光缆的基本要求是保护光纤固有的机械特性和光学特性，防止在施工过程中和在使用期间光纤断裂，保持传输特性的稳定。为此，必须根据使用环境，设计各种结构的光缆，以免光纤受应力作用和有害物质的侵蚀。

3.5.1   缆芯

光缆由缆芯和护套两部分组成。缆芯一般包括被覆光纤（芯线）和加强件，有时加强件分布在护套中，这时缆芯主要就是芯线。芯线是光缆的核心，决定着光缆的传输特性。加强件承受光缆的张力，通常采用杨氏模量大的钢丝或者非金属的芳纶纤维。护套一般由聚乙烯（或聚氯乙烯）和钢带或铝带组成，对缆芯起机械保护和环境保护作用，要求有良好的抗压能力和密封性能。

为了提高光纤机械强度，抑制微弯损耗，通常要对光纤进行两次被覆。一次被覆材料一般用软塑料，如紫外固化的丙烯酸树脂或热固化的硅酮树脂，一次被覆光纤直径为0.25~0.40 mm。二次被覆光纤有紧套和松套两种，紧套光纤是用模量大的尼龙 12 紧套在一次被覆光纤表面，松套光纤是把一次被覆光纤放在高强度套管内，套管充填油膏。套管直径由容纳的光纤数目决定。一次被覆光纤在套管内有一定余长，可适度自由移动，避免应力作用和微弯损耗，改善低温特性（见图 3.5.1）。

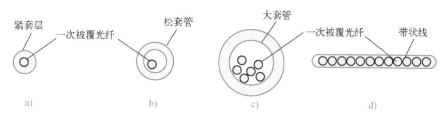

图 3.5.1　二次被覆光纤（芯线）简图

a）紧套　b）松套　c）大套管　d）带状线

为增加光缆容纳的光纤数目，采用一种带状式的芯线。将一次被覆光纤（4~12 纤）平行排列并加被覆形成带状线，再把这种带状线一层一层叠加构成带状单元芯线。这种芯线可以放在大套管内，也可以放在骨架槽内，形成高密度光缆。

3.5.2　护套

护套的作用是保护缆芯，防止机械损伤和有害物质的侵蚀，特别要注意抗侧压力，以及密封、防潮耐腐蚀性能。在中心套管式和带状式缆芯结构中，加强件分布在护套中，护套还起抗张力作用。基本光缆结构如图 3.5.2 所示。

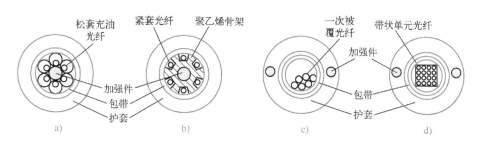

图 3.5.2　基本光缆结构简图

a）层绞式　b）骨架式　c）中心套管式　d）带状式

在特殊场合使用的光缆结构要求更加严格。海底光缆要承受海水压力和拖网渔船的干扰，防止海水浸蚀，对光缆的机械强度和密封性能要求很高。一般要用一层或多层镀锌圆钢丝进行铠装，以保护缆芯和护套。电力通信光缆要防止强电场，特别是短路和雷击产生的强电场对光缆的影响，要采用无金属光缆，这种光缆一般用高强度非金属材料，常用的是纤维增强塑料作加强件，如自承式光缆和缠绕式光缆。架空地线复合光缆是把无金属光缆包在空心地线内，用一层或多层铝合金丝和铝包钢丝铠装。在矿区或地铁等场合要使用阻燃光缆，用聚醋酸乙烯酯作护套可耐250℃以上的高温。

3.5.3 铠装

海底光缆要承受海水压力、浸蚀和拖网渔船的侵扰，为此，对光缆的机械强度和密封性能要求很高。一般要用一层或多层镀锌圆钢丝进行铠装，以保护缆芯和护套。典型的铠装材料是钢带或钢丝，制造不同类型光缆的方法是改变铠装材料和厚度或用多层铠装，如图3.5.3所示。

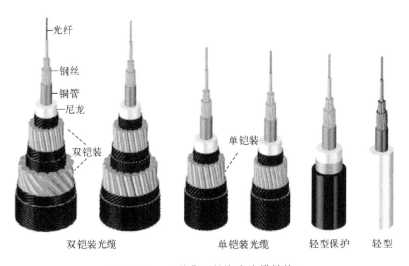

图 3.5.3　几种典型的海底光缆结构

第 4 章

——

光干涉无源器件

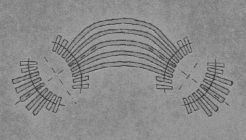

认 识 光 通 信

4.1　马赫-曾德尔（M-Z）器件

科学家的天职就是不断奋斗，彻底揭示自然界的奥秘，掌握这些奥秘以便将来造福人类。

——居里夫人（M. Curie）

4.1.1　电光效应——晶体折射率 n 与施加外电场 E 有关

电光效应是指某些光学各向同性晶体在电场作用下显示出光学各向异性的效应（双折射效应）。折射率与所加电场强度的一次方成正比变化的称为线性电光效应，即珀克（Pockels）效应，它于 1893 年由德国物理学家珀克发现；折射率与所加电场强度的二次方成正比变化的称为二次电光效应，即克尔（Kerr）效应，它于 1875 年由英国物理学家克尔发现。

电光调制的原理是基于晶体的线性电光效应，即电光材料（如 $LiNbO_3$ 晶体）的折射率 n 随施加的外电场 E 而变化，即 $n=n(E)$，从而实现对激光的调制。

电光调制器是一种集成光学器件，它把各种光学器件集成在同一个衬底上，从而增强了性能，减小了尺寸，提高了可靠性和可用性。

图 4.1.1a 表示的横向珀克线性电光效应相位调制器，施加的外电场 $E_a=U/d$ 的方向

与 y 方向相同，光的传输方向沿着 z 方向，即外电场在光传播方向的横截面上。假设入射光为与 y 轴成 45°角的线偏振光 E，则可以把入射光用沿 x 方向和 y 方向的偏振光 E_x 和 E_y 表示，外加电场引入沿 z 轴传播的双折射，即平行于 x 轴和 y 轴的两个正交偏振光经历不同的折射率（n'_x 和 n'_y），其值为

$$n'_x \approx n_x + \frac{1}{2}n_x^3\gamma_{22}E_a \quad 和 \quad n'_y \approx n_y - \frac{1}{2}n_y^3\gamma_{22}E_a \qquad (4.1.1)$$

沿着 z 轴方向传播，式中，n_x 是 x 方向的折射率，n_y 是 y 方向的折射率，γ_{22} 是珀克线性电光系数，其值取决于晶体结构和材料。此时，施加电场 E_a 引起的折射率变化 Δn 为

$$\Delta n = \alpha E_a = \frac{n_0^3}{2}\gamma_{ij}E_j \qquad (4.1.2)$$

式中，n_0 是 $E=0$ 时材料的折射率，γ_{ij} 是线性电光系数，i、j 对应于在适当坐标系中，输入光相对于各向异性材料轴线的取向。根据式（2.2.3）和式（4.1.2），得到相位差 $\Delta\varphi$ 和施加外电压 U 的关系为

$$\Delta\varphi = \frac{2\pi}{\lambda}\Delta n_i L = \frac{\pi}{\lambda}\left(n_0^3\gamma_{22}\frac{L}{d}U\right) \qquad (4.1.3)$$

式中，L 是相互作用长度。于是施加的外电压在两个电场分量间产生一个可调整的相位差 $\Delta\varphi$，因此，出射光波的偏振态可被施加的外电压控制。横向线性电光效应的优点是可以分别独立地减小晶体厚度 d 和增加长度 L，前者可以增加电场强度，后者可引起更多的相位变化。因此 $\Delta\varphi$ 与 L/d 成正比，但纵向线性电光效应除外。

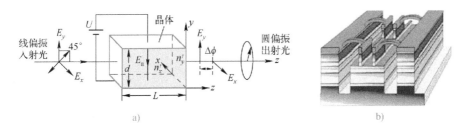

图 4.1.1 横向线性电光效应相位调制器

a）横向珀克线性电光效应相位调制器原理图

b）利用横向线性电光效应相位调制器制成的行波马赫-曾德尔 PIC 调制器

利用横向线性电光效应相位调制器制成的行波马赫——曾德尔 PIC 调制器如图 4.1.1b 所示。

珀克像及珀克对晶体学的贡献如图 4.1.2 所示。

晶体珀克效应发现者——珀克

珀克(F.C.A.Pockls, 1865—1913 年)出生在意大利, 1888 年获得博士学位, 1900—1913 年, 任海德尔堡大学科学和数学系理论物理学教授, 在这里他对晶体的电光特性进行了广泛研究, 于 1893 年发现了晶体折射率与所加电场强度的一次方成正比变化的效应, 后来人们就以他的名字将其命名为珀克(Pockels)效应。晶体的珀克效应是许多实用化电光调制器的基础。

a)　　　　　　　　　　　　　　　b)

图 4.1.2　珀克像及珀克对晶体学的贡献

a) 珀克　b) 珀克对晶体学的贡献

4.1.2　M-Z 电光调制器——基于电光效应和光双折射效应

1. 马赫-曾德尔（M-Z）干涉仪

马赫-曾德尔（M-Z）干涉仪（Mach–Zehnder Interferometer）如图 4.1.3 所示，一束相干光在 O 点被分光器分成两束光，一束光被 M_1 反射镜反射，经过折射率为 n、长度为 d 的试样传输后，进入合光器；而另一束光被 M_2 反射镜反射，也进入合光器，在 C 点合光后的两束光进行干涉，然后干涉光进入探测器。根据式（2.2.3），在 C 点的光场强度取决于 OAC 和 OBC 之间的光程差

$$\Delta z = (\overline{OAC} + nd) - \overline{OBC} = nd$$

由光程差决定的相位差为

$$\Delta\varphi = k\Delta z = \frac{2\pi}{\lambda}\Delta z = \frac{2\pi}{\lambda}(nd) \tag{4.1.4}$$

式中，k 是光在试样中的传输常数或波数，n 是试样材料的折射率，d 是试样的长度。当两臂间的相位差 $\Delta\varphi$ 等于 π 时，两束光在 C 点出现了相消干涉，探测器输入光为零；当两

臂的光程差为 0 或 2π 的倍数时，两束光在 C 点相长干涉，探测器输入光为最大。电光效应晶体试样的折射率 n 可以通过施加在晶体上的电压来改变，热光效应晶体试样的长度 d 可以通过加热试样来改变。

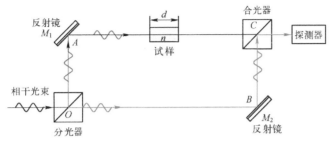

图 4.1.3　马赫-曾德尔（M-Z）干涉仪

该干涉仪由德国物理学家路德维希·曾德尔（Ludwig Zehnder）首先于 1891 年提出构想，次年路德维希·马赫（Ludwig Mach）发表论文对这一构想加以改进，所以该仪器就以马赫和曾德尔的名字命名为马赫-增德尔（M-Z）干涉仪。马赫-曾德尔干涉仪已被广泛应用于光通信中的光调制器中，也广泛应用在量子通信中。

2. M-Z 电光调制器

最常用的幅度调制器是在 LiNbO$_3$ 晶体表面用钛扩散波导构成的马赫-曾德尔（M-Z）干涉型调制器，如图 4.1.4 所示。

马赫-曾德尔干涉仪可以用来观测从同一光源发射的光束分裂成两道准直光束后，经不同路径与介质传输后，产生的相对相移变化使这两束光发生相长干涉或相消干涉现象。该仪器以德国物理学家路德维希·马赫（L. Mach）和路德维希·曾德尔（L. Zehnder）命名。曾德尔首先于 1891 年提出这一构想，马赫于 1892 年发表论文对这一构想加以改进。

马赫-曾德尔（M-Z）干涉型调制器使用两个频率相同但相位不同的偏振光波进行干涉，外加电压引入相位的变化可以转换为幅度的变化。在图 4.1.4a 表示的由两个 Y 形波导构成的结构中，在理想的情况下，输入光功率在 C 点平均分配到两个分支传输，在输出端 D 干涉，所以该结构扮演着一个干涉仪的作用，其输出幅度与两个分支光通道的相位差有关。两个理想的背对背相位调制器，在外电场的作用下，能够改变两个分支中待调制传输光的相位。由于加在两个分支中的电场方向相反，如图 4.1.4a 的右上方的截面图所示，所以在两个分支中的折射率和相位变化也相反，例如若在 A 分支中引入 π/2 的相位变化，那么在 B 分支则引入-π/2 相位的变化，因此 A、B 分支将引入相位 π 的变化。

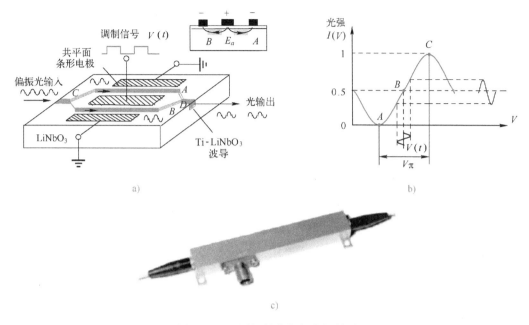

图 4.1.4 马赫-曾德尔幅度调制器

a) 调制电压施加在两臂上 b) 马赫-曾德尔调制器电光响应 c) 商用马赫-曾德尔调制器

假如输入光功率在 C 点平均分配到两个分支传输, 其幅度为 A, 在输出端 D 的光场为

$$E_{\text{out}} \propto A\cos(\omega t + \varphi) + A\cos(\omega t - \varphi) = 2A\cos\varphi\cos(\omega t) \qquad (4.1.5)$$

输出功率与 E_{out}^2 成正比, 所以由式 (4.1.5) 可知, 当 $\varphi = 0$ 时输出功率最大, 当 $\varphi = \pi/2$ 时, 两个分支中的光场相互抵消干涉, 使输出功率最小, 在理想的情况下为零。于是

$$\frac{P_{\text{out}}(\varphi)}{P_{\text{out}}(0)} = \cos^2\varphi \qquad (4.1.6)$$

由于外加电场控制着两个分支中干涉波的相位差, 所以外加电场也控制着输出光的强度, 虽然它们并不成线性关系。

在图 4.1.4a 表示的强度调制器中, 在外调制电压为零时, 马赫-曾德尔干涉仪 A、B 两臂的电场表现出完全相同的相位变化; 当加上外电压后, 电压引起 A、B 波导折射率变化, 从而破坏了该干涉仪的相长特性, 因此在 A、B 臂上引起了附加相移, 结果使输出光的强度减小。作为一个特例, 当两臂间的相位差等于 π 时, 在 D 点出现了相消干涉, 输入光强为零; 当两臂的光程差为 0 或 2π 的倍数时, 干涉仪相长干涉, 输出光强最大。当

调制电压引起 A、B 两臂的相位差在 $0 \sim \pi$ 时，输出光强将随调制电压而变化，如图 4.1.4b 所示。由此可见，加到调制器上的电比特流在调制器的输出端产生了波形相同的光比特流复制。图 4.1.4c 为商用马赫-曾德尔调制器。

4.1.3　马赫-曾德尔滤波器——两个单色光经不同光程传输后的干涉结果

图 4.1.5 表示马赫-曾德尔干涉滤波器的示意图，它由两个 3 dB 耦合器串联组成一个马赫-曾德尔干涉仪，干涉仪的两臂长度不等，光程差为 ΔL。

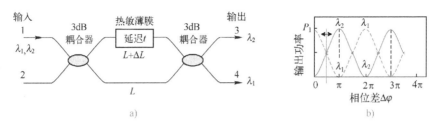

图 4.1.5　马赫-曾德尔干涉滤波器

a）M-Z 干涉滤波器构成图　b）滤波器输出

马赫-曾德尔干涉滤波器的原理是基于两个相干单色光经过不同的光程传输后的干涉理论。两个波长为 λ_1 和 λ_2 的复用后的光信号由光纤送入马赫-曾德尔干涉滤波器的输入端 1，两个波长的光功率经第一个 3 dB 耦合器均匀地分配到干涉仪的两臂上，由于两臂的长度差为 ΔL，所以经两臂传输后的光，在到达第二个 3 dB 耦合器时就产生由式（2.2.3）决定的相位差 $\Delta \varphi = k \Delta L$，$k = 2\pi / \lambda$，所以 $\Delta \varphi = k \Delta L = (2\pi / \lambda) \Delta L$，因为 $\lambda = c / (nf)$，所以 $\Delta \varphi = 2\pi f(\Delta L) n / c$，式中 n 是波导折射率，复合后每个波长的信号光在满足一定的相位条件下，在其中一个输出光纤相长干涉，而在另一个相消干涉。如果在输出端口 3，相位差为 π，如图 4.1.5b 所示，λ_2 满足相长条件，λ_1 满足相消条件，则输出 λ_2 光；如果在输出端口 4，相位差为 2π，λ_2 满足相消条件，λ_1 满足相长条件，则输出 λ_1 光，如图 4.1.5a 所示。

4.1.4　光纤水听器系统——马赫-曾德尔干涉仪的应用

水声传感器简称水听器，是在水中侦听声波信号的仪器，作为反潜声呐的核心部件，在军事领域有着重要的应用。

光纤水听器根据工作原理，可分为强度型、干涉型和光纤光栅型。马赫-曾德尔干涉型光纤水听器技术最为成熟，且适于大规模组阵。基本原理是，激光器发出的相干光经光纤耦合器分为两路，进入马赫-曾德尔干涉仪，一路构成光纤干涉仪的传感臂，受声波调制产生应力变化，与参考臂相比，产生相位差 $\Delta\varphi$；另一路构成光纤干涉仪的参考臂，不受声波调制，或者接受与传感臂声波调制相反的调制。两路光信号在第2个光纤耦合器处发生干涉，干涉光信号经光探测器转换为电信号，经信号处理后就可以获取声波信息，相干检测马赫-曾德尔干涉型光纤水听器系统如图4.1.6所示。

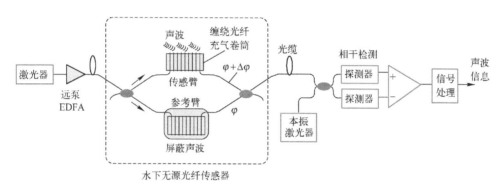

图 4.1.6　马赫-曾德尔干涉型光纤水听器系统基本结构

光纤水听器用小直径大数值孔径光纤，缠绕在用作传感臂的充气卷筒上，该卷筒在声压作用下，直径发生形变，带动光纤产生轴向应变。光纤在声波作用下，产生与其强弱对应的应力，传感臂与参考臂相比，应力产生相位差 $\Delta\varphi$，两路光在耦合器会合时发生干涉。这种利用干涉原理进行的测量，灵敏度高。水声传感器是无源的，可以组成阵列，每个光纤传感器可使用不同的波长。为方便，可使用 ITU-T 规范的 WDM 光栅波长信号。也可以使用远泵光纤放大器扩展系统测量范围。

4.1.5　M-Z 波分复用/解复用器——光程差应用

在4.1.3节，已介绍了马赫-曾德尔（M-Z）干涉仪用作干涉滤波器的原理。这种滤波器只能让复用信道中的一个信道通过，从而实现对复用信号的解复用。反过来用，这种滤波器也可以构成多个波长的复用器。

图 4.1.7a 表示 M-Z 的结构，M-Z 干涉仪的一臂比另一臂长，其差为 ΔL，由

式（2.2.3）可知，使两臂之间产生与波长有关的相位差是 $\Delta\varphi=k\Delta L$，$k=2\pi/\lambda$，$\Delta\varphi=(2\pi/\lambda)\Delta L$。图 4.1.7b 表示 M-Z 干涉仪的传输函数，其峰-峰之间的相位差对应自由光谱范围（FSR），如果 λ_1 和 λ_2 光在端口 3 都满足相长干涉条件，则在端口 3 输出 λ_1 和 λ_2 的复合光。

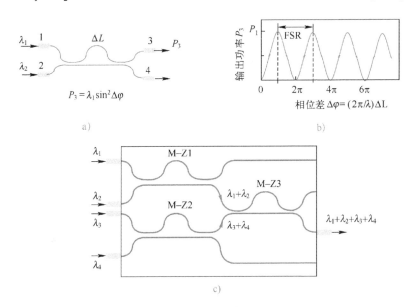

图 4.1.7　马赫-曾德尔干涉仪及其信道复用器

a）1 个 M-Z 干涉仪结构　b）M-Z 干涉仪传输特性　c）由 M-Z 干涉仪组成的集成 4 信道波分复用器

图 4.1.7c 说明由 3 个 M-Z 干涉仪组成的 4 信道复用器的原理。每个 M-Z 干涉仪的一臂比另一臂长，使两臂之间产生与波长有关的相移。光程差的选择要使不同波长的两个输入端的总功率只传送到一个指定的输出端，从而可以制成更有效的波分复用器。整个结构可以用 SiO_2 波导制作在一块硅片上。

4.1.6　M-Z 电光开关——其输出由波导光相位差决定

在 4.1.1 节中，已介绍了电光效应，利用其原理也可以构成波导电光开关。图 4.1.8 表示由两个 Y 形 $LiNbO_3$ 波导构成的马赫-曾德尔 1×1 光开关，它与图 4.1.2 的幅度调制器类似，在理想的情况下，输入光功率在 C 点平均分配到两个分支传输，在输出端 D 干涉，其输出幅度与两个分支光通道的相位差有关。由式（4.1.5）可知，当 A、B 分支的相位差 $\varphi=0$ 时，输出功率最大；当 $\varphi=\pi/2$ 时，两个分支中的光场相互抵消，使输出功率最小，在理想的情况下为零。相位差的改变由外加电场控制。

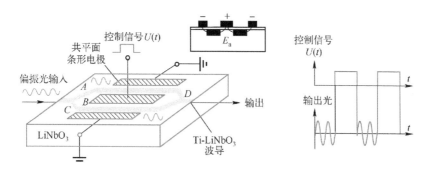

图 4.1.8　马赫-曾德尔 1×1 光开关

4.2　阵列波导光栅（AWG）器件

提出一个问题往往比解决一个更重要。因为解决问题也许仅是一个数学上或实验上的技能而已，而提出新的问题，却需要有创造性的想象力，而且标志着科学的真正进步。

——爱因斯坦（A. Einstein）

以阵列波导光栅为基础的平面波导集成电路在光纤通信器件和系统中占有极其重要的地位。

4.2.1　AWG 星形耦合器

AWG 星形耦合器是一种集成光学结构器件，它是在对称扇形结构的输入和输出波导阵列之间插入一块聚焦平板波导区，即在 Si 或 InP 平面波导衬底上制成的自由空间耦合区，它的作用是把连接到任一输入波导的单模光纤的输入光功率辐射进入该区，均匀地分配到每个输出端，让输出波导阵列有效地接收，如图 4.2.1 所示。

自由空间区的设计有两种方法，一种是相位中心耦合法，如图 4.2.1a 所示，输入阵列波导法线方向直接指向输出阵列波导的相位中心 P 点，而输出波导法线方向直接指向输入波导的相位中心 Q 点，其目的是为了确保当发射阵列的边缘波导有出射光时，接收阵列的边缘波导能够接收到相同的功率。

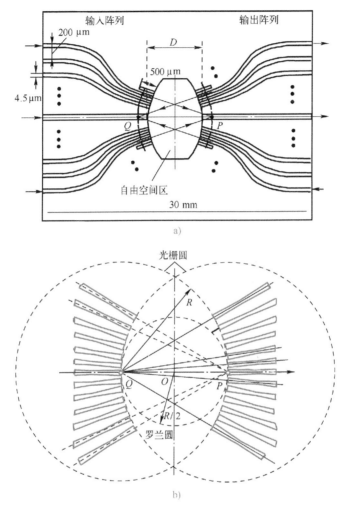

图 4.2.1 采用硅平面波导技术制成的多端星形耦合器和相位中心结构示意图

a）相位中心多端星形耦合器外形图 b）光栅圆中心耦合区星形耦合器示意图

自由空间区的另一种设计方法是光栅圆中心耦合法，如图 4.2.1b 所示，自由空间区两边的输入/输出波导的位置满足罗兰圆和光栅圆规则，即输入/输出波导的端口以等间距排列在半径为 R 的光栅圆周上，并对称地分布在聚焦平板波导的两侧，输入波导端面法线方向指向右侧光栅圆的圆心 P 点；输出波导端面的法线方向指向左侧光栅圆的圆心 Q 点。两个光栅圆周的圆心 Q 和 P 在中心输入/输出波导的端部，并使中心输入和输出波导位于光栅圆与罗兰圆的切点处。

这种结构的星形耦合器容易制造，适合构成大规模的 *N*×*N* 星形耦合器（输入/输出均有 *N* 个端口）

4.2.2 AWG 工作原理——多波长光经不同路径在终点干涉

平板 AWG 器件由 *N* 个输入波导、*N* 个输出波导、两个在 4.2.1 节介绍的 *N*×*M* 平板波导星形耦合器以及一个有 *M* 个波导的平板 AWG 组成，这里 *M* 可以等于 *N*，也可以不等于 *N*。*N*×*M* 平板波导星形耦合器中心耦合区如图 4.2.1 所示。

这种光栅相邻波导间具有恒定的路径长度差 Δ*L*，如图 4.2.2a 所示。

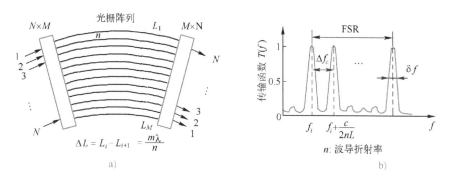

图 4.2.2 阵列波导光栅（AWG）

a）AWG 构成原理图 b）表示 AWG 频谱特性传输函数

AWG 光栅工作原理是基于多个单色光经过不同的光程传输后的干涉理论。输入光从第一个星形耦合器输入，该耦合器把光功率几乎平均地分配到波导阵列输入端中的每一个波导。由式（6.1.1b）可知，*M* 阵列波导长度 *L* 用光在该波导中传输的半波长 *λ*/2*n* 的整数倍 *m*（阶数）表示，即

$$L=m\frac{\lambda}{2n}=m\frac{c}{2fn}, \quad m=1,2,3,\cdots \tag{4.2.1}$$

式中，*n* 是波导的折射率，*f*=*c*/*λ* 是光波频率，*c* 是自由空间光速。由此可以得到用波导长度 *L* 表示的沿该波导传输的光的频率为

$$f=m\frac{c}{2nL}, \quad m=1,2,3,\cdots \tag{4.2.2}$$

由于阵列波导中的波导长度互不相等，所以相邻波导光程差引起的相位延迟也不等，由式（2.2.3）可知，其相邻波导间的相位差为

$$\Delta\varphi = k\Delta L = \frac{2\pi n}{\lambda}\Delta L \qquad\qquad (4.2.3a)$$

式中，k 是传播常数，$k = 2\pi n/\lambda$，ΔL 是相邻波导间的光程差，通常为几十微米。发生相长干涉时，$\Delta\varphi = m(2\pi)$，由式（4.2.3a）可以得到

$$\lambda = \frac{n\Delta L}{m} \qquad\qquad (4.2.3b)$$

从式（4.2.3b）可知，输出端口不同，光程差也不同，输出光的波长也不同，所以 AWG 可以从波分复用信号中分解出每个波长的信号。

图 4.2.2b 表示 AWG 频谱特性传输函数。由式（4.2.2）可知，当光频增加 $c/2nL$ 时，相位增加 2π，传输特性以自由光谱范围（FSR，见 6.1.2 节）为周期重复。

$$\text{FSR} = (M-1)\frac{c}{2nL} = (M-1)\Delta f_c \qquad\qquad (4.2.4)$$

在 FSR 内相邻信道峰值间的最小分辨率 δf 为

$$\delta f = \frac{\text{FSR}}{M} \qquad\qquad (4.2.5)$$

式中，M 是阵列波导的波导数。

传输峰值就发生在以式（4.2.2）表示的频率处。

4.2.3 AWG 复用/解复用器

平板 AWG 复用/解复用器由 N 个输入波导、N 个输出波导、两个具有相同结构的 $N \times N$ 平板波导星形耦合器以及一个平板 AWG 组成，如图 4.2.3a 所示。如果 AWG 的 FSR = 800 GHz（6.5 nm），则可用于信道间距为 100 GHz（0.81 nm）的 8 个信道的 WDM 解复用（100 GHz × 8 = 800 GHz）这种光栅中的矩形波导尺寸约为 6×6 μm，相邻波导间具有恒定的路径长度差 ΔL，由式（4.2.3a）可知，其相邻波导间的相位差为

$$\Delta\varphi = \frac{2\pi n_{\text{eff}}\Delta L}{\lambda} \qquad\qquad (4.2.6)$$

式中，λ 是信号波长，ΔL 是光程长度差，通常为几十微米，n_{eff} 为信道波导的有效折射

率，它与包层的折射率差相对较大，使波导有大的数值孔径（NA），以便提高与光纤的耦合效率。

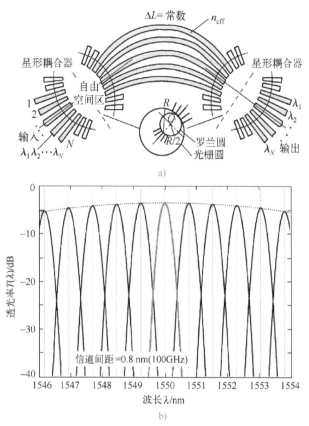

图 4.2.3 阵列波导光栅（AWG）WDM 复用/解复用器

a）平板 AWG 复用/解复用器原理图 b）AWG 复用/解复用频谱响应

输入光从第一个星形耦合器输入，在输入平板波导区（即自由空间耦合区）模式场发散，把光功率几乎平均地分配到阵列波导输入端中的每一个波导，由 AWG 的输入孔阑捕捉。由于阵列波导中的波导长度不等，由式（4.2.6）可知，不同波长的输入信号产生的相位延迟也不等。随后，光场在输出平板波导区衍射汇聚，不同波长的信号聚焦在像平面的不同位置，通过合理设计输出波导端口的位置，实现信号的输出。此处设计采用对称结构，根据互易性，同样也能实现合波的功能。

AWG 光栅工作原理是基于马赫–曾德尔干涉仪的原理，即两个相干单色光经过不同的光程传输后的干涉理论，所以输出端口与波长有一一对应的关系，也就是说，由不同波长组成的入射光束经 AWG 传输后，依波长的不同出现在不同的波导出口上，如图 4.2.3b 所示。

AWG 星形耦合器的结构可以是图 4.2.1a 表示的相位中心星形耦合器，也可以是由图 4.2.1b 表示的光栅圆中心耦合区星形耦合器，图 4.2.3a 是图 4.2.1b 的结构。在图 4.2.3a 中，自由空间区两边的输入/输出波导的位置和弯曲阵列波导的位置满足罗兰圆和光栅圆规则，即输出波导的端口以等间距设置在半径为 R 的光栅圆周上，而输入波导的端口等间距设置在半径为 $R/2$ 的罗兰圆的圆周上。光栅圆周的圆心在中心输入/输出波导的端部，并使阵列波导的中心位于光栅圆与罗兰圆的切点处。

如果 AWG 的 FSR = 800 GHz（6.5 nm），则可用于信道间距为 100 GHz（0.81 nm）的 8 个信道的 WDM 解复用（100 GHz×8 = 800 GHz）。

4.3 布拉格（Bragg）光栅器件

一个从未犯错的人是因为他不曾尝试新鲜事物。

——爱因斯坦（A. Einstein）

4.3.1 布拉格光栅——一列平行半反射镜

布拉格（Bragg）光栅由间距为 Λ 的一列平行半反射镜组成，Λ 称为布拉格间距，如图 4.3.1 所示。如果半反射镜数量 N（布拉格周期）足够大，那么对于某个特定波长的光信号，从 4.4.1 节可知，从第一个反射镜反射出来的总

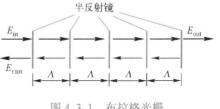

图 4.3.1 布拉格光栅

能量 $E_{\rm r,tot}$ 约为入射光的能量 $E_{\rm in}$，即使功率反射系数 R 很小。由式（6.1.1b）可知，该特定波长 $\lambda_{\rm B}$ 强反射条件是

$$\Lambda = -m\lambda_{\rm B}/2 \qquad m = 1,2,3,\cdots \qquad (4.3.1)$$

式中，m 代表布拉格光栅的阶数，当 $m=1$ 时，表示一阶布拉格光栅，此时光栅周期等于半波长（$\Lambda = \lambda_{\rm B}/2$）；当 $m=2$ 时，表示二阶布拉格光栅，此时光栅周期等于 2 个半波长（$\Lambda = \lambda_{\rm B}$）。式（4.3.1）表明，布拉格间距（或光栅周期）应该是 $\lambda_{\rm B}$ 波长一半的整数倍，负号代表的是反射。

　　布拉格光栅的基本特性就是以共振波长为中心的一个窄带光学滤波器，该共振波长称为布拉格波长。式（4.3.1）的物理意义是，光栅的作用如同强的反射镜，该原理适用于光纤光栅、DFB 激光器和 DBR 激光器。

　　布拉格父子通过对 X 射线谱的研究，提出晶体衍射理论，建立了布拉格公式（布拉格定律），并改进了 X 射线分光计。

　　威廉·亨利·布拉格（William Henry Bragg，1862—1942 年），英国物理学家，现代固体物理学的奠基人之一。他早年在剑桥三一学院学习数学，曾任澳大利亚阿德莱德大学、英国利兹大学及伦敦大学教授，1940 年出任皇家学会会长。由于在使用 X 射线衍射研究晶体原子和分子结构方面所作出的开创性贡献，他与儿子威廉分享了 1915 年诺贝尔物理学奖。父子两代同获一个诺贝尔奖，这在历史上是绝无仅有的。图 4.3.2 所示为布拉格父子及父亲对儿子的希望。

儿子，真抱歉，但愿再过一两年，我的那双破皮鞋，你穿在脚上不再嫌大……我抱着这样的希望：一旦你有了成就，我将引以为荣，因为我的儿子正是穿着我的破皮鞋努力奋斗成功的。

——威廉·亨利·布拉格

图 4.3.2　诺贝尔奖获得者威廉·亨利·布拉格（右）和他的儿子威廉·劳伦斯·布拉格

4.3.2　布拉格光纤光栅滤波器——折射率周期性变化的光栅，反射布拉格共振波长附近的光

　　光纤光栅是利用光纤中的光敏性而制成的。所谓光敏性，是指强激光（在 10~40 ns 脉冲内产生几百毫焦耳的能量）辐照掺杂光纤时，光纤的折射率将随光强的空间分布发生相应的变化，变化的大小与光强呈线性关系。例如，用特定波长的激光干涉条纹（全息照相）从侧面辐照掺锗光纤，就会使其内部折射率呈现周期性变化，就像一个布拉格光栅，成为光纤光栅，如图 4.3.3a 所示。这种光栅大约在 500℃ 以下稳定不变，但用 500℃ 以上的高温加热时就可擦除。在 InP 衬底上用 $In_x Ga_{1-x} As_y P_{1-y}$ 材料制成凸凹不平的

表面，间距为 Λ，这就构成一个单片集成布拉格光栅，如图 4.3.3b 所示。

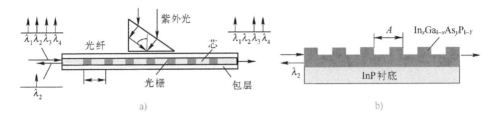

图 4.3.3 光纤布拉格光栅

a）用紫外干涉光制作布拉格光纤光栅滤波器 b）单片集成布拉格光栅

布拉格光纤光栅是一小段光纤，一般几毫米长，其纤芯折射率经两束相互干涉的紫外光（峰值波长为 240 nm）照射后产生周期性调制，干涉条纹周期 Λ 由两光束之间的夹角决定，大多数光纤的纤芯对于紫外光来说是光敏的，这就意味着将纤芯直接曝光于紫外光下将导致纤芯折射率永久性变化。这种光纤布拉格光栅的基本特性就是以共振波长为中心的一个窄带光学滤波器，该共振波长称为布拉格波长，由式（4.3.1）可知，其值为

$$\lambda_B = 2\Lambda/m \qquad (4.3.2)$$

由式（4.3.2）可知，工作波长由干涉条纹周期 Λ 决定，在 1.55 μm 附近，Λ 为 1~10 μm。沿光纤长度方向施加拉力，可以改变光纤布拉格光栅的间距，实现机械调谐。加热光纤也可以改变光栅的间距，实现热调谐。

利用光纤布拉格光栅反射布拉格共振波长附近光的特性，可以做成波长选择分布式反射镜或带阻滤光器。如果在一个 2×2 光纤耦合器输出侧的两根光纤上写入同样的布拉格光栅，则还可以构成带通滤波器，如图 4.3.4 所示。

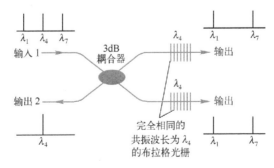

图 4.3.4 光纤光栅带通滤波器

4.4 介质薄膜干涉器件

一个人年轻时，不会思索，将一事无成。

——爱迪生（T. A. Edison）

4.4.1 电介质镜——折射率交替变化的数层电介质材料

电介质镜由数层折射率交替变化的电介质材料组成，如图 4.4.1a 所示，并且 $n_2 > n_1$，每层的厚度为 $\lambda_L/4$，λ_L 是光在电介质层传输的波长，且 $\lambda_L = \lambda_0/n$，λ_0 是光在自由空间的波长，n 是光在该层传输的介质折射率。从界面上反射的光相长干涉，使反射光增强，如果层数足够多，波长为 λ_0 的反射系数接近 1。图 4.4.1b 表示典型的多层电介质镜反射系数与波长的关系。

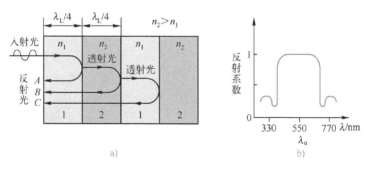

图 4.4.1 多层电介质镜工作原理

a）反射光相长干涉 b）反射系数与波长的关系

对于介质 1 传输的光在介质 1 和介质 2 的界面 1-2 反射的反射系数是 $r_{12} = (n_2 - n_1)/(n_1 + n_2)$，而且是正数，表明没有相位变化。对于介质 2 传输的光在介质 2 和 1 的界面 2-1 反射的反射系数是 $r_{21} = (n_1 - n_2)/(n_2 + n_1)$，其值是负数，表明相位变化了 π。于是通过电介质镜的反射系数的符号交替发生变化。考虑两个随机的光波 A 和 B 在两个前后相挨的界面上反射，由于在不同的界面上反射，所以具有相位差 π。反射光 B 进入介质 1 时已经历了两个（$\lambda_L/4$）距离，即 $\lambda_L/2$，相位差又是 π。此时光波 A 和 B 的相位差已是 2π，光波 A 和 B 是同相，于是产生相长干涉。与此类似，也可以推导出光波 B 和 C 产生相长干涉。**因此，所有从前后相挨的两个界面上反射的波都具有相长干涉的特性，经过几层这样的反射后，透射光强度将很小，而反射系数将达到 1。电介质镜原理已广泛应用到布拉格光栅和垂直腔表面发射激光器中。**

4.4.2 介质薄膜光滤波解复用器——利用光干涉选择波长

介质薄膜光滤波解复用器利用光的干涉效应选择波长。可以将每层厚度为 1/4 波长，高、低折射率材料（例如 TiO_2 和 SiO_2）相间组成的多层介质薄膜，用作干涉滤波器，如图 4.4.2a 所示。在高折射率层反射光的相位不变，而在低折射率层反射光的相位改变 180°。连续反射光在前表面相长干涉复合，在一定的波长范围内产生高能量的反射光束，在这一范围之外，则反射很小。这样通过多层介质膜的干涉，就使一些波长的光透射，而另一些波长的光反射。用多层介质膜可构成高通滤波器和低通滤波器。两层的折射率差应该足够大，以便获得陡峭的滤波器特性。用介质薄膜滤波器可构成 WDM 解复用器，如图 4.4.2b 和图 4.4.3 所示。

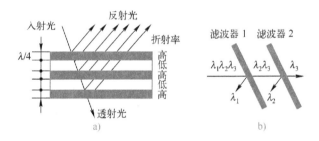

图 4.4.2 用介质薄膜滤波器构成解复用器

a）介质薄膜滤波器 b）解复用器

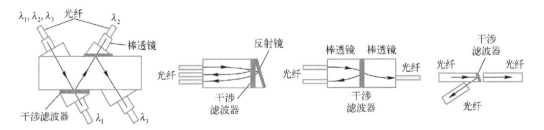

图 4.4.3 用介质薄膜滤波器构成的几种解复用器

第 5 章

——

法拉第磁光效应器件

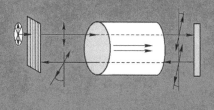

认 识 光 通 信

5.1 法拉第磁光效应

一个人只要肯干、自强，即便生活在社会底层也能取得伟大成就。

——法拉第（M. Faraday）

5.1.1 法拉第磁光效应——电场和磁场结伴而行

把非旋光材料（如玻璃）放在强磁场中，当平面偏振光沿着磁场方向入射到非旋光材料时，光偏振面将发生右旋转，如图 5.1.1a 所示，这种效应就称作法拉第（Faraday）效应，它由法拉第在 1845 年首先观察到。旋转角 θ 和磁场强度与材料长度的乘积成比例，即

$$\theta = \rho H L \tag{5.1.1}$$

式中，ρ 是材料的维德（Vertet）常数，表示单位磁场强度使光偏振面旋转的角度，对于石英光纤，$\rho = 4.68 \times 10^{-6}\,\mathrm{rad/A}$，$H$ 是沿入射光方向的磁场强度，单位是安每米（A/m），L 是光和磁场相互作用长度，单位为 m。如果反射光再一次通过介质，则旋转角增加到 2θ。磁场由包围法拉第介质的稀土磁环产生，起偏器由双折射材料（如方解石）担当，它的作用是将非偏振光变成线性偏振光，因为它只让与自己偏振化方向相同的非偏振光分量通过，法拉第介质可由掺杂的光纤或者维德常数较大的材料构成。图 5.1.1b 表示商

用法拉第旋转器。

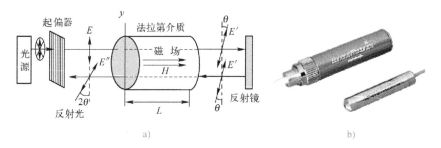

图 5.1.1 法拉第磁光效应及法拉第旋转器

a) 法拉第磁光效应 b) 商用法拉第旋转器

5.1.2 法拉第的伟大贡献

法拉第——铁匠儿子、订书匠学徒，靠勤奋做出杰出贡献

法拉第在化学、电化学、电磁学等领域都做出过杰出贡献。

他幼年家境贫寒，未受过系统的正规教育，但却在众多领域中做出惊人成就，堪称刻苦勤奋、探索真理、不计个人名利的典范。

1791 年 9 月 22 日，法拉第生于萨里郡纽因顿的一个铁匠家庭。13 岁就在一家书店当送报和装订书籍的学徒。他有强烈的求知欲，挤出一切休息时间贪婪地力图把他装订的所有书籍内容都从头到尾读一遍。读后还临摹插图，工工整整地做读书笔记；用一些简单器皿照着书上进行实验，仔细观察和分析实验结果，把自己的阁楼变成了小实验室。在这家书店呆了 8 年，他废寝忘食、如饥似渴地学习。他后来回忆这段生活时说："我就是在工作之余，从这些书里开始找到我的哲学。"

在哥哥的赞助下，1810 年他听了十几次自然哲学的通俗讲演，1812 月又连续听了在皇家学院实验室工作的戴维的 4 次讲座，从此燃起了进行科学研究的愿望。他想到皇家学院工作，写信给戴维称"不管干什么都行，只要是为科学服务。"后经戴维推荐，1813 年 3 月，24 岁的法拉第担任了皇家学院助理实验员，

1824 年被选为皇家学会会员，1825 年接替戴维任皇家学院实验室主任，1833 年任皇家学院化学教授，工作长达 50 余年。1821 年，发现通电导线能绕磁铁旋转，从而跻身著名电学家的行列。1824 年起研制光学玻璃，1845 年利用自己研制出的硅酸硼铅玻璃，发现磁致旋光效应。

他认为电与磁是一对和谐的对称现象。既然电能生磁，他坚信磁亦能生电。经过 10 年探索，历经多次失败后，1831 年 8 月 26 日他终于获得成功。同年 10 月 17 日完成了在磁体与闭合线圈相对运动时在闭合线圈中激发电流的实验，他称之为"磁电感应"，经过大量实验，他终于实现了"磁生电"的夙愿，宣告了电气时代的到来。

法拉第的成就源于勤奋，他的主要著作有《日记》和《电学实验研究》，前者由 16041 个实验汇编而成，后者由 3362 个实验汇编而成。

他生活简朴，不尚华贵，以致有人到皇家学院实验室做实验时错把他当作守门的老头；当英王室准备授予他爵士称号时，他多次婉言谢绝说："法拉第出身平民，不想变成贵族。"

1867 年 8 月 25 日法拉第逝世，墓碑上照他的遗愿只刻有他的名字和出生年月。

在法拉第（图 5.1.2a）所处的年代，人们都认为万物均由原子构成，他却提出电和磁不是由原子组成，而是以介质空间中"场"的形式存在，如图 5.1.2b 所示。他还指出，可以用场中的力线表示场，不管是电力和磁力还是自然界各种各样的力，归根结底都可以统一为一种力。他的这些思想为 19 世纪之后自然科学的发展道路指明了方向。正如爱因斯坦所说，引入场的概念，是法拉第最富有独创性的思想，是牛顿以来最重要的发现。

法拉第发现了许多电磁现象，在电磁学的发展方面做出了卓越的贡献。1821 年 9 月，他在实验中首次发现通电导线绕磁铁旋转的现象，在人类历史上第一次实现了电磁运动与机械运动的转换。他呕心沥血 10 年，于 1831 年 10 月 17 日，完成了在磁体与闭合线圈相对运动时在闭合线圈中激发电流的实验，如图 5.1.3 所示，他总结出著名的法拉第电磁感应定律。

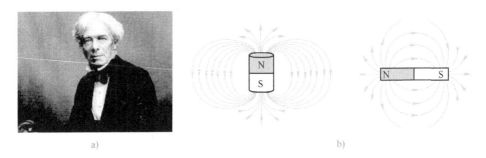

图 5.1.2　英国物理学家法拉第及其伟大贡献——用场表示磁

a) 法拉第（1791—1867 年）像　b) 磁铁周围的磁场

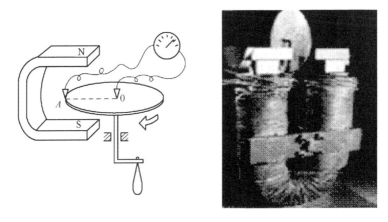

图 5.1.3　磁体与闭合线圈相对运动时在闭合线圈中激发电流

就在这一年，法拉第还完成了变压器的研究。这些实验为人类步入电气化时代奠定了基础。由此人们发明了发电机、电动机、变压器。现在，电学和化学上的一些单位和定律也均以法拉第的名字命名。

5.2　法拉第磁光效应器件

自然哲学家应当是这样一些人：他愿意倾听每一种意见，却下定决心要自己做判断；他应当不被表面现象所迷惑，不对某一种假设有偏爱，不属于任何学派，在学术上不盲从大师；他应当重事不重人，追求真理是他的首要目标。如果有了这些品质，再加上勤勉，那么他就有希望走进自然界的殿堂。

——法拉第（M. Faraday）

5.2.1　互易器件和非互易器件

连接器、耦合器等大多数无源器件的输入和输出端是可以互换的，称为互易器件。然而光通信系统也需要非互易器件，如光隔离器和光环形器。光隔离器是一种只允许单方向传输光的器件，即光沿正向传输时具有较低的损耗，而沿反向传输时却有很大的损耗，因此可以阻挡反射光对光源的影响。对光隔离器的要求是隔离度大、插入损耗小、饱和磁场低和价格便宜。某些光器件特别是激光器和光放大器，对于从诸如连接器、接头、调制器或滤波器反射回来的光非常敏感，引起性能恶化。因此通常要在最靠近这种光器件的输出端放置光隔离器，以消除反射光的影响，使系统工作稳定。

5.2.2　光隔离器——单方向传输光器件

光通信用的隔离器几乎都用法拉第磁光效应原理制成，图 5.2.1 表示法拉第旋转隔离器的原理。起偏器 P 使与起偏器偏振方向相同的非偏振入射光分量通过，所以非偏振光通过起偏器后就变成线性偏振光，调整加在法拉第介质的磁场强度，使偏振面旋转 45°，然后通过偏振方向与起偏器成 45°角的检偏器 A。光路反射回来的非偏振光通过检偏器又变成线偏振光，该线偏振光的偏振方向与入射光第一次通过法拉第旋转器的相同，即偏振方向与起偏器输出偏振光的偏振方向相差 45°。由此可见，这里的检偏器也是扮演着起偏器的作用。反射光经检偏器返回时，通过法拉第介质后，偏振方向又一次旋转了 45°，变成了 90°，正好和起偏器的偏振方向正交，因此不能够通过起偏器，也就不会影响到入射光。光隔离器的作用就是把入射光和反射光相互隔离开来。图 5.2.2 表示厚膜 Gd：YIG 构成的隔离器结构。

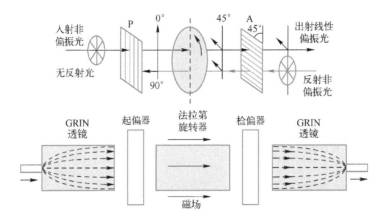

图 5.2.1　法拉第旋转隔离器工作原理

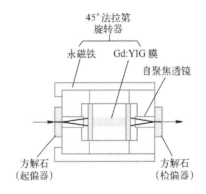

图 5.2.2　厚膜 Gd：YIG 构成的隔离器结构

5.2.3　光环形器——3 个端口的光隔离器

　　光环行器除了有多个端口外，其工作原理与光隔离器类似，也是一种单向传输器件，主要用于单纤双向传输系统和光分插复用器中。光环形器用于单纤双向传输系统的工作原理如图 5.2.3 所示，端口 1 输入的光信号只在端口 2 输出，端口 2 输入的光信号只在端口 3 输出。在所谓"理想"的环行器中，在端口 3 输入的信号只会在端口 1 输出。但是在许多应用中，最后一种状态是不必要的。因此，大多数商用环行器都设计成"非理想"状态，即吸收从端口 3 输入的任何信号，方向性一般大于 50 dB。用多个光隔离器就可以构成一个只允许单一方向传输的光环形器。

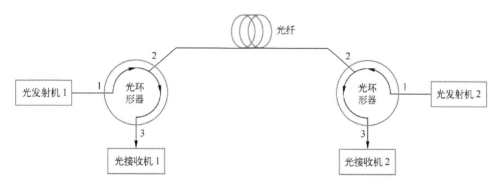

图 5.2.3　光环行器用于双向传输系统

第 6 章

———

光发射及光调制

认 识 光 通 信

6.1　激光器源于光的干涉

科学研究能破除迷信，因为它鼓励人们根据因果关系来思考和观察事物。

——爱因斯坦（A. Einstein）

6.1.1　干涉和谐振普遍存在

干涉（或谐振）就是，在两列波或多列波叠加时，因为相位关系有时相互加强，有时相互削弱的一种波的基本现象。

1. 水波干涉

在水池中，从相隔不远的两处，同时分别投进一块石头，就会产生同样的水波，都向四周传播，仔细观察两列水波会合处的情景，即可发现其波幅时而因相长干涉上涨，时而因相消干涉下降，如图 6.1.1 所示。这就是波的干涉现象，光作为一种电磁波也有类似的现象。

2. 机械共振

在了解光波的干涉现象之前，让我们先回忆一个已知的力学问题。这个力学问题就是：一根长为 L 的弦线两端被夹住时，其所做的各种固有振动方式，如图 6.1.2 所示。在振动弦线中，边界条件要求弦线两端各有一个节点，即选择波长 λ 时一定要使

$$L=m\frac{\lambda}{2} \quad 或 \quad \lambda=\frac{2L}{m} \qquad m=1,2,3,\cdots \tag{6.1.1a}$$

或者说，由于波长 λ 要满足式（6.1.1a）被整数化了。弦线的波扰动可用驻波来描述，图 6.1.2 左上角表示 $m=3$ 时的驻波情况，其他三个图分别表示 $m=1,2,3$ 这三种振动方式驻波的振幅函数曲线。

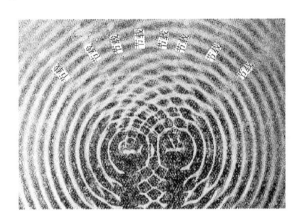

图 6.1.1　水池中两列水波的干涉波纹

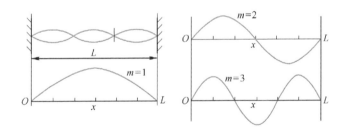

图 6.1.2　一根长为 L 的绷紧弦线及其三种可能的振动方式

3. 电谐振

电谐振在电子技术中的应用非常广泛。谐振电路对频率具有选择性，在发送和接收设备中常用于振荡器、滤波器、调谐器和混频器。

在串联谐振回路中，如图 6.1.3a 所示，电容和电感串联。电容器放电时，电感充电，当电感电压达到最大时，电容放电完毕，电感开始放电，电容开始充电，电路中的损耗由电池补偿，这样往复运动维持的状态，称为谐振。

谐振的实质是串联回路电容中的电场能与电感中的磁场能交替相互转换，此增彼减，相互补偿，但电场能和磁场能总和时刻保持不变。电源只需供给电路中所消耗的电能。

比如收音机就是电谐振的一个典型应用，如图 6.1.3b 所示，人们在听收音机时，通过转动选台旋钮，可以随意选择所要收听的广播节目。原来，各地的广播电台都按照预先安排好的频率向空中发送无线电波。这些电波看不见、摸不着，可是收音机的天线 L_1 会立刻对各种不同频率的电波做出感应。转动选台按钮时，与谐振线圈 L 相连的可变电容器 C 也跟着转动。电容器转动到某一个位置，谐振回路就能选择某个频率的电波所产生的微小电流 $i(f)$，而其他频率的微小电流则得不到放大，因为谐振频率 $f = 1/(2\pi\sqrt{LC})$，由谐振回路的电感和电容值决定。

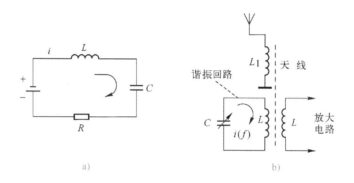

图 6.1.3 电谐振

a）串联谐振电路 b）收音机天线和调谐选台电路

6.1.2 光的干涉——法布里-珀罗（F-P）光学谐振器

法国导师法布里和其中国学生严济慈

法国物理学家夏尔·法布里（Charles Fabry，1867—1945 年）曾在巴黎理工学院学习，于 1892 年获得博士学位。他先后任教于马赛大学和巴黎大学，专门研究光学和光谱学。他是巴黎光学研究所的第一任所长，著有《光干涉的应用》（1923 年）和《物理学和天体物理学》（1935 年）。法布里和玻罗（A. Perot）于 1897 年发明了实用性很强的光学谐振腔，后来人们尊称为法布里-珀罗（Fabry-

Perot）光学谐振器。

　　严济慈（1901—1996 年），中国物理学家、教育家，中国现代物理研究奠基者之一，曾任中国科学技术大学校长、名誉校长、研究生院院长，中央研究院院士、中国科学院院士。人们尊他为教育宗师、科学泰斗。他是中国光学研究和光学仪器研制工作的重要奠基人，在压电晶体学、光谱学、大气物理学以及光学仪器研制等方面成就卓著。

　　严济慈 1923 年大学毕业，赴法国巴黎大学留学，师从物理学家夏尔·法布里。1927 年，刚刚当选法国科学院院士的法布里在他首次出席的法国科学院例会上，宣读了在他指导下由严济慈完成的博士论文——《石英在电场下的形变和光学特性变化的实验研究》，这是法国科学院第一次宣读一位中国人的论文。严济慈因此成为世界上第一个精确测定石英压电定律反现象的科学家，也是第一位获得法国国家科学博士学位的中国人。

1. 基本的法布里-珀罗干涉仪

　　基本的法布里-珀罗干涉仪由两块平行镜面组成的谐振腔构成，一块镜面固定，另一块可移动，以改变谐振腔的长度，如图 6.1.4 所示。镜面是经过精细加工并镀有金属反射膜或多层介质膜的玻璃板，图中略去输入和输出光纤及透镜系统，而集中讨论谐振腔。光纤输入光经过谐振腔反射一次后，聚焦在输出光纤端面上，由式（6.1.1b）可知，只有两块平行镜面间的距离 L（谐振腔的长度）是半波长的整数倍时，在两块镜面间来回反射的某一波长的光波发生相长干涉，才会形成驻波透射出去。

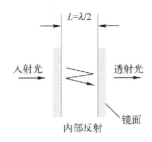

图 6.1.4　基本的 F-P 干涉仪

2. 法布里–珀罗光学谐振腔

与电谐振一样，光也有谐振，光波在谐振腔内也存在相长干涉和相消干涉，谐振时也可以通过谐振腔存储能量和选出所需波长的光波。

基本的谐振腔是由置于自由空间的两块平行镜面 M_1 和 M_2 组成，如图 6.1.5a 所示。光波在 M_1 和 M_2 间反射，导致这些波在空腔内相长干涉和相消干涉。从 M_1 反射的 A 光向右传输，先后被 M_2 和 M_1 反射，也向右传输变成 B 光，由式（2.2.3）可见，它与 A 光的相位差是 $k(2L)$，式中 k 为传播常数。如果 $k(2L) = 2m\pi$（m 为整数），则 B 光和 A 光发生相长干涉，其结果是在空腔内产生了一列稳定不变的电磁波，称之为驻波。因为在镜面上（假如镀金属膜）的电场必须为零，所以谐振腔的长度是半波长的整数倍，即

$$m\left(\frac{\lambda}{2}\right) = L, \quad m = 1, 2, 3, \cdots \tag{6.1.1b}$$

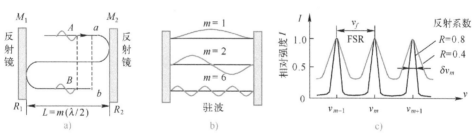

图 6.1.5　法布里–珀罗谐振腔及其特性

a）反射波 B 和原波 A 干涉　b）只有特定波长的驻波才能在谐振腔内存在

c）不同反射系数的驻波电场强度和频率的关系

由式（6.1.1b）可知，不是任意一个波长都能在谐振腔内形成驻波，对于给定的 $m(m = 2L/\lambda)$，只有满足式（6.1.1b）的波长（$\lambda = 2L/m$）才能形成驻波，并记为 λ_m，称为腔模式，如图 6.1.5b 所示。因为光频和波长的关系是 $\nu = c/\lambda$，所以对应这些模式的频率 ν_m 是谐振腔的谐振频率，即

$$\nu_m = m\left(\frac{c}{2L}\right) = m\nu_f \tag{6.1.2}$$

式中，ν_f 是基模（$m = 1$）的频率，在所有模式中它的频率最低。两个相邻模式的频率间隔是 $\nu_m = \nu_{m+1} - \nu_m = \nu_f$，称为自由频谱范围（FSR）。

$$FSR = \frac{c}{2L} \tag{6.1.3}$$

图 6.1.5c 说明了谐振腔允许形成驻波模式的相对强度与频率的关系。假如谐振腔没有损耗，即两个镜面对光全反射，那么式（6.1.2）定义的频率 ν_m 的峰值将很尖锐。如果镜面对光不是全反射，一些光将从谐振腔辐射出去，ν_m 的峰值就不尖锐，而具有一定的宽度。显然，这种简单的镀有反射镜面的光学谐振腔只有在特定的频率内能够存储能量，这种谐振腔就叫作法布里-珀罗光学谐振器，它由法国物理学家法布里（C. Fabry，1867—1945 年）和珀罗（A. Perot，1863—1925 年）于 1897 年发明，如图 6.1.6 所示。

a)   b)

图 6.1.6　法布里-珀罗谐振腔发明家

a) 法布里（C. Fabry，1867—1945 年）　b) 珀罗（A. Perot，1863—1925 年）

利用式（2.2.3）表示的光波在传输过程中两点间相位差的概念，可以得到图 6.1.5a 中反射波与入射波的相位差是 $kL = (2\pi/\lambda)L = m\pi$。谐振腔内的电场强度和频率的关系如图 6.1.5c 所示，其峰值位于传播常数 $k = k_m$ 处，k_m 是满足 $k_m L = m\pi$ 的 k 值，因为 $k = 2\pi/\lambda$，所以由 $k_m L = m\pi$ 可以直接得出式（6.1.1b）和式（6.1.2）。

6.1.3　发光机理——电子从高能带跃迁到低能带发出光子

只有具备粒子数反转、光学谐振腔、半波长（$\lambda/2$）整数倍等于腔长这三个条件的光模式才能存在。

白炽灯将被加热钨原子的一部分热激励能转变成光能，发出宽度为 1000 nm 以上的白色连续光谱；而发光二极管（LED）却通过电子从高能级跃迁到低能级，发出频谱宽度在几百纳米以下的光。

在构成半导体晶体的原子内部，存在着不同的能带。如果占据高能带（导带）E_c 的电子跃迁到低能带（价带）E_v 上，就将其间的能量差（禁带能量）$E_g = E_c - E_v$ 以光的形式放出，如图 6.1.7 所示，图中 E_{FN} 表示导带费米能级，E_{FP} 表示价带费米能级。这时发出的光，其波长基本上由能带差 ΔE 所决定。能带差 ΔE 和发出光的振荡频率 ν 之间有 $\Delta E = h\nu$ 的关系，h 是普朗克常数，等于 6.625×10^{-34} J·s，发光波长为

$$\lambda = \frac{c}{\nu} = \frac{hc}{\Delta E} = \frac{1.2398}{\Delta E} (\mu m) \tag{6.1.4}$$

式中，c 为光速，ΔE 取决于半导体材料的本征值，单位是电子伏特（eV）。

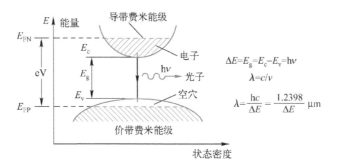

图 6.1.7　半导体发光原理

在 1.2.2 节中，我们已介绍了梅曼发明的掺有铬离子（Cr^{3+}）的红宝石激光器（Laser Dioder, LD），它的发光机理就是，在 Cr^{3+} 能级图中，铬离子吸收泵浦源氙灯的能量，从基态跃迁到高能级，当 Cr^{3+} 返回到基态时，就发出波长为其能级差的光子。梅曼使用的红宝石棒，一端镀半反射镜，另一端镀全反射镜，构成一个 F-P 光学谐振腔。

电子从高能带跃迁到低能带，把电能转变成光能的器件叫 LED。在热平衡状态下，大部分电子占据低能带 E_v。如果把电流注入半导体中的 PN 结上，则原子中占据低能带 E_v 的电子被激励到高能带 E_c 后，当电子跃迁到 E_v 上时，PN 结将自发辐射出一个光子，其能量为 $h\nu = E_c - E_v$，如图 6.1.8a 所示。

对于大量处于高能带的电子来说，当返回 E_v 能级时，它们各自独立地分别发射一个一个光子。因此，这些光波可以有不同的相位和不同的偏振方向，它们可以向各自方向传播。同时，高能带上的电子可能处于不同的能级，它们自发辐射到低能带的不同能级上，因而使发射光子的能量有一定的差别，所以这些光波的波长并不完全一样。因此自

发辐射的光是一种非相干光，如图 6.1.8a 所示。

发光过程，除自发辐射外，还有受能量等于能级差 $\Delta E = E_c - E_v = h\nu$ 的光所激发而发出与之同频率、同相位的光，即受激发射，如图 6.1.8b 所示。

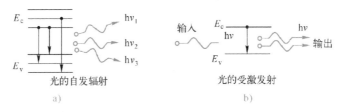

图 6.1.8　光的自发辐射和受激发射

a）发光二极管——光的自发辐射　b）激光器——光的受激发射

受激发射生成的光子与原入射光子一模一样，是指它们的频率、相位、偏振方向及传播方向都相同，它和入射光子是相干的。受激发射发生的概率与入射光的强度成正比。

6.2　半导体激光器

科学决不是也永远不会是一本写完了的书。每一项重大成就都会带来新的问题。任何一个发展随着时间的推移都会出现新的严重困难。

——爱因斯坦（A. Einstein）

6.2.1　LD 激光发射条件——粒子数反转、光学谐振腔

1. 粒子数反转——产生激光的首要条件

半导体激光器的结构是一个法布里-珀罗谐振腔，如图 6.2.1 所示。激光器工作在正向偏置下，当注入正向电流时，高能带中的电子密度增加，这些电子自发地由高能带跃迁到低能带发出光子，形成激光器中初始的光场。在这些光场作用下，受激发射和受激吸收过程同时发生，受激发射和受激吸收发生的概率相同。用 N_c 和 N_v 分别表示高、低能带上的电子密度。当 $N_c < N_v$ 时，受激吸收过程大于受激发射，增益系数 $g < 0$，只能出现普通的荧光，光子被吸收的多，发射的少，光场减弱。若注入电流增加

到一定值后，使 $N_c > N_v$，增益系数 $g > 0$，受激发射占主导地位，光场迅速增强，此时的 PN 结区成为对光场有放大作用的区域（称为有源区），从而形成受激发射，如图 6.1.8b 所示。

半导体材料在通常状态下，总是 $N_c < N_v$，因此称 $N_c > N_v$ 的状态为粒子数反转。使有源区产生足够多的粒子数反转，这是使半导体激光器产生激光的首要条件。

2. 光学谐振腔——形成激光的第 2 个条件

半导体激光器产生激光的第 2 个条件是半导体激光器中必须存在光学谐振腔，并在谐振腔里建立起稳定的振荡。有源区里实现了粒子数反转后，受激发射占据了主导地位，但是，激光器初始光场来源于导带和价带的自发辐射，频谱较宽，方向也杂乱无章。初始光场在谐振腔体内移动 δx，获得了增益 δg，如图 6.2.1d 所示。为了得到单色性和方向性好的激光输出，必须构成光学谐振腔。6.1.2 节已讨论了法布里-珀罗谐振腔的构成和

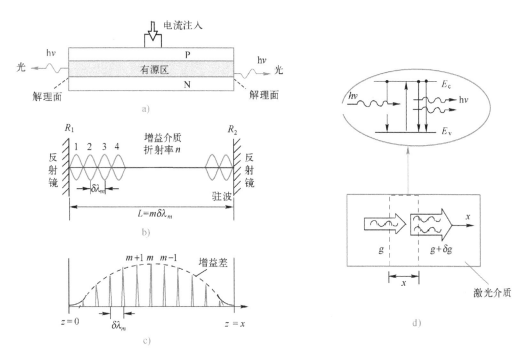

图 6.2.1　半导体激光器

a）LD 相当于法布里-珀罗谐振腔　b）腔内纵模驻波

c）腔内纵模共振光谱　d）初始光场在谐振腔体内移动 δx 获得增益 δg

工作原理。在半导体激光器中，用晶体的天然解理面构成法布里-珀罗谐振腔，如图 6.2.1 所示。要使光在谐振腔里建立起稳定的振荡，必须满足一定的相位条件和阈值条件。相位条件使谐振腔内的前向和后向光波发生相干，阈值条件使腔内获得的光增益 $g(\nu)$ 正好与腔内损耗相抵消，此时的纵模就变成发射主模，如图 6.2.2 所示。谐振腔里存在着损耗，如镜面反射损耗、工作物质吸收和散射损耗等。只有谐振腔里的光增益和损耗值保持相等，并且谐振腔内的前向和后向光波发生相干时，才能在谐振腔的两个端面输出谱线很窄的相干光束。前端面发射的光约有 50% 耦合进入光纤，如图 6.2.1a 所示。后端面发射的光，由封装在内的光检测器接收变为光生电流，经过反馈控制回路，使激光器输出功率保持恒定。

6.2.2　激光器起振的阈值条件——腔体阈值增益等于总损耗

为了确定激光器起振的阈值条件，先来研究平面波幅度在谐振腔内传输一个来回的变化情况。设平面波的幅度为 E_0，频率为 ω，在图 6.2.3 中，设单位长度增益介质的平均损耗为 α_{int}（cm^{-1}），两块反射镜的反射系数为 R_1 和 R_2，光从 $x=0$ 处出发，在 $x=L$ 处被反射回 $x=0$ 处，这时光强衰减了 $R_1 R_2 \exp[-\alpha_{int}(2L)]$。另外，在单位长度上因光受激发射放大得到了增益 g，光往返一次其光强放大了 $\exp[g(2L)]$ 倍，维持振荡时光波在腔内来回一次的光功率应保持不变，即 $P_f = P_i$，这里 P_i 和 P_f 分别是起始功率和循环一周后的反馈功率。也就是说，衰减倍数与放大倍数应相等，于是可得到

$$R_1 R_2 \exp(-2\alpha_{int}L) \cdot \exp(2gL) = 1 \tag{6.2.1}$$

由此可求得使 $P_f/P_i = 1$ 的增益，即阈值增益 g_{th}，该增益应该等于腔体的总损耗，它对应阈值粒子数翻转，即 $N_c - N_v = (N_c - N_v)_{th}$，达到阈值时，高、低能带上的电子密度差为 $(N_c - N_v)_{th}$，表示阈值粒子数翻转条件。

法布里-珀罗半导体激光器通常发射多个纵模的光，如图 6.2.1c 所示。半导体激光器的增益频谱 $g(\omega)$ 相当宽（约 10 THz），在 F-P 谐振腔内同时存在着许多纵模，但只有接近增益峰的纵模变成主模，如图 6.2.2 所示。在理想条件下，其他纵模不应该达到阈值，因为它们的增益总是比主模小。实际上，增益差相当小，主模两边相邻的一两个模与主模一起携带着激光器的大部分功率。这种激光器就称作多模半导体激光器。由于群

速度色散，每个模在光纤内传输的速度均不相同，所以半导体激光器的多模特性将限制光波系统的比特率和传输距离的乘积（*BL*）。

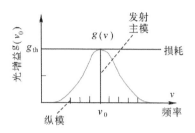

图 6.2.2　激光器增益谱和损耗谱

图 6.2.4 是对激光器起振阈值条件的简化描述，由图可见，只有当泵浦电流达到阈值时，高、低能带上的电子密度差(N_c-N_v)才达到阈值$(N_c-N_v)_{th}$，此时就产生稳定连续的输出相干光。当泵浦电流超过阈值时，(N_c-N_v)仍然维持$(N_c-N_v)_{th}$，因为g_{th}必须保持不变，所以多余的泵浦能量转变成受激发射，使输出功率增加。

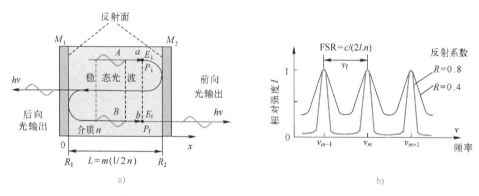

图 6.2.3　激光器是一个法布里–珀罗光学谐振腔

a）法布里–珀罗光学谐振腔　b）法布里–珀罗光学谐振腔的腔模频率特性

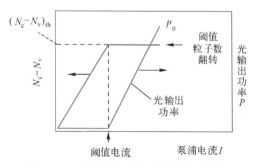

图 6.2.4　激光器起振阈值条件简化描述

6.2.3 激光器起振的相位条件——整数倍半波长等于腔长

在 6.2.2 节中，我们讨论了在半导体激光器里，由两个起反射镜作用的晶体解理面构成的法布里-珀罗谐振腔，它把光束闭锁在腔体内，使之来回反馈。当受激发射使腔体得到的放大增益等于腔体损耗时，就保持振荡，形成等相面和反射镜平行的驻波，然后穿透反射镜产生激光输出，如图 6.2.1 和图 6.2.2 所示。此时的增益就是激光器的阈值增益，达到该增益所要求的注入电流称为阈值电流。满足阈值注入电流的所有光波并不能全部都在 F-P 谐振腔内存在，只有那些特定腔模波长的光才能维持振荡。

设激光器谐振腔长度为 L，增益介质折射率为 n，典型值为 $n=3.5$，引起 30% 界面反射，从 6.1.2 节知道，增益介质内半波长 $\lambda/2n$ 的整数倍 m 等于全长 L

$$\frac{\lambda}{2n}m=L \tag{6.2.2}$$

请注意，该式与式（6.1.1b）的唯一区别是在分母中增加了增益介质折射率 n。把 $f=c/\lambda$ 代入式（6.2.2）可得到

$$f=f_m=\frac{mc}{2nL} \tag{6.2.3}$$

式中，λ 和 f 分别是光波长和频率，c 为自由空间光速。当 $\lambda=1.55\ \mu m$、$n=3.5$、$L=300\ \mu m$ 时，$m=1354$，这是一个很大的数字。因此 m 相差 1，谐振波长只有少许变化，设这个波长差为 $\Delta\lambda$，并注意到 $\Delta\lambda\ll\lambda$，则当 $\lambda\rightarrow\lambda+\Delta\lambda$，$m\rightarrow m+1$ 时，各模间的波长间隔（如图 6.1.5c 和图 6.2.3b 所示），也称为自由光谱区（FSR）

$$\Delta\lambda=-\lambda^2\frac{\Delta f}{c}=-\frac{\lambda^2}{2nL}\quad 或 \quad FSR=\Delta f=\frac{c}{2nL} \tag{6.2.4}$$

式中，$|\Delta\lambda|=0.34\ nm$，因此，对谐振腔长度 L 比波长大很多的激光器，可以在差别甚小的很多波长上发生谐振，称这种谐振模为纵模，它由光腔长度 nL 决定。与此相反，和前进方向垂直的模称为横模。纵模决定激光器的频谱特性，而横模决定光束在空间的分布特性，它直接影响到与光纤的耦合效率。

6.2.4 分布反馈（DFB）激光器——增加频率选择电介质镜衍射光栅

光纤通信需要单纵模半导体激光器，与法布里-珀罗激光器相比，它的谐振腔损耗不

再与模式无关，而是设计成对不同的纵模具有不同的损耗。图 6.2.5 为这种激光器的增益和损耗曲线。由图可见，增益曲线和损耗曲线最小值接触之处的纵模 ω_B 开始起振，并且变成主模。其他相邻模式由于其损耗较大，不能达到阈值，因而也不会从自发辐射中建立起振荡。

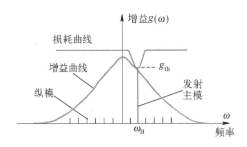

图 6.2.5　单纵模为主模的半导体激光器增益和损耗曲线

　　DFB 激光器就是一种单纵模激光器，其结构和输出频谱如图 6.2.6 所示。在普通 LD 中，只有有源区在其界面提供必要的光反馈；但在 DFB 激光器内，光的反馈就像 DFB 名称所暗示的那样，不仅在界面上，而且分布在整个腔体长度上。这是通过在腔体内增加折射率周期性变化的衍射光栅实现的。在 DFB 激光器中，除有源区外，还在其上并紧靠它的区域增加了一层导波区。该区的结构是波纹状的电介质光栅，它的作用是对从有源区辐射进入该区的光波产生部分反射。因为从有源区辐射进入导波区是在整个腔体长度上，所以可认为波纹介质也具有增益，因此部分反射波获得了增益。不能简单地把它们相加，而不考虑获得的光增益和可能的相位变化，左行波在光栅波导区遭受了周期性的部分反射，这些反射光被波纹介质放大，形成了右行波。只有左右行波满足同相干涉条件（见式（6.2.2）），即波长和波纹周期 Λ 具有一定的关系（$\lambda_B=2n\Lambda$）时，它们才能相干耦合，建立起光的输出模式。与 DFB 激光器的工作原理相比，F-P 腔的工作原理就简单得多，如 6.1.2 节介绍的那样，F-P 腔的反射只发生在解理端面，在腔体的任一点，都是这些端面反射的左右行波的干涉，或者称为耦合。假定这些相对传输的波具有相同的幅度，当它们来回一次的相位差是 2π 时，就会建立起驻波。

　　DFB 激光器的主模不正好是布拉格波长 λ_B，而是对称地位于 λ_B 两侧，如图 6.2.6b 所示。假如 λ_m 是允许 DFB 发射的模式，此时

$$\lambda_m = \lambda_B \pm \frac{\lambda_B^2}{2nL}(m+1) \qquad (6.2.5)$$

式中，m 是模数（整数），L 是衍射光栅有效长度。由此可见，完全对称的器件应该具有两个与 λ_B 等距离的模式，但是实际上，由于制造过程可能出现各种不确定性问题，或者有意使其不对称，只能产生一个模式，如图 6.2.6c 所示。因为 $L \gg \Lambda$，式（6.2.5）的第二项非常小，所以发射光的波长非常靠近 λ_B。

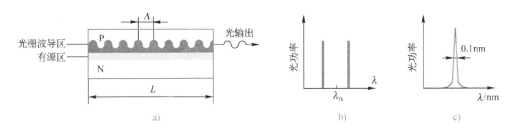

图 6.2.6　DFB 激光器结构及其工作原理

a）DFB 激光器结构　b）理想输出频谱　c）典型的输出频谱

6.2.5　波长可调激光器——多腔耦合，多方控制

波长可调激光器即多波长激光器是 WDM、分组交换和光分插复用网络重构的最重要器件，因为它的使用可以有效地利用波长资源，减少设备费用。波长可调激光器主要有耦合腔波导型、衍射光栅集成型和阵列波导光栅（AWG）集成型三种。这里只介绍耦合腔集成波导波长可调激光器。

一种单片集成的耦合腔激光器称为 C^3 激光器。C^3 指的是切开的耦合腔，如图 6.2.7 所示。这种激光器是这样制成的，把常规多模半导体激光器从中间切开，一段长为 L，另一段为 D，分别加以驱动电流。中间是一个很窄的空气隙（宽约 $1\ \mu m$），切开界面的反射约为 30%，只要间隙不是太宽，就可以在两部分之间产生足够强的耦合。在本例中，因为 $L > D$，所以 L 腔中的模式间距要比 D 腔中的密。这两腔的模式只有在较大的距离上才能完全一致，产生复合腔的发射模，如图 6.2.7b 所示。因此 C^3 激光器可以实现单纵模工作。改变一个腔体的注入电流，C^3 激光器可以实现约 20 nm 范围的波长调谐。然而，由于约 2 nm 的逐次模式跳动，调谐是不连续的。

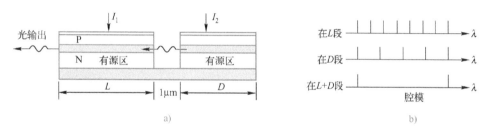

图 6.2.7　C^3 激光器的结构及其单纵模输出原理

a）C^3 激光器结构示意图　b）C^3 激光器单纵模输出原理说明

为了解决激光器的稳定性和调谐性不能同时兼顾的矛盾，科学家们设计了多腔 DFB 激光器。图 6.2.8 表示这种激光器的典型结构，它包括了三腔，即有源腔（半导体光放大器）、相位控制腔和布拉格光栅腔，每腔独立地注入电流偏置。注入布拉格光栅腔的电流改变感应载流子的折射率 n，从而改变布拉格波长（$\lambda_B = 2n\Lambda$）。注入相位控制腔的电流也改变了该腔的感应载流子折射率，从而改变了 LD 的反馈相位，实现了波长锁定。通过控制注入三腔的电流，激光器的波长可在 5~7 nm 范围内连续可调。因为该激光器的波长由内部布拉格区的衍射光栅决定，所以它工作稳定。这种多腔分布布拉格反射激光器对于多信道 WDM 通信系统和相干通信系统是非常有用的。

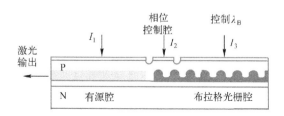

图 6.2.8　多腔分布布拉格激光器

6.3　半导体激光器（LD）的特性

一个人在科学探索的道路上走过弯路犯过错误并不是坏事，更不是什么耻辱，要在实践中勇于承认和改正错误。

——爱因斯坦（A. Einstein）

6.3.1 LD 的波长特性

激光器的波长特性可以用中心波长、光谱宽度以及光谱模数三个参数来描述。光谱范围内辐射强度最大值所对应的波长叫中心波长 λ_0。光谱范围内辐射强度最大值下降50%处所对应的波长宽度叫作谱线宽度 $\Delta\lambda$，有时简称为线宽。图 6.3.1 为激光器的典型光谱特性，为了便于比较，在图中也标出了 LED 的光谱特性。

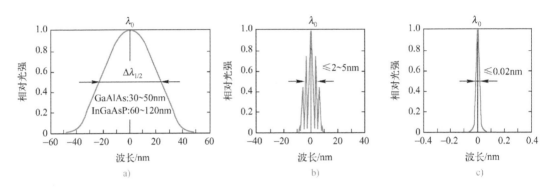

图 6.3.1　LED 和 LD 的光谱特性

a) LED 的光谱特性　b) 多模 LD 的光谱特性　c) 单模 LD 的光谱特性

对于大多数非相干通信系统，对光源的选择，最关心的是中心波长对光纤损耗的影响，以及光谱宽度对光纤色散或带宽的影响。

（1）LED 波长特性

LED 本质上是非相干光源，它的发射光谱就是半导体材料导带和价带的自发辐射谱线，所以谱线较宽。对于用 GaAlAs 材料制作的 LED，发射光谱宽度约为 30~50 nm，而对长波长 InGaAsP 材料制作的 LED，发射谱线为 60~120 nm。因为 LED 的光谱很宽，所以光在光纤中传输时，材料色散和波导色散较严重，这对光纤通信非常不利。

（2）多模激光器光谱特性

多模激光器指的是多纵模或多频激光器，模间距为 0.13~0.9 nm，频谱宽度为 2~5 nm。

（3）单模激光器光谱特性

单模激光器的频谱宽度因为很窄（≤0.02 nm），所以称为线宽，它与有源区的设计密切相关。

对于相干光纤通信，特别是对于 QPSK 和 QAM 调制，单模激光器的线宽是一个重要参数。不但要求静态线宽窄，而且要求在规定的功率输出和高比特速率调制下，仍能保持窄的线宽（动态线宽）。对于半导体激光器，不仅要求单纵模工作，而且要求它的波长能在相当宽的范围内调谐，同时保持窄的线宽（约 1 MHz 或者更窄）。

6.3.2 LD 模式特性——纵模决定频谱特性，横模决定空间特性

半导体激光器的模式特性可分成纵模和横模两种。纵模决定频谱特性，而横模决定光场的空间特性，如图 6.3.2a 所示。图 6.3.2b 给出 1.3 μm 的双异质结（BH）半导体激光器在不同的注入电流下沿 x 和 y 方向的远场分布，通常用角度分布函数的半最大值全宽 θ_x、θ_y 来表示远场分布，对于 BH 激光器，θ_x 和 θ_y 的典型值分别在 $10° \sim 20°$ 和 $25° \sim 40°$。尽管此角度与 LED 的辐射角相比已经大大减小，但相对于其他类型的激光器来说，半导体激光器的辐射角还是相当大的，半导体激光器椭圆形的光斑加上较大的辐射角，使得它与光纤的耦合效率不高，通常只能达到 $30\% \sim 50\%$。

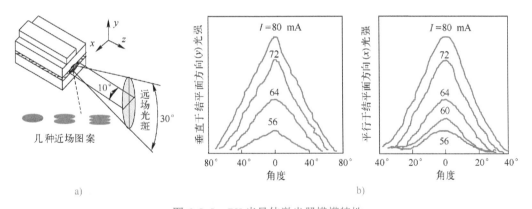

图 6.3.2 BH 半导体激光器横模特性

a）横模决定的近场图案和远场光斑 b）不同注入电流下沿结平面的远场分布

6.4 光调制

学习这件事不在乎有没有人教你，最重要的是在于自己有没有觉悟和恒心。

——法拉第（M. Faraday）

6.4.1 光调制——让光携带声音和数字信号

在无线电广播和通信系统中，调制是用数字或模拟信号改变电载波的幅度、频率或相位的过程。改变载波的幅度调制叫非相干调制，而改变载波的频率或相位调制叫相干调制。调幅收音机是非相干调制，而调频收音机是相干调制。

与无线电通信类似，在光通信系统中，也有非相干调制和相干调制。非相干调制有直接调制和外调制两种，前者是信息信号直接调制光源的输出光强，后者是信息信号通过外调制器对连续输出光的幅度或相位或偏振进行调制，如图 6.4.1 所示。

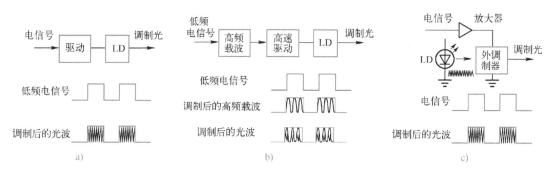

图 6.4.1 直接强度光调制（IM/DD）和外调制的比较

a）直接调制 b）副载波调制（SCM） c）外调制

激光器发出的光波是一种平面电磁波，式（2.1.2）描述沿 z 方向传输的电场，也可以写成

$$E_x(t) = E_0(t)\cos\left[2\pi f(t)t + \varphi(t)\right] \tag{6.4.1}$$

如图 6.4.2b 所示，这里 $E_0(t)$ 是以光频 $f(t)$ 振荡的光波电场振幅包络，$\varphi(t)$ 是它的相位。从原理上讲，不论改变这 3 个参数中的哪一个，都可以实现调制。改变 $E_0(t)$ 的调制是幅度调制，如图 6.4.2c 所示；改变 $f(t)$ 的调制是频率调制，如图 6.4.2f 所示；改变 $\varphi(t)$ 的调制是相位调制，如图 6.4.2g 所示。另外还有一种调制，那就是改变光的偏振方向，如图 6.4.2e 所示。图 6.4.2a 表示用快速上下移动快门，使光波间断通过遮光板的孔洞，从而实现光的脉冲调制，其调制图形如图 6.4.2d 所示。

早期，所有实用化的光纤通信系统都是采用非相干的强度调制——直接检测（IM/DD）方式，这类系统成熟、简单、成本低、性能优良，已经在电信网中获得广泛的应用。

然而，这种 IM/DD 方式没有利用光载波的相位和频率信息，从而限制了其性能的进一步改进和提高。近来，调制信号相位的正交相移键控（QPSK），以及在 QPSK 的基础上，又进行偏振复用的差分正交相移键控（PM-QPSK），技术已经成熟，在高速光纤通信系统中得到了广泛应用。

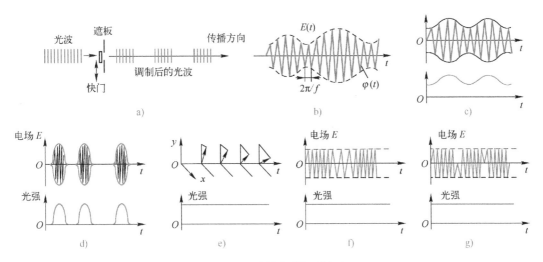

图 6.4.2　光的各种调制方式

a）脉冲调制　b）光波的振荡波形　c）幅度调制　d）脉冲调制

e）偏振调制　f）频率调制　g）相位调制

6.4.2　先进光调制技术——QPSK 调制和 QAM 调制

1. 正交技术产生通用光发送机

第 1 代和第 2 代光纤通信系统，采用直接调制 LD，即电信号直接用开关键控（OOK）方式调制激光器的强度。但在非相干接收的波分复用系统和高速相干检测系统中，直接调制激光器可能出现的线性调频，使输出线宽增大，色散引入脉冲展宽，使信道能量损失，并产生对邻近信道的串扰，从而成为系统设计的主要限制。所以必须采用把激光产生和调制过程分开的外调制，以避免这些有害影响。外调制是电信号通过由电光晶体制成的 MZ 调制器对 LD 发射的连续光进行调制，如图 6.4.1c 所示。

任何带通信号均可以表示为

$$v(t) = x(t)\cos\omega_c t - y(t)\sin\omega_c t = \mathrm{Re}\left[g(t) e^{j\omega_c t} \right]$$ (6.4.2)

式中，$\omega_c=2\pi f_c$，是载波角频率。Re 表示函数 $g(t)e^{j\omega_c t}$ 的实部，$g(t)$ 是 $v(t)$ 的复包络。

将复包络表示成直角坐标系中的两个实数，得到

$$g(t)\equiv x(t)+jy(t) \tag{6.4.3}$$

式中，$x(t)=\mathrm{Re}\{g(t)\}$，称为 $v(t)$ 的同向（I）分量；$y(t)=\mathrm{Im}[g(t)]$，称为 $v(t)$ 的正交（Q）分量。

在现代通信系统中，带通信号通常被分开送入两个信道。一个传送 $x(t)$ 信号，称为同向（I）信道；一个传送 $y(t)$ 信号，称为正交（Q）信道。如果采用复包络 $g(t)$ 代替带通信号 $v(t)$，则采样率最小，因为 $g(t)$ 是带通信号的等效基带信号。

在通信发送机中，输入信号 $s(t)$ 调制载波频率为 f_c 的载波信号，产生式（6.4.2）表示的已调信号 $v(t)$。由此可以得到一个通用发送机模型，如图 6.4.3a 所示。

信息率用比特速率（bit/s）表示，即每秒传输的比特数，用于二进制信号；符号率用波特（baud）表示，它表示每秒传输的符号数（Symbol/s），用于多进制信号。但有时还会采用术语波特率来代替波特。对于二进制信号，每秒传输的比特数等于符号数，但是对于多进制信号，则是不等的。

图 6.4.3b 表示以 QPSK 调制为例的星座图。星座图是指用数字信号矢量绘成的数字信号 n 维图。具有 4 个电平值的四进制相移键控（PSK）调制，称为正交相移键控（QPSK）调制，它是电平数为 4 的正交幅度调制（QAM），其复包络 $g(t)=A_e e^{j\theta(t)}$ 是 4 个电平值的 4 个 g 值（一般是复数），对应于 θ 的 4 个可能相位。假如数模转换器（DAC）允许的多电平值是-3、-1、+1 和+3，分别对应的载波相位就是 45°、135°、225°和 315°，图 6.4.3b 表示出相对应的 4 个点（符号），即 $\pi/4$、$3\pi/4$、$-3\pi/4$ 和 $-\pi/4$，分别传输互不相同的 2 个比特信息，即 00、01、11 和 10 信息，即每个符号传输 2 个比特。

2. I/Q 调制器

正交技术产生的通用光发送机中，载波信号发生器使用一个激光器，相乘器采用 4.1.2 节介绍过的马赫-曾德尔调制器（MZM），分别接收 I 信道信号和 Q 信道信号的调制，从而实现 I/Q 光调制，如图 6.4.4 所示。LD 激光器发出的 $\cos(\omega_c t)$ 光信号在到达 MZM_2 前移相 $\pi/2$，变为与 I 信道正交的 $\sin(\omega_c t)$ 光信号，接收 Q 信道的调制。在 I/Q 光调制器内，I/Q 光信号经过 2×1 光电耦合器，相当于通用发射机中的相加器（Σ），合成

140

一路输出光信号，携带着电数据 $v(t)=x(t)\cos(\omega_c t)-y(t)\sin(\omega_c t)$ 信号。

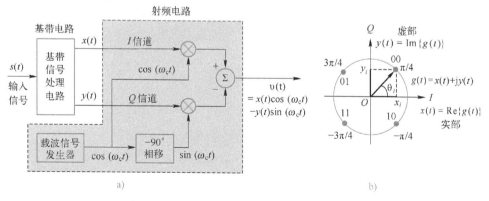

图 6.4.3　正交技术产生的通用 QPSK 光发送机

a）通用发送机　b）以 QPSK 调制为例表示的信号星座图

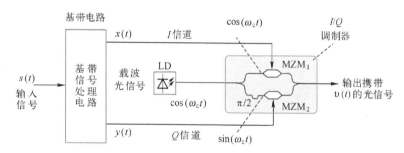

图 6.4.4　用马赫-曾德尔调制器构成的通用正交调制光发送机

3. 16QAM 调制

在高速光发送机中，通常在高速 DAC 前增加一个数字信号处理器（DSP），对输入电数据信号进行调制格式映射，比如 2^mQAM 调制器，当 $m=4$ 时，该调制器就是 16QAM 调制器，此时的 DSP 要对输入数据进行 16QAM 比特/符号映射、奈奎斯特脉冲整形、傅里叶变换，在频域进行预均衡等。DAC 输出一个 n 波特（baud）数字信号，在 I/Q 马赫-曾德尔光调制器被调制，输出一个 $m\times n$ Gbit/s 的数字信号，如图 6.4.5a 所示。对于 16QAM 调制，每个符号（电平）携带 4 个互不相同的比特信号，如图 6.4.5b 所示。如果 DAC 取样率为 80 GSa/s，输出 65 Gbaud 的信号，则 I/Q 调制器的输出为 $m\times n=(4\,\mathrm{bit/s})/\mathrm{Symbol}\times 65\,\mathrm{G\,baud}=260\,\mathrm{Gbit/s}$ 的数字信号。对于偏振复用/相干检测系统，则经偏振复用后，就变成 520 Gbit/s 信号，其净荷就是 400 Gbit/s 信号。

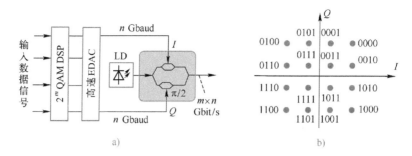

图 6.4.5　用数模转换器（DAC）实现 16QAM 信号

a）实现原理图　b）星座图

　　这种结构实现各种 QAM 调制简单而灵活，所以，这种方式在 400G 光传输系统中常被采用。

第 7 章

光探测及光接收

认 识 光 通 信

7.1　光探测器

　　一个人在科学探索的道路上走过弯路犯过错误并不是坏事，更不是什么耻辱，要在实践中勇于承认和改正错误。

——爱因斯坦（A. Einstein）

　　光纤通信中，最常用的光探测器是 PIN 光敏二极管和雪崩光敏二极管（APD），以及高速接收机用到的波导光探测器（WG-PD）和行波光探测器（TW-PD）。严格地说，光敏二极管是光子转变为电子的二极管，即光/电转换二极管，所以本书统一把光电二极管称为光敏二极管。。

7.1.1　光探测机理——吸收光子产生电子

　　光探测过程的基本机理是光吸收，根据爱因斯坦光电效应，假如入射光子的能量 $h\nu$ 超过禁带能量 E_g，只有几微米宽的耗尽区每次吸收一个光子，将产生一个电子-空穴对，发生受激吸收，如图 7.1.1b 所示。在 PN 结施加反向电压的情况下，在电场作用下，受激吸收过程生成的电子-空穴对，分别离开耗尽区，电子向 N 区漂移，空穴向 P 区漂移，空穴和从负电极进入的电子复合，电子则离开 N 区进入正电极。从而在外电路形成光生电流 I_P。当入射光功率变化时，光生电流也随之线性变化，从而把光信号转变成电流信号。为了比较，也画出了光的自发辐射图。吸收过程也遵守能量守恒，不同能量的光子，也产生不同种类的电子。

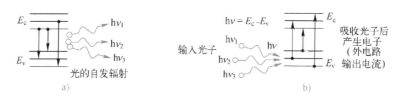

图 7.1.1　光的自发辐射和吸收

a）发光二极管——光的自发辐射　b）光探测器——光的吸收

7.1.2　响应度、量子效率和响应带宽

1. 响应度、量子效率和截止波长

光生电流 I_p 与产生的电子-空穴对和这些载流子运动的速度有关，也就是说，直接与入射光功率 P_{in} 成正比，即

$$I_p = RP_{in} \tag{7.1.1}$$

式中，R 是光探测器响应度（用 A/W 表示），由此式可以得到

$$R = \frac{I_p}{P_{in}} \tag{7.1.2}$$

响应度 R 可用量子效率 η 表示，其定义是光信号产生的电子数与入射光子数之比，即

$$\eta = \frac{I_p/q}{P_{in}/h\nu} = \frac{h\nu}{q}R \tag{7.1.3}$$

式中，q 是电子电荷，h 是普朗克常数，ν 是入射光频率。由此式可以得到响应度

$$R = \frac{\eta q}{h\nu} \approx \frac{\eta\lambda}{1.24} \tag{7.1.4}$$

式中，$\lambda = c/\nu$ 是入射光波长，$c = 3 \times 10^8$ m/s 是真空中的光速。式（7.1.4）表示光探测器响应度随波长增长而增加，这是因为光子能量 $h\nu$ 减小时可以产生与减少的能量相等的电流。R 和 λ 的这种线性关系不能一直保持下去，因为光子能量太小时将不能产生电子。当光子能量变得比禁带能量 E_g 小时，无论入射光多强，光电效应也不会发生，此时量子效率 η 下降到零，也就是说，光电效应必须满足条件

$$h\nu > E_g \quad \text{或者} \quad \lambda < hc/E_g \tag{7.1.5}$$

式中,λ 就是截止波长。图 7.1.2 表示各种探测器的响应度和截止波长。

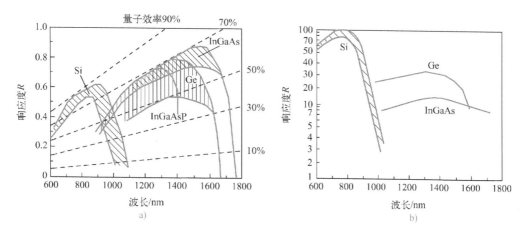

图 7.1.2　各种光探测器的波长响应曲线

a）PIN 光探测器　b）APD 光探测器

2. 响应带宽

光敏二极管的本征响应带宽由载流子在电场区的渡越时间 t_{tr} 决定,而载流子的渡越时间与电场区的宽度 W 和载流子的漂移速度 v_d 有关。由于载流子渡越电场区需要一定的时间 t_{tr},对于高速变化的光信号,光敏二极管的转换效率就相应降低。光敏二极管的本征响应带宽 Δf 的定义为:在探测器入射光功率相同的情况下,接收机输出高频调制响应与低频调制响应相比,电信号功率下降 50%（3 dB）时的频率,如图 7.1.3b 所示。Δf 与上升时间 τ_{tr} 成反比

$$\Delta f_{3dB} = \frac{0.35}{\tau_{tr}} \tag{7.1.6}$$

式中,上升时间 τ_{tr} 定义为输入阶跃光脉冲时,探测器输出光生电流最大值的 10%~90% 所需的时间。

与半导体激光器一样,光敏二极管的实际响应带宽常常受限于二极管本身的分布参数和负载电路参数,如二极管的结电容 C_d 和负载电阻 R_L 的 RC 时间常数,而不是受限于其本征响应带宽,所以为了提高光敏二极管的响应带宽,应尽量减小结电容 C_d。受 RC 时

间常数限制的带宽为

$$\Delta f_{3\mathrm{dB}}=\frac{1}{2\pi\,R_{\mathrm{L}}C_{\mathrm{d}}}\qquad(7.1.7)$$

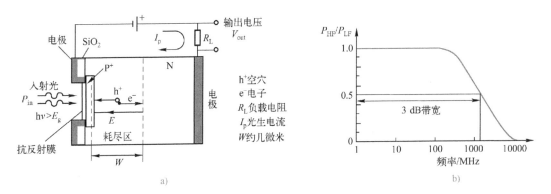

图 7.1.3　PN 结光探测原理说明

a）反向偏置的 PN 结，在耗尽区产生线性变化的电场，入射光生电子-空穴对
分别向 N 区和 P 区漂移，在外电路产生光生电流　b）探测器的频率响应带宽

7.1.3　PIN 光敏二极管

简单的 PN 结光敏二极管具有两个主要缺点：一是它的结电容或耗尽区电容较大，RC 时间常数较长，不利于高频接收；二是它的耗尽层宽度最大也只有几微米，此时长波长的穿透深度比耗尽层宽度 W 还大，所以大多数光子没有被耗尽层吸收，而是进入不能将电子-空穴对分开的电场为零的 N 区，因此长波长的量子效率很低。为了克服以上问题，人们采用 PIN 光敏二极管。

PIN 二极管与 PN 二极管的主要区别是：在 P$^+$ 和 N$^-$ 之间加入一个在 Si 中掺杂较少的 I 层，作为耗尽层，如图 7.1.4a 所示。I 层的宽度较宽，为 5~50 μm，可吸收绝大多数光子。反向偏置的 PN 结，在耗尽区产生不变的电场。因耗尽区较宽，可以吸收绝大多数光生电子-空穴对，使量子效率提高。

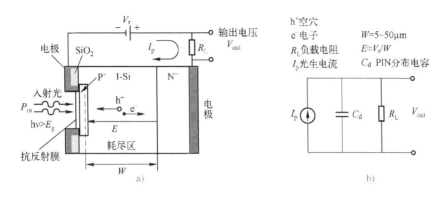

图 7.1.4 PIN 光敏二极管

a）PIN 光敏二极管结构 b）PIN 光敏二极管等效电路

7.1.4 雪崩光敏二极管——雪崩倍增效应使灵敏度提高

雪崩光敏二极管是一种内部提供增益的光敏二极管。其基本原理是光生的电子-空穴对经过 APD 的高电场区时被加速，从而获得足够的能量，它们在高速运动中与 P 区晶格上的原子碰撞，使晶格中的原子电离，从而产生新的电子-空穴对，如图 7.1.5 所示。这种通过碰撞电离产生的电子-空穴对，称为二次电子-空穴对。新产生的二次电子和空穴在高电场区里运动时又被加速，可能碰撞别的原子，这样多次碰撞电离使载流子迅速增加，反向电流迅速加大，形成雪崩倍增效应。APD 就是利用雪崩倍增效应使光生电流得到倍增的高灵敏度探测器。

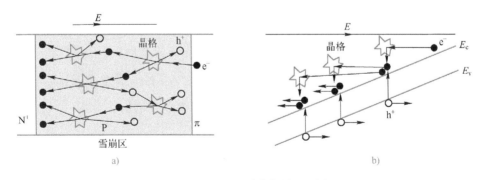

图 7.1.5 APD 雪崩倍增原理图

a）离子碰撞过程释放电子-空穴对，导致雪崩

b）具有能量的导带电子与晶格碰撞，转移该电子动能到原子价中的一个电子上，并激发它到导带上

雪崩倍增过程是一个复杂的随机过程，通常用平均雪崩增益 M 来表示 APD 的倍增大小，M 定义为

$$M = I_M / I_P \qquad (7.1.8)$$

式中，I_P 是初始的光生电流，I_M 是倍增后的总输出电流的平均值，M 与结上所加的反向偏压有关。

7.1.5　波导光探测器——高速光纤通信系统接收器件

按光的入射方式，光探测器可以分为面入射光探测器和边耦合光探测器，分别如图 7.1.6a 和图 7.1.6b 所示。

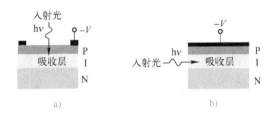

图 7.1.6　面入射光探测器和边耦合光探测器

a）面入射光探测器　b）边耦合光探测器

在面入射光探测器中，光从正面或背面入射到光探测器的光吸收层中，产生电子-空穴对，并激发价带电子跃迁到导带，产生光电流。所以，在面入射光探测器中，如一般的 PIN 探测器（PIN-PD），光行进方向与载流子的渡越方向平行。PIN 光探测器的响应速度受到 PN 结 RC 数值、I 吸收层厚度和载流子渡越时间等的限制。在正面入射光探测器中，光吸收区厚度一般在 $2\sim3\,\mu m$，而 PN 结直径一般大于 $20\,\mu m$。这样最高光响应速率小于 $20\,Gbit/s$。为此，提出了高速光探测器实现的解决方案——边耦合光探测器。

在（侧）边耦合光探测器中，光行进方向与载流子的渡越方向互相垂直，如图 7.1.6b 所示，吸收区长度沿光的行进方向，吸收效率提高了；而载流子渡越方向不变，渡越距离和所需时间不变，这样就很好地解决了吸收效率和电学带宽之间对吸收区厚度要求的矛盾。边耦合光探测器比面入射探测器可以获得更高的 $3\,dB$ 响应带宽。边耦

合光探测器分波导探测器和行波探测器。

面入射光探测器的固有弱点是量子效率和响应速度相互制约，一方面可以采用减小其结面积来提高它的响应速度，但是这会降低器件的耦合效率；另一方面也可以采用减小本征层（吸收层）的厚度来提高器件的响应速度，但这会减小光吸收长度，降低内量子效率，因此这些参数需折中考虑。

波导光探测器正好解除了 PIN 探测器的内量子效率和响应速度之间的制约关系，极大改善了其性能，在一定程度上满足了光纤通信对高性能探测器的要求。

图 7.1.6b 为波导探测器的结构图，光垂直于电流方向入射到探测器的光波导中，然后在波导中传播，传播过程中光不断被吸收，光强逐渐减弱，同时激发价带电子跃迁到导带，产生光生电子-空穴对，实现了对光信号的探测。在波导探测器结构中，吸收系数是本征层厚度的函数，选择合适的本征层厚度可以得到最大的吸收系数。其次，波导探测器的光吸收是沿波导方向进行的，其光吸收长度远大于传统型光探测器。波导探测器的吸收长度是探测器波导的长度，一般可大于 $10~\mu m$，而传统型探测器的吸收长度是 In-GaAs 本征层的厚度，仅为 $1~\mu m$。所以波导探测器结构的内量子效率高于传统型结构 PD。另外，波导探测器还很容易与其他器件集成。

但是，和面入射探测器相比，波导探测器的光耦合面积非常小，导致光耦合效率较低，同时也增加了和光纤耦合的难度。为此，可采用分支波导结构增加光耦合面积，如图 7.1.7a 所示。在图 7.1.7a 的分支波导探测器的结构中，光进入折射率为 n_1 的单模波导，当传输到 n_2 光匹配层的下面时，由于 $n_2 > n_1$，所以光向多模波导匹配层偏转，又因 $n_3 > n_2$，所以光就进入探测器的吸收层，转入光生电子的过程。分支波导探测器各层折射率的这种安排正好和渐变多模光纤（见 3.1.3 节）的折射率结构相反，渐变多模光纤是把入射光局限在纤芯内传输，于是分支波导探测器就应该把光从入射波导中扩散出去。在这种波导结构中，永远不会发生全反射现象。图 7.1.7b 是高速探测器光电混装模块。

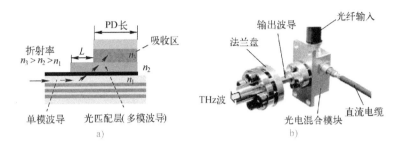

图 7.1.7　增加光耦合面积的分支波导探测器

a）单模波导光经过光匹配层进入波导探测器吸收层　b）高速探测器光电混装模块

7.2　数字光接收机

哪里有天才，我是把别人喝咖啡的工夫都用在学习上的。

——鲁迅

如图 7.2.1a 所示，数字光接收机由三部分组成，即光探测器和前置放大器部分、主放大（线性信道）部分以及数据恢复部分。图 7.2.1b 为 100 GHz 波导探测器的外形图。下面分别介绍每一部分的作用。

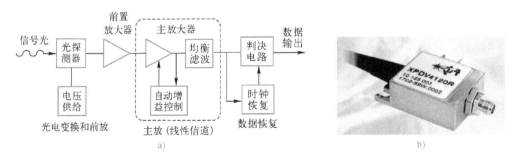

图 7.2.1　数字光接收机

a）数字光接收机原理构成图　b）100 GHz 波导光探测器

7.2.1　光/电转换和前置放大——决定放大器的性能

接收机的前端是光探测器，它是实现光/电转换的关键器件，直接影响光接收机的灵敏度。紧接着就是低噪声前置放大器，其作用是放大光敏二极管产生的微弱电信号，以供主放大器进一步放大和处理。接收机不是对任何微弱信号都能正确接收的，这是因为信号在传输、检测及放大过程中总会受到一些干扰，并不可避免地要引进一些噪声。虽然来自环境或空间无线电波及周围电气设备所产生的电磁干扰可以通过屏蔽等方法减弱或防止，但随机噪声是接收系统内部产生的，是信号在检测、放大过程中引进的，人们只能通过电路设计和工艺措施尽量减小它，却不能完全消除它。虽然放大器的增益可以做得足够大，但在弱信号被放大的同时，噪声也被放大了，当接收信号太弱时，必定会被噪声淹没。前置放大器在减少或防止电磁干扰和抑制噪声方面起着特别重要的作用，所以精心设计前置放大器就显得特别重要。

7.2.2　线性放大和数据恢复——眼图分析系统性能

线性放大器由主放大器、均衡滤波器和自动增益控制电路组成。自动增益控制电路的作用是在接收机平均入射光功率很大时把放大器的增益自动控制在固定的输出电平上。低通滤波器的作用是减小噪声，均衡整形电压脉冲，避免码间干扰。接收机的噪声与其带宽成正比，使用带宽 Δf 小于比特率 B 的低通滤波器可降低接收机噪声（通常 $\Delta f = B/2$）。因为接收机其他部分具有较大的带宽，所以接收机带宽将由低通滤波器带宽所决定。此时，由于 $\Delta f < B$，所以滤波器使输出脉冲发生展宽，使前后码元波形互相重叠，在检测判决时就有可能将"1"码错判为"0"码或将"0"码错判为"1"码，这种现象就叫作码间干扰。均衡滤波的作用就是将输出波形均衡成具有升余弦频谱函数特性，做到判决时无码间干扰。因为前置放大器、主放大器以及均衡滤波电路起着线性放大的作用，所以有时也称为线性信道。

光接收机的数据恢复部分包括判决电路和时钟恢复电路，它的任务是把均衡器输出的升余弦波形信号恢复成数字信号。

在实验室观察码间干扰是否存在的最直观、最简单的方法是眼图分析法，如图 7.2.2

所示。均衡滤波器输出的随机脉冲信号输入到示波器的 Y 轴，用时钟信号作为外触发信号，就可以观察到眼图。眼图的张开度受噪声和码间干扰的影响，当输出端信噪比很大时，张开度主要受码间干扰的影响。因此，观察眼图的张开度就可以估计出码间干扰的大小，这给均衡电路的调整提供了简单而适用的观测手段。由于受噪声和码间干扰的影响，误码总是存在的，数字光接收机设计的目的就是使这种误码减到最小，通常误码率的典型值为10^{-9}。

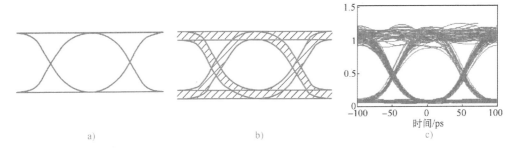

图 7.2.2　NRZ 码数字光接收机眼图

a) 理想的眼图　b) 因噪声恶化的眼图　c) 实测眼图

7.2.3　接收机信噪比（SNR）

由于电子在光敏二极管负载电阻 R_L 上随机热运动，即使在外加电压为零时，也产生电流的随机起伏，这种附加的噪声成分就是热噪声电流。

光生电流是一种随机产生的电流，这种无规则的起伏就是散粒噪声，散粒噪声是由探测器本身引起的，它围绕着一个平均统计值而起伏。

光接收机除散粒噪声和热噪声这两种基本的噪声外，还有激光器引起的强度噪声。半导体激光器输出光的强度、相位和频率，即使在恒流偏置时也总是在变化，从而形成噪声。半导体激光器的两种基本噪声是自发辐射噪声和电子-空穴复合噪声。在半导体激光器中，噪声主要由自发辐射构成。每个自发辐射光子加到受激发射建立起的相干场中，因为这种增加的信号相位是不定的，于是随机地干扰了相干场的相位和幅值。

定义信噪比（SNR）为平均信号功率和噪声功率之比，它决定了光接收机的性能。考虑到电功率与电流的平方成正比，这时 SNR 可由式（7.2.1）给出

$$SNR = \frac{I_P^2}{\sigma^2} = \frac{R^2 P_{in}^2}{\sigma_T^2 + \sigma_s^2} \qquad (7.2.1)$$

式中，I_P 是光生信号电流，其值 $I_P = R P_{in}$，这里 R 是探测器的响应度，P_{in} 是入射信号光功率，σ_T^2 是均方热噪声电流，σ_s^2 是均方散粒噪声电流，其值分别为

$$\sigma_T^2 = (4k_B T / R_L) \Delta f \qquad (7.2.2)$$

$$\sigma_s^2 = 2q I_P \Delta f \qquad (7.2.3)$$

式中，Δf 是接收机带宽，q 是电子电荷，k_B 是玻尔兹曼常数，T 是绝对热力学温度，R_L 是探测器负载电阻。

SNR 可用单个比特时间内（即"1"码内）接收到的平均光子数 N_p 表示。当 PIN 接收机受限于散粒噪声时，SNR 可用简单的表达式表示

$$SNR = \eta N_P \qquad (7.2.4)$$

式中，η 是量子效率，N_P 是"1"码中包含的光子数。在散粒噪声受限系统中，$N_P = 100$ 时，$SNR = 20\,dB$。相反，在热噪声受限系统中，几千个光子才能达到 20 dB 的信噪比。

7.3 接收机误码率、Q 参数和 SNR

学习知识要善于思考，思考，再思考。我就是靠这个方法成为科学家的。

——爱因斯坦（A. Einstein）

7.3.1 接收机比特误码率（BER）

数字接收机的性能指标由比特误码率（BER）决定，定义 BER 为码元在传输过程中出现差错的概率，工程中常用一段时间内出现误码的码元数与传输的总码元数之比来表示。例如，BER = 10^{-6}，表示每传输百万比特只允许错 1 比特；如 BER = 10^{-9}，则表示每传输 10 亿比特只允许错 1 比特。通常，数字光接收机要求 BER $\leqslant 10^{-9}$。此时，定义接收机灵敏度为保证比特误码率为10^{-9}时，要求的最小平均接收光功率（$\overline{P}_{rec}$）。假如一个接收机用较少的入射光功率就可以达到相同的性能指标，那么可以说该接收机更灵敏些。影响接收机灵敏度的主要因素是各种噪声。

由于超强前向纠错（SFEC）和电子色散补偿的应用，使纠错能力大为提高，当 $Q =$ 6.3dB 时，容许系统送入纠错模块前的 BER 甚至可以达到 2×10^{-2}。

7.3.2 比特误码率用 Q 参数表示

图 7.3.1 为噪声引起信号误码的图解说明。由图可见，由于叠加了噪声，使"1"码在判决时刻变成"0"码，经判决电路后产生了一个误码。

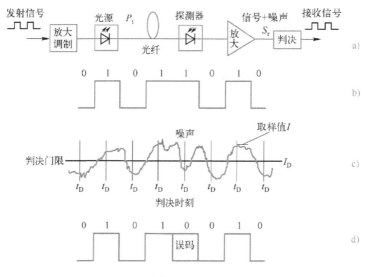

图 7.3.1 噪声引起误码的图解说明

a）系统构成 b）发射信号 $P_t(t)$ c）在接收端探测到的带有噪声的接近升余弦波形的信号 $S_r(t)$

d）由于噪声叠加，使"1"码在判决时刻变成"0"码，经判决电路后产生了一个误码

图 7.3.1c 表示判决电路接收到的信号，由于噪声的干扰，在信号波形上已叠加了随机起伏的噪声。判决电路用恢复的时钟在判决时刻 t_D 对叠加了噪声的信号取样。等待取样的"1"码信号和"0"码信号分别围绕着平均值 I_1 和 I_0 摆动，如图 7.3.2 所示。判决电路把取样值与判决门限 I_D 比较，如果 $I > I_D$，认为是"1"码；如果 $I < I_D$，则认为是"0"码。由于接收机噪声的影响，可能把比特"1"判决为 $I < I_D$，误认为是"0"码；同样也可能把"0"码错判为"1"码。误码率包括这两种可能引起的误码，因此误码率为

$$\mathrm{BER} = P(1)P(0/1) + P(0)P(1/0) \tag{7.3.1}$$

式中，$P(1)$ 和 $P(0)$ 分别是接收"1"和"0"码的概率，$P(0/1)$ 是把"1"判为"0"的

概率，$P(1/0)$ 是把 "0" 判为 "1" 的概率。对脉冲编码调制（PCM）比特流，"1" 和 "0" 发生的概率相等，$P(1)=P(0)=1/2$。因此比特误码率为

$$\text{BER}=\frac{1}{2}\big[P(0/1)+P(1/0)\big] \tag{7.3.2}$$

图 7.3.2a 表示判决电路接收到的叠加了噪声的 PCM 比特流，图 7.3.2b 表示 "1" 码信号和 "0" 码信号在平均信号电平 I_1 和 I_0 附近的高斯概率分布，阴影区表示当 $I_1<I_D$ 或 $I_0>I_D$ 时的错误识别概率。

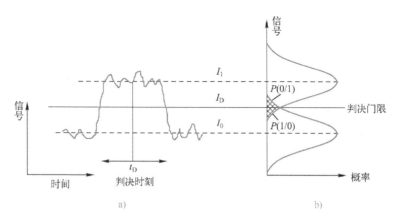

图 7.3.2　二进制信号的误码概率计算

a）判决电路接收到的叠加了噪声的 PCM 比特流，判决电路在判决时刻 t_D 对信号取样

b）"1" 码信号和 "0" 码信号在平均信号电平 I_1 和 I_0 附近的高斯概率分布，

阴影区表示当 $I_1<I_D$ 或 $I_0>I_D$ 时的错误识别概率

可以证明，最佳判决值的比特误码率为

$$\text{BER}=\frac{1}{2}\text{erfc}\left(\frac{Q}{\sqrt{2}}\right)\approx\frac{\exp(-Q^2/2)}{Q\sqrt{2\pi}} \tag{7.3.3}$$

式中

$$Q=\frac{I_1-I_0}{\sigma_1+\sigma_0} \tag{7.3.4}$$

σ_1 表示接收 "1" 码的噪声电流，σ_0 表示接收 "0" 码时的噪声电流，erfc 代表误差函数 $\text{erf}(x)$ 的互补函数。

图 7.3.3 表示 Q 参数和比特误码率（BER）及接收到的信噪比（SNR）的关系，信

号用峰值（pk）功率表示，噪声用均方根噪声（rms）功率表示。由图可见，随 Q 值的增加，BER 下降，当 $Q>7$ 时，BER $<10^{-12}$。因为 $Q=6$ 时，BER $=10^{-9}$，所以 $Q=6$ 时的平均接收光功率就是接收机灵敏度。近来超强前向纠错（SFEC）和电子色散补偿的应用，使纠错能力大为提高。

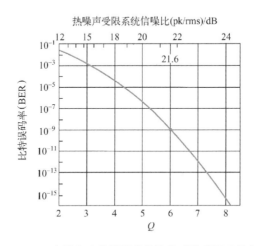

图 7.3.3　Q 参数和比特误码率及接收到的信噪比的关系

7.3.3　Q 参数和信噪比（SNR）的关系——Q 的平方等于 SNR

> 把简单的事情考虑得很复杂，可以发现新领域；
>
> 把复杂的现象看得很简单，可以发现新定律。
>
> ——牛顿（I. Newton）

比特误码率（BER）表达式（7.3.3）可被用来计算最小接收光功率，所谓最小接收光功率是指 BER 低于指定值使接收机可靠工作所需要的功率，为此，应建立 Q 与入射光功率的关系。为了简化起见，考虑 "0" 码时不发射光功率，即 $P_0=0$，$I_0=0$。"1" 码功率 P_1 与电流 I_1 的关系为

$$I_1 = MRP_1 = 2MR\overline{P}_{rec} \tag{7.3.5}$$

式中，R 是光探测器响应度，$\overline{P}_{rec}$ 是平均接收光功率，定义为 $\overline{P}_{rec}=(P_1+P_0)/2$，$M$ 为 APD 雪崩增益倍数。$M=1$ 为 PIN 接收机。

噪声电流 σ_1 和 σ_0 包括由式 (7.2.2) 和式 (7.2.3) 给出的散粒噪声 σ_s 和热噪声 σ_T 项。σ_1 和 σ_0 的表达式分别是

$$\sigma_1 = (\sigma_s^2 + \sigma_T^2)^{\frac{1}{2}}, \qquad \sigma_0 = \sigma_T \tag{7.3.6}$$

将式 (7.3.5) 和式 (7.3.6) 代入式 (7.3.4), 可得到

$$Q = \frac{I_1}{\sigma_1 + \sigma_0} = \frac{2MR\,\overline{P}_{rec}}{(\sigma_s^2 + \sigma_T^2)^{1/2} + \sigma_T} \tag{7.3.7}$$

对于指定的 BER, 由式 (7.3.3) 求得 Q 值。对于给定的 Q 值, 解式 (7.3.7), 可得到平均接收光功率

$$\overline{P}_{rec} = \frac{Q}{R}\left(q\Delta f F_A Q + \frac{\sigma_T}{M}\right) \tag{7.3.8}$$

在受热噪声限制的接收机中, $\sigma_1 \approx \sigma_0$, 使用 $I_0 = 0$, 式 (7.3.4) 变为 $Q = I_1/2\sigma_1$, 式 (7.2.1) 变为

$$\text{SNR} = \frac{I_1^2}{\sigma_1^2} = 4\left(\frac{I_1}{2\sigma_1}\right)^2 = 4Q^2 \tag{7.3.9}$$

因为 BER $= 10^{-9}$ 时, $Q = 6$, 所以 SNR 必须至少为 144 或 21.6 dB。

在散粒噪声受限的系统中, $\sigma_0 \approx 0$, 假如暗电流的影响可以忽略, "0" 码的散粒噪声也可以忽略, 此时 $Q = I_1/\sigma_1 = (\text{SNR})^{1/2}$, 或

$$Q^2 = \text{SNR} \tag{7.3.10}$$

于是, 可得到信噪比与 Q 的简单表达式。

为了使 BER $= 10^{-9}$, SNR $= 36$ 或 15.6 dB 就足够了。由式 (7.2.4) 可知, SNR $= \eta N_P$, 所以 $Q = (\eta N_P)^{1/2}$, 把此式代入式 (7.3.3) 中, 得到受散粒噪声限制的系统比特误码率为

$$\text{BER} = \frac{1}{2}\text{erfc}\left(\frac{Q}{\sqrt{2}}\right) = \frac{1}{2}\text{erfc}\left(\sqrt{\frac{\eta N_P}{2}}\right) \tag{7.3.11}$$

对于 100% 量子效率的接收机 ($\eta = 1$), 当 $N_P = 36$ 时, BER $= 10^{-9}$。实际上, 大多数受热噪声限制的系统, 要想达到 BER $= 10^{-9}$, N_P 必须接近 1000。

由式 (7.3.3)、式 (7.3.11) 和图 7.3.3 可知, BER 与 Q 值有关。由式 (7.3.10)

可知，Q^2 正好等于 SNR。所以，通常使用 Q 值的大小来衡量系统性能的好坏。在工程应用中，通过测量 BER，计算 Q 值，Q 值与 BER 换算如表 7.3.1 所示。

表 7.3.1　Q 值与 BER 对照表

BER	2.67×10^{-3}	8.5×10^{-4}	2.1×10^{-4}	3.6×10^{-5}	4.2×10^{-6}	2.8×10^{-7}
Q/dB	9	10	11	12	13	14
BER	9.6×10^{-9}	1.4×10^{-10}	7.4×10^{-13}	4.1×10^{-13}	2.2×10^{-13}	1.2×10^{-13}
Q/dB	15	16	17	17.1	17.2	17.3

7.3.4　Q 参数和光信噪比（OSNR）的关系——Q 的平方等于 OSNR

在 7.3.2 节和 7.3.3 节，已经推导出 BER 与 Q 参数、Q 参数与 SNR 的关系（分别见式（7.3.3）和式（7.3.10）），本节把影响 Q 参数的更多因素考虑进去，来推导 Q 参数与光信噪比（OSNR）的关系式。

在偏振复用系统中，传输性能被信号与 ASE 拍频噪声所限制，此时可忽略接收机热噪声和散粒噪声的影响，并把消光比 $r_{EXR} = P_0/P_1$ 的影响考虑进去，此时式（7.3.4）Q 参数表达式变为

$$Q = \frac{1 - r_{EXR}}{1 + r_{EXR}} \frac{I_1 + I_0}{\sigma_1 + \sigma_0} \tag{7.3.12}$$

假如发送机的 $I_0 = 0$，消光比 $r_{EXR} = P_0/P_1 = 0$，在信号与 ASE 拍频噪声限制系统中，可认为 $\sigma_0 \approx 0$，此时式（7.3.12）变为 $Q = I_1/\sigma_1 = (OSNR)^{1/2}$，即

$$Q^2 \approx OSNR \tag{7.3.13}$$

由此可见，Q^2 正好等于光信噪比（OSNR），这和 7.3.3 节得出的 Q^2 等于信噪比（SNR）一样。因此通常使用 Q 参数来衡量系统性能的好坏，Q 值越大，OSNR 越大，BER 越小（见图 7.3.3）。如用 dB 表示 Q，则 $Q_{dB}^2 = 10 \lg Q^2 = 10 \lg(OSNR)$。

当考虑调制方式的影响时

$$Q^2 \approx m \cdot OSNR \tag{7.3.14}$$

式中，m 是调制深度，与发送机消光比 r_{EXR} 有关，定义 $m = (1 - 1/r_{EXP}^{-1})$。同时 m 也与调制方式有关，NRZ 码，$m = 1$；RZ 码，$m = 1.4$。该系数也与光、电滤波器传输函数有关。

在工程应用中，通过对 Q 值测试，利用式（7.3.13）计算 OSNR。Q 值与 BER 的关系如图 7.3.3 所示，其换算如表 7.3.1 所示。

对于偏振复用 QPSK 调制系统，BER 和 OSNR 的关系是

$$\mathrm{BER} = \frac{1}{2}\mathrm{erfc}\left(\sqrt{\frac{\mathrm{OSNR}}{2}}\right) \tag{7.3.15}$$

此时，把非线性影响作为增加的白高斯噪声。将式（7.3.15）代入式（7.3.13），可以得到 Q 与 BER 的关系

$$Q^2 = 20\times\lg\left[2^{1/2}\times\mathrm{erfc}^{-1}(2\times\mathrm{BER})\right] \tag{7.3.16}$$

第 8 章

光 放 大 器

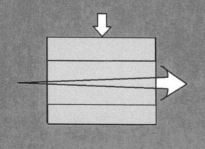

认 识 光 通 信

8.1 掺铒光纤放大器（EDFA）

科学是永无止境的，它是一个永恒之谜。

—— 爱因斯坦（A. Einstein）

8.1.1 掺铒光纤结构和 EDFA 的构成

图 8.1.1a 为一个实用光纤放大器的构成方框图。光纤放大器的关键部件是掺铒光纤和高功率泵浦源、作为信号和泵浦光复用的波分复用器（WDM）、为了防止光反馈和减小系统噪声在输入和输出端使用的光隔离器。

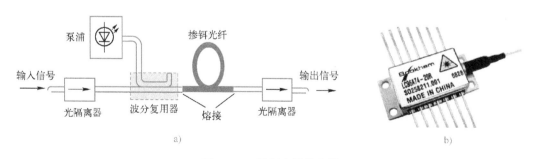

a)

b)

图 8.1.1 掺铒光纤放大器

a）EDFA 组成图　b）980 nm 大功率输出泵浦激光器

具有增益放大特性的掺铒光纤是光纤放大器的重要组成部分。EDFA 的增益与许多参数有关，如铒离子浓度、放大器长度、芯径以及泵浦光功率等。

对泵浦源的基本要求是高功率和长寿命。可以在几个波长上对掺铒光纤进行有效的激励。采用 1480 nm 的 InGaAs 多量子阱（MQW）激光泵浦时，EDFA 的输出功率可达 100 mW，该波长的泵浦增益系数较高，而且 EDFA 的带宽与现已实用化的铟镓砷（InGaAs）激光器相匹配。也可以使用 980 nm 波长光对 EDFA 泵浦，这种泵浦效率高，噪声低，现已广泛使用。

波分复用器把泵浦光与信号光复合。

光隔离器被插入输入端和输出端，其目的是为了抑制光路中的反射，从而使系统工作稳定可靠、降低噪声。对隔离器的基本要求是插入损耗低、反向隔离度大。

8.1.2 EDFA 工作原理——泵浦光能量转移到信号光

现在具体说明泵浦光是如何将能量转移给信号光的。若掺铒离子的能级图用三能级表示，如图 8.1.2a 所示，其中能级 E_1 代表基态，能量最低；能级 E_2 代表中间能级；能级 E_3 代表激发态，能量最高。若泵浦光的光子能量等于能级 E_3 与 E_1 之差，掺杂离子吸收泵浦光后，从基态 E_1 跃升至激活态 E_3。但是激活态是不稳定的，激发到激活态能级 E_3 的铒离子很快返回到能级 E_2。若信号光的光子能量等于能级 E_2 和 E_1 之差，则当处于能级 E_2 的铒离子返回基态 E_1 时就产生信号光子，这就是受激发射，使信号光放大获得增益。

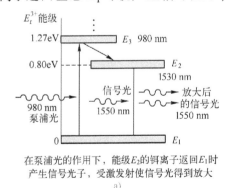

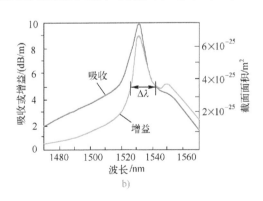

图 8.1.2　掺铒光纤放大器的工作原理

a）掺杂离子吸收泵浦光后，从基态 E_1 跃迁至 E_3，E_2 的铒离子返回 E_1 时就产生信号光子　b）EDFA 的吸收和增益频谱

图 8.1.2b 表示 EDFA 的吸收和增益光谱。为了提高放大器的增益，应尽可能使基态铒离子激发到能级 E_3。从以上分析可知，能级 E_2 和 E_1 之差必须等于需要放大信号光的光子能量，而泵浦光的光子能量也必须保证使铒离子从基态 E_1 跃迁到激活态 E_3。

8.1.3 EDFA 的特性

EDFA 的增益频谱曲线形状取决于光纤芯内掺杂剂的浓度。图 8.1.2b 为纤芯掺锗的 EDFA 的增益频谱和吸收频谱。从图中可知，掺铒光纤放大器的带宽（曲线半最大值带宽）大于 10 nm。

1. 泵浦特性

图 8.1.3 为输出信号功率与泵浦功率的关系，由图可见，能量从泵浦光转换成信号光的效率很高，因此 EDFA 很适合作为功率放大器。泵浦光功率转换为输出信号光功率的效率为 92.6%，60 mW 功率泵浦时，吸收效率((信号输出功率−信号输入功率)/泵浦功率)为 88%。

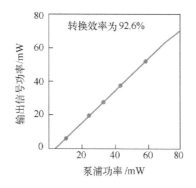

图 8.1.3 输出信号功率与泵浦功率的关系

图 8.1.4 表示小信号增益与泵浦功率的关系，由图可见，当泵浦功率增大到一定值后，小信号增益将发生饱和。

2. 增益频谱

图 8.1.5 和图 8.1.6 分别表示将铝与锗同时掺入铒光纤的小信号增益频谱和大信号增益频谱特性，与图 8.1.2b 比较可见，将铝与锗同时掺入铒光纤可获得比纯掺锗更平坦的增益频谱。

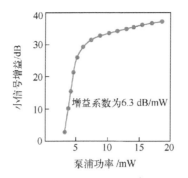

图 8.1.4　小信号增益与泵浦功率的关系

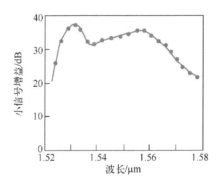

图 8.1.5　小信号增益频谱

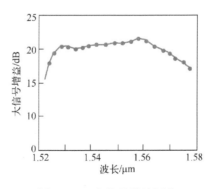

图 8.1.6　大信号增益频谱

3. 小信号增益

EDFA 的增益与铒离子浓度、掺铒光纤长度、芯径和泵浦功率有关。在图 8.1.2a 所示的掺铒离子能级图中，存在着自发辐射和受激发射。当处于激发态 E_3 能级的离子很快返回到 E_2 能级时产生的辐射是自发辐射，它对信号光的放大不起作用。只有铒离子从 E_2 能级返回 E_1 能级时发生的受激发射，才对信号光的放大有贡献。当忽略自发辐射和激发态吸收时，使用一个简单两能级模型，对 EDFA 的原理可得到更好的理解。该模型假定三能级系统的激活态能级 E_3 几乎保持空位，因为泵浦到能级 E_3 的离子数快速地转移到能级 E_2 上。

对于给定的放大器长度 L，放大器增益最初随泵浦功率按指数函数增加，如图 8.1.7a 所示，但是当泵浦功率超过一定值后，增益增加就变得缓慢。对于给定的泵浦功率，放大器的最大增益对应一个最佳光纤长度，如图 8.1.7b 所示，并且当 L 超过这个最佳值后增益很快降低，其原因是铒光纤的剩余部分没有被泵浦，反而吸收了已放大的信号。既然最佳的 L 值取决于泵浦功率 P_p，那么就有必要选择适当的 L 和 P_p 值，以便获得最大的增益。由图 8.1.7b 可知，当用 1.48 μm 波长的激光泵浦时，如泵浦功率 $P_p = 5\,\text{mW}$，放大器长度 $L = 30\,\text{m}$，则可获得 35 dB 的光增益。

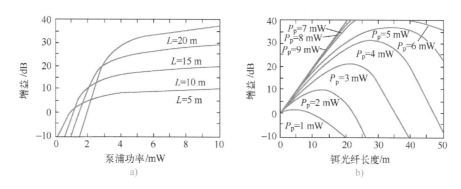

图 8.1.7　小信号增益和泵浦功率与光纤长度的关系

a）小信号增益和泵浦功率的关系　b）小信号增益和光纤长度的关系

8.1.4　EDFA 噪声

由于自发辐射噪声在信号被放大期间叠加到了信号上，所以对于所有的放大器，信号被放大后的信噪比（SNR）均有所下降。与电子放大器类似，用放大器噪声指数 F_n 来衡量 SNR 下降的程度，并定义为

$$F_n = \frac{(\text{SNR})_{in}}{(\text{SNR})_{out}} \tag{8.1.1}$$

式中，SNR 指的是由光探测器将光信号转变成电信号的信噪比，$(\text{SNR})_{in}$ 表示光放大前的光电流信噪比，$(\text{SNR})_{out}$ 表示光放大后的光电流信噪比。通常，F_n 与探测器的参数，如散粒噪声和热噪声有关，对于性能仅受限于散粒噪声的理想探测器，同时考虑到放大器增益 $G \gg 1$，就可以得到 F_n 的简单表达式

$$F_n = 2n_{sp}(G-1)/G \approx 2n_{sp} \tag{8.1.2}$$

式中，n_{sp} 为自发辐射系数或粒子数反转系数。

该式表明，即使对于理想的放大器（$n_{sp} = 1$），放大后信号的 SNR 也要比输入信号的 SNR 低 3 dB；对于大多数实际的放大器，F_n 超过 3 dB，可能降低到 5 ~ 8 dB。在光通信系统中，光放大器应该具有尽可能低的 F_n。

8.1.5 掺铒光纤放大器的优点

EDFA 的主要优点有：

1）EDFA 工作波长 1500 nm 恰好落在光纤通信的最佳波长区。

2）因为 EDFA 的主体是一段光纤，它与线路光纤的耦合损耗很小，甚至可达到 0.1 dB。

3）噪声指数低，一般为 4 ~ 7 dB。

4）增益高，为 20 ~ 40 dB；饱和输出功率大，为 8 ~ 15 dBm。

5）频带宽，在 1550 nm 窗口有 20 ~ 40 nm 带宽，可进行多信道传输，便于扩大传输容量，从而节省成本费用。

6）与半导体光放大器不同，光纤放大器的增益特性与光纤极化状态无关，放大特性与光信号的传输方向也无关，在光纤放大器内无隔离器时，可以实现双向放大。

7）所需泵浦功率较低（数十毫瓦），泵浦效率却相当高，用 980 nm 光源泵浦时，增益效率为 10 dB/mW，用 1480 nm 光源泵浦时为 5.1 dB/mW；泵浦功率转换为输出信号功率的效率为 92.6%，吸收效率为 88%。

8）放大器中只有低速电子元件和几个无源器件，结构简单、可靠性高、体积小。

9）对不同传输速率的数字制式具有完全的透明度，即与准同步数字制式（PDH）和同步数字制式（SDH）的各种速率兼容，也不受 LD 直接调制或外调制的影响。

10）EDFA 需要的工作电流比光-电-光再生器的小，因此可大大减小远供电流，从而可降低对海缆的电阻和绝缘性能的要求。

11）EDFA 的增益压缩特性，使它具有增益自调整能力，在放大器级联使用中可自动补偿线路上损耗的增加，使系统经久耐用。

8.1.6　EDFA 的应用

在光纤通信系统的设计中，光放大器有四种用途，如图 8.1.8 所示。在长距离通信系统中，光放大器的一个重要应用就是取代电中继器。只要系统性能没被色散效应和自发辐射噪声所限制，这种取代就是可行的。在多信道光波系统中，使用光放大器特别具有吸引力，因为光-电-光中继器要求在每个信道上使用各自的接收机和发射机，对复用信道进行解复用，这是一个相当昂贵、麻烦的转换过程。而光放大器可以同时放大所有的信道，可省去信道解复用过程。用光放大器取代光-电-光中继器的放大器就称为在线放大器。

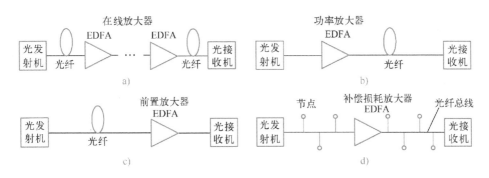

图 8.1.8　光放大器在光纤通信系统中的应用

a）在线放大器　b）光发射机功率增强器　c）接收机前置放大器　d）在局域网中用于补偿分配损耗

光放大器的另一种应用是把它插在光发射机之后，来增强光发射机功率。称这样的放大器为功率放大器或功率增强器。使用功率放大器可使传输距离增加 10~100 km，其长短与放大器的增益和光纤损耗有关。为了提高接收机的灵敏度，也可以在接收机之前，插入一个光放大器，对微弱光信号进行预放大，这样的放大器称为前置放大器，它也可以用来增加传输距离。光放大器的另一种应用是用来补偿局域网（LAN）的分配损耗，分配损耗常常限制网络的节点数，特别是在总线拓扑结构的情况下。

另外，EDFA 可在多信道系统中应用，因为 EDFA 的带宽与半导体光放大器（SOA）的带宽都很宽（1~5 THz），使用光放大器可同时放大多个信道，只要多信道复合信号带宽比放大器带宽小就行。

8.2　光纤拉曼放大器

目前广泛使用的 EDFA 只能工作在 1530~1564 nm 之间的 C 波段，为了满足全波光纤工作窗口的需要，科学家们已找到一种能够与全波光纤工作窗口相匹配的光放大器，那就是光纤拉曼放大器（FRA）。光纤拉曼放大器已成功地应用于 DWDM 系统和无中继海底光缆系统中。

8.2.1　光纤拉曼放大器的工作原理——拉曼散射光频等于信号光频

与 EDFA 利用掺铒光纤作为它的增益介质不同，分布式光纤拉曼放大器（DRA）利用系统中的传输光纤作为它的增益介质。研究发现，石英光纤具有很宽的受激拉曼散射（SRS）增益谱。光纤拉曼放大器基于非线性光学效应的原理，利用强泵浦光通过光纤传输时产生受激拉曼散射，使组成光纤的石英晶格振动和泵浦光之间发生相互作用，产生比泵浦光波长还长的散射光（斯托克斯光），即频率差为（$\omega_p-\Omega_R$）的散射光。拉曼散射光非常弱，1928 年才被印度物理学家拉曼等人发现。该散射光与波长相同的信号光 ω_s 重叠，从而使弱信号光放大，获得拉曼增益。就石英玻璃而言，泵浦光波长与待放大信号光波长之间的频率差大约为 13 THz，在 1.5 μm 波段，它相当于约 100 nm 的波长差，即有 100 nm 的增益带宽。

采用拉曼放大时，放大波段只依赖于泵浦光的波长，没有像 EDFA 那样的放大波段的限制。从原理上讲，只要采用合适的泵浦光波长，就完全可以对任意输入光进行放大。

分布式光纤拉曼放大器采用强泵浦光对传输光纤进行泵浦，可以采用前向泵浦，也可以采用后向泵浦，因后向泵浦减小了泵浦光和信号光相互作用的长度，从而也就减小了泵浦噪声对信号光的影响，所以通常采用后向泵浦。图 8.2.1 表示采用前向泵浦的分布式光纤拉曼放大器的构成和工作原理示意图。

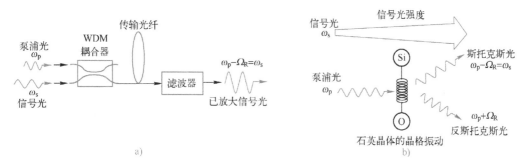

图 8.2.1　分布式光纤拉曼放大器

a）构成图　b）工作原理图解

图 8.2.2 为拉曼散射发现者——拉曼。

图 8.2.2　拉曼色散发现者——印度科学家拉曼（C. V. Raman，1888—1970 年）

印度科学家拉曼发现拉曼散射效应

拉曼天资出众，16 岁大学毕业，19 岁又以优异成绩获硕士学位。1906 年，年仅 18 岁的拉曼就在英国著名科学杂志《自然》上发表了关于光的衍射效应论文。1917 年加尔各答大学破例聘请他担任物理学教授。

1921 年夏天，33 岁的拉曼从印度乘坐客轮去英国参加会议，并准备去英国皇家学会发表演讲。在这之前，拉曼对海水的蓝色已思考了许久，他并不认同著名物理学家瑞利对深海的蓝色只不过是天空蓝色被海水反射所致的解释。所以，他决心借助这次出行，进行实地考察。为此，他行装里准备了一套实验装置：几个尼科尔棱镜、小望远镜、狭缝，甚至还有一片光栅。望远镜两头装上尼科尔棱镜当起偏器和检偏器，随时都可以进行实验。实验证实，海水的颜色并非由天空颜色引起，而是海水本身的一种性质。拉曼认为这一定是起因于水分子对光的散射。他在回程的轮船上写了两篇论文，讨论这一现象，论文在中途停靠时先后寄往英国，发表在伦敦的两家杂志上。

1923 年，他的学生第一次观察到了光在纯水或纯酒精中散射时水颜色改变的现象。1928 年 2 月 28 日下午，拉曼决定采用单色光作光源，他从目测分光镜观看液体散射光，看到在蓝光和绿光的区域里，有两根以上的尖锐亮线，每一条入射谱线都有相应的散射光线。一般情况，散射光线的频率比入射光线的低，偶尔也观察到比入射光线频率高的散射光线，但强度更弱些。不久，人们开始把拉曼的这种新发现称为拉曼效应。1930 年，美国光谱学家武德（R. W. Wood）把频率变低的散射光线称为斯托克斯线；把频率变高的光线称为反斯托克斯线。

1928 年，印度物理学家拉曼发现了拉曼效应，即拉曼散射（Raman Scattering），在拉曼宣布发现这一效应之后几个月，苏联的兰兹伯格（G. Landsberg）和曼德尔斯坦（L. Mandelstam）也独立地发现了这一效应。所谓拉曼散射是指光波被介质散射后其光波频率发生变化的现象。为此，拉曼（C. V. Raman，1888—1970 年）于 1930 年获得了诺贝尔物理学奖。

8.2.2 光纤拉曼增益和带宽——信号光与泵浦光频差不同增益也不同

图 8.2.3 为测量到的硅光纤拉曼增益系数 $g_R(\Omega_R)$ 频谱曲线，拉曼增益系数表示，当用光泵浦光纤时，单位距离单位功率获得的拉曼增益。由图可见，信号光频率 ω_s 与泵浦光的频率 ω_p（波长）差 Ω_R 不同，获得的增益也不同。当 $\Omega_R = \omega_p - \omega_s = 13.2\ \text{THz}$ 时，$g_R(\Omega_R)$ 达到最大，增益带宽（FWHM）$\Delta\nu_g$ 可以达到约 8 THz。光纤拉曼放大器相当大的带宽使其在光纤通信应用中具有极大的吸引力。

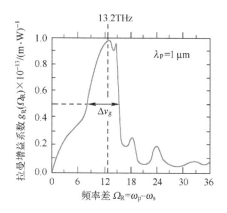

图 8.2.3　测量到的拉曼增益系数频谱

光信号的拉曼增益与信号光和泵浦光的频率（波长）差有密切的关系，图 8.2.4 为小信号光在长光纤内获得的拉曼增益。由图可见，信号光和泵浦光的频率差为 13.2 THz

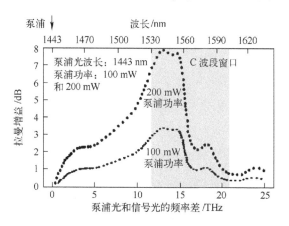

图 8.2.4　小信号光在长光纤内的拉曼增益

时，拉曼增益达到最大，该频率差对应于信号光波长比泵浦光波长要长约 100 nm。此外，光信号的拉曼增益还与泵浦光的功率有关，由图 8.2.4 可知，同一泵浦光源，不同泵浦功率，信号光波长不同，在光纤中所获得的拉曼增益也不同，比如泵浦功率为 200 mW 时，信号光最大增益值为 7.78 dB；泵浦功率为 100 mW 时，最大增益值为 3.6 dB，但具有相同的增益波动曲线，在增益峰值附近的增益带宽为 7~8 THz。

为了使增益曲线平坦，可以改变泵浦光的波长，或者采用多个不同波长的泵浦光。图 8.2.5b 为 5 个波长的光泵浦的增益曲线，由图可见，其合成的增益曲线要平坦得多。

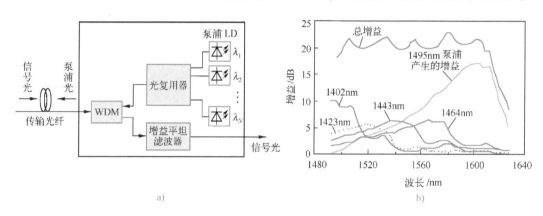

图 8.2.5 为获得平坦的光增益采用多个波长光泵浦

a) 后向泵浦分布式拉曼放大器　b) 拉曼总增益是各泵浦波长光产生的增益之和

8.2.3 多波长泵浦拉曼放大器——获得平坦光增益带宽

增益波长由泵浦光波长决定，选择适当的泵浦光波长，可得到任意波长的光信号放大。分布式光纤拉曼放大器的增益频谱是每个波长的泵浦光单独产生的增益频谱叠加的结果，所以它是由泵浦光波长的数量和种类决定的。图 8.2.5a 表示后向泵浦分布式拉曼放大器的构成，多个波长互不相同的泵浦光经复用后对传输光纤进行后向拉曼泵浦，以对信号光进行放大。图 8.2.5b 为 5 个泵浦波长单独泵浦时产生的增益频谱和总的增益频谱曲线，当泵浦光波长逐渐向长波长方向移动时，增益曲线峰值也逐渐向长波长方向移动，比如 1402 nm 泵浦光的增益曲线峰值在 1500 nm 附近，而 1495 nm 泵浦光的增益曲线峰值就移到了 1610 nm 附近。EDFA 的增益频谱是由铒能级电平决定的，它与泵浦光波长无关，是固定不变的。EDFA 由于能级跃迁机制所限，增益带宽只有 80 nm。光纤拉曼放大器使用多个泵源，可以得到比 EDFA 宽得多的增益带宽。目前增益带宽已达 132 nm。这样通过选择泵浦光波长，就可实现任意波长的光放大，所以光纤拉曼放大器是目前唯一能实现 1290～1660 nm 光谱放大的器件，光纤拉曼放大器可以放大 EDFA 不能放大的波段。

8.2.4　光纤拉曼放大器等效开关增益和有效噪声指数

分布式光纤拉曼放大器主要参数有拉曼开关增益（$G_{\text{on-off}}$）、有效噪声指数（F_{eff}）。

定义拉曼开关增益为

$$G_{\text{on-off}} = 10\lg \frac{P_{\text{on}}}{P_{\text{off}}} \tag{8.2.1}$$

式中，P_{on} 和 P_{off} 分别是拉曼泵浦光源接通和断开时，在增益测量点（GMP）测量到的信号光功率，如图 8.2.6 所示。

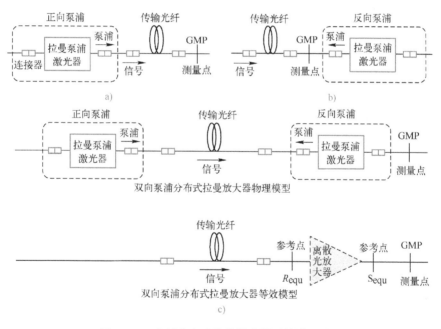

图 8.2.6　光纤分布式拉曼放大器开关增益测量

a）正向泵浦　b）反向泵浦　c）双向泵浦物理模型和等效模型

假如有一套传输光纤参数，如受激拉曼色散增益频谱、非线性系数和损耗系数，通过模拟就可以完成对分布式拉曼放大器或混合使用拉曼放大/EDFA 放大器的性能分析。

这些参数在研究环境中已获得，但在实际环境中，却很少使用。

为了简化系统性能评估，假如在传输光纤末端，可以测量到放大器参数，可考虑把分布式拉曼放大器等效为离散拉曼放大器，如图 8.2.5c 所示。所谓离散拉曼放大器，就是所有拉曼放大的物理要素，即光信号在光纤中传输时因传输光纤受激拉曼色散（SRS）效应获得放大的所有要素，都包括在该离散放大器中。

当拉曼放大器与常规 EDFA 线路比较时，这种考虑同样有用。

8.2.5 光纤拉曼放大技术的应用

合理设计分布式光纤拉曼放大器系统，可使光纤线路实现无损耗传输，减小入射信号的光功率，降低光纤非线性的影响，从而避免四波混频效应的影响，可使 DWDM 系统的信道间距减小，相当于扩大了系统的带宽容量。另外，由于四波混频效应影响的减小，允许使用靠近光纤零色散窗口，光纤的可用窗口也扩大了。

由于分布式光纤拉曼放大器可利用传输光纤在线放大，它与 EDFA 的组合使用，可提高长距离光纤通信系统的总增益，降低系统的总噪声，提高系统的 Q 值，扩大系统的传输距离，减少 3R 中继器的使用数量，降低系统成本。所谓 3R 中继器，是指能够完成均衡、再生和定时功能的中继器。

分布式光纤拉曼放大器不但能够工作在 EDFA 常使用到的 C 波段（1530~1565 nm），而且也能工作在比 C 波段短的 S 波段（1460~1530 nm）和较长的 L 波段（1565~1625 nm），完全满足全波光纤对工作窗口的要求。

所以，分布式光纤拉曼放大器具有广阔的应用前景，得到了人们的极大重视。

8.2.6 混合使用拉曼放大和 EDFA——获得平坦的总增益频谱曲线

混合使用分布式拉曼放大和常规 EDFA 可获得平坦的总增益频谱曲线，如图 8.2.7 所示。实验中使用色散为正、有效面积为 134 μm^2 的光纤，采用 1484 nm 单波长泵浦，所有信道均工作在非线性代价相似的状态（接近峰值性能）。

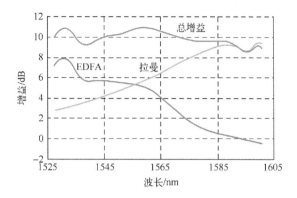

图 8.2.7　混合使用分布式拉曼放大和常规 EDFA 的总增益频谱曲线

8.3　半导体光放大器（SOA）

天才出于勤奋。

——高尔基（M. Gorky）

8.3.1　半导体光放大器工作原理

半导体光放大器通过受激发射对入射光信号进行放大，其机理与半导体激光器相同。半导体光放大器只是一个没有反馈的半导体激光器，其核心是当半导体光放大器被光或电泵浦时，粒子数反转获得光增益，如图 8.3.1a 所示。光放大器增益分布曲线和相应的放大器增益频谱曲线如图 8.3.1b 所示。

但是，半导体激光器在解理面存在反射（反射系数 R 约为 32%），具有相当大的反馈。当偏流低于阈值时，它们被作为半导体光放大器使用，但是必须考虑在法布里-珀罗（F-P）腔体界面上的多次反射，如图 8.3.2a 所示。这种半导体光放大器就称为 F-P 放大器。

当 $R_1 = R_2$，并考虑到 $\nu = \nu_m$ 时，使用 F-P 干涉理论可以求得该放大器的放大倍数 $G_{FPA}(\nu)$ 为

$$G_{FPA}(\nu) = \frac{(1-R)^2 G(\nu)}{[1-RG(\nu)]^2} \qquad (8.3.1)$$

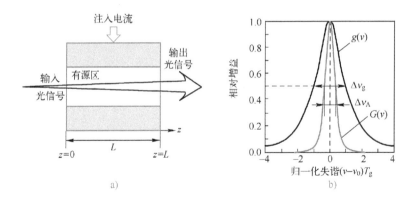

图 8.3.1 半导体光放大器原理和增益分布曲线

a) 行波半导体光放大器 b) 光放大器增益分布曲线 $g(\nu)$ 和相应的放大器增益频谱曲线 $G(\nu)$

当入射光信号的频率 ν_s 与腔体谐振频率 ν_m 相等时，增益 $G_{FPA}(\nu)$ 就达到峰值，当 ν_s 偏离 ν_m 时，$G_{FPA}(\nu)$ 下降得很快，如图 8.3.2b 所示。由图可见，当半导体解理面与空气的反射率 $R = 0.32$ 时，F-P 放大器在谐振频率处的峰值最大；反射率越小，增益也越小；当 $R = 0$ 时，半导体激光器就变为半导体行波光放大器，其增益频谱特性是高斯曲线。

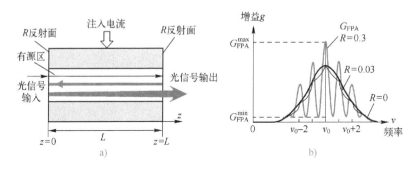

图 8.3.2 法布里-玻罗（F-P）半导体光放大器（SOA）

a) SOA 的结构和原理图 b) SOA 不同反射率的增益频谱曲线

由以上的讨论可知，增大提供光反馈的 F-P 谐振腔的反射率 R，可以显著地增加 SOA 的增益，反射率 R 越大，在谐振频率处的增益也越大。但是，当 R 超过一定值后，半导体光放大器将变为半导体激光器。当 $GR = 1$ 时，式（8.3.1）将变为无限大，此时 SOA 产生激光发射。

8.3.2 如何使半导体激光器变为半导体光放大器

减小 LD 解理端面反射反馈，使 $\sqrt{R_1 R_2} < 0.17 \times 10^{-4}$，就可以制出行波半导体光放大器。使条状有源区与正常的解理面倾斜或在有源层端面和解理面之间插入透明窗口区，如图 8.3.3 所示。在图 8.3.3b 的输出透明窗口区，光束在到达半导体和空气界面前在该窗口区已发散，经界面反射的光束进一步发散，只有极小部分光耦合进薄的有源层。当与抗反射膜一起使用时，反射率可以小至 10^{-4}，从而使 LD 变为 SOA。

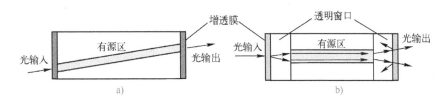

图 8.3.3 减小反射使 LD 近似变为行波（TW）半导体光放大器（SOA）

a）条状有源区与解理面成倾斜结构 b）窗口解理面结构

第 9 章

光纤通信系统

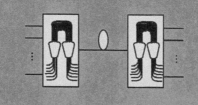

9.1　光纤通信系统基础

人类看不见的世界，并不是空想的幻影，而是被科学的光辉照射的实际存在。尊贵的是科学的力量。

——居里夫人（M. Curie）

9.1.1　脉冲编码——将模拟信号变为数字信号

光纤通信系统光源的发射功率和线性都有限，因此通常选择二进制脉冲传输，即将连续变化的模拟信号变为用数字"1"或"0"表示的数字信号。因为传输二进制脉冲信号对接收机信噪比（SNR）的要求非常低，对光源的非线性要求也不苛刻。

脉冲编码调制（PCM）是光纤传输模拟信号的基础。解码后的基带信号质量几乎只与编码参数有关，而与接收到的 SNR 关系不大。假如接收到的信号质量不低于一定的误码率，此时解码 SNR 只与编码比特数有关。模拟信号变为数字信号，要通过三个过程，即取样、量化和编码，如图 9.1.1 所示。

1. 取样

取样是分别以固定的时间间隔 T 取出模拟信号的瞬时幅度值（简称样值）的过程，如图 9.1.1b 所示。要想实现模拟数字转换（ADC），首先要进行取样。

取样定理：若取样频率不小于模拟信号带宽的两倍，则取样后的样值波形只需通过低通滤波器即可恢复出原始的模拟信号波形。

图 9.1.1b 表示具体的取样过程，由图可见，时间上连续的信号变成了时间上离散的信号，因而给时分多路复用技术奠定了基础。但这种样值信号，本身在幅度取值上仍是连续的，称为脉冲幅度调制（PAM）信号，它仍属模拟信号，不仅无法抵御噪声的干扰，也不能用有限位数的二进码组加以表示。

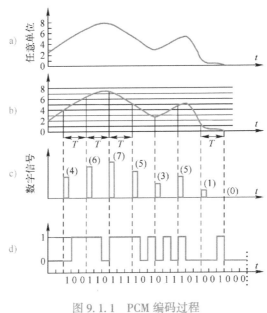

图 9.1.1 PCM 编码过程

a）模拟信号 b）取样 c）量化 d）编码

2. 量化

所谓量化指的是将幅度为无限多个连续样值变成有限个离散样值的处理过程。

具体来说，就是将样值的幅度变化范围划分成若干个小间隔，比如 8 个小间隔，如图 9.1.1b 所示，每一个小间隔称之为一个量化级，当某一样值落入某一个小间隔内时，可采用"四舍五入"的方法分级取整，近似看成某一规定的标准数值，如图 9.1.1c 的第 3 个样值，落在图 9.1.1b 的 7 和 8 之间，并靠近 7，所以分级取整为 7。这样一来，就可以用有限个标准数值来表示样值的大小。当然量化后的信号和原来的信号是有差别的，称之为量化误差，对于图 9.1.1c 所示的均匀量化，各段的量化误差均为 ±0.5。经过量化后的各样值可用有限个值来表示，进而即可进行编码。

3. 编码

所谓编码指的是用一组组合方式不同的二进制码来替代量化后的样值信号的处理过程。

二进制码与状态"电平值"的关系为

$$N = 2^n \qquad (9.1.1)$$

其中 n 为二进制代码所包含的比特个数，N 为所能表示的不同状态（电平值）。换句话说，当样值信号被划分为 N 个不同的电平幅度时，每一个样值信号需要用

$$n = \log_2 N \qquad (9.1.2)$$

个二进制码元表示。

在图 9.1.1c 和图 9.1.1d 中，每一样值划分为 8 种电平幅度（0~7），即 $N = 8$，所以每一样值需用 $n = 3$ 个码元表示，对于 3 位二进制码而言，与各样值的对应关系如表 9.1.1 所示，在图 9.1.1d 中，第 1 个样值为 4，所以用 100 表示。

表 9.1.1　8 个样值电平值与二进制代码的对应关系

样值电平值	0	1	2	3	4	5	6	7
二进制代码	000	001	010	011	100	101	110	111

至此，将一路模拟信号变成用二进制代码表示的脉冲信号的处理过程就结束了。所产生的信号称之为 PCM 信号。而描述所含信息量的大小，可用传输速率来表示，即每秒钟所传输的码元（比特）数目（bit/s）。

我国 PCM 通信制式的基础速率计算如下：语音信号的频带为 300~3400 Hz，取上限频率为 4000 Hz，按取样定理，取样频率为 $f_s = 8$ kHz（即每秒取样 8000 次），取样时间间隔 $T = 1/f_s = 1/(8 \text{ kHz}) = 125 \text{ μs}$，在 125 μs 时间间隔内要传输 8 个二进制代码（比特），每个代码所占时间为 $T_b = 125/8$ μs，所以每路数字电话的传输速率为 $B = 1/T_b = 64$ kbit/s（或者 8 bit/每次取样×8000 次/每秒取样）。如果传输 32 路 PCM 电话，则传输速率为 64 kbit/s×32 = 2048 kbit/s（也就是 8 bit/每个取样值×32 个取样值/每次×8000 次/每秒）。这一速率就是我国 PCM 通信制式的基础速率。

4. PCM 编码

PCM 编码的实现过程如图 9.1.2 所示。首先在输入端用基带滤波器滤除叠加在模拟

信号上的噪声。然后信号幅度被等于或大于奈奎斯特（Nyquist）频率 f_s 取样，并使取样频率 f_s 满足条件

$$f_s \geqslant 2(\Delta f)_b \tag{9.1.3}$$

式中 $(\Delta f)_b$ 为模拟基带信号带宽。

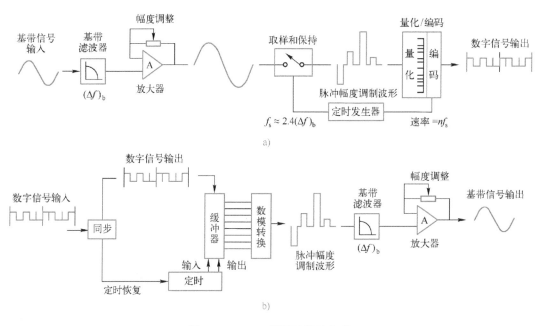

图 9.1.2　PCM 编码过程的实现

a）发送端　b）接收端

幅度电平被取样器记忆并选通到量化/编码器，在这里每个取样值的幅度与 2^n 个离散参考电平中的一个比较。该量化器输出一串 $N = 2^n$ 个二进制代码，它代表每个取样间隔内 $(1/f_s)$ 测量到的取样幅度电平。每个代码具有 n 个码元（比特）。然后，把帧和同步比特插入二进制代码比特流中，重新组成串联数据流以便于传输。因此，传输速率要比 Nf_s 稍高。

在接收端，为了解码的需要，恢复出定时信号并分解取样代码。每个代码进入一个数模转换器（DAC）。该 DAC 输出一个离散电压脉冲幅度调制（PAM）波形，它与接收到的二进制代码相对应。为了重新恢复原来的模拟波形，PAM 波形需要经基带滤波器滤波。

9.1.2　信道编码——减少误码，方便时钟提取

信道编码的目的是使输出的二进制码不要产生长连"1"或长连"0"，而是使"1"码和"0"码尽量相间排列，这样既有利于时钟提取，也不会产生如图 9.1.3 所示的因长连零信号幅度下降过大使判决产生误码的情况。

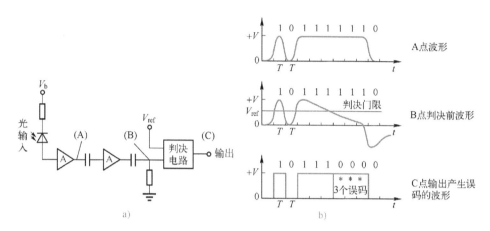

图 9.1.3　光接收机电容耦合使长连零信号幅度下降导致判决产生误码

a）电容耦合放大判决电路　b）电容耦合放大判决电路各点波形

光纤通信系统光源的发射功率和线性都有限，因此通常选择二进制脉冲传输，因为传输二进制脉冲信号对接收机 SNR 的要求非常低（15.6 dB，甚至更低），对光源的非线性要求也不苛刻。

脉冲编码调制是光纤传输模拟信号的基础。解码后的基带信号质量几乎只与编码参数有关，而与接收到的 SNR 关系不大。假如接收到的信号质量不低于一定的误码率，此时解码信噪比只与编码比特数有关。

9.1.3　信道复用——扩大信道容量，充分利用光纤带宽

为了提高信道容量，充分利用光纤带宽，方便光纤传输，可把多个低容量信道以及开销信息，复用到一个大容量传输信道。可以在电域和光域同时复用多个信道到一根光纤上。因此，复用后的多个信道共享光源的光功率和光纤的传输带宽。在电域内，信道复用有时分复用（TDM）、频分复用（FDM）、微波副载波复用（SCM）、正交频分

复用（OFDM）和码分复用（CDM）；与此相对应，在光域内，信道复用也有光时分复用（OTDM）、光频分复用即波分复用（WDM）和光正交频分复用（O-OFDM）、光偏振复用、以及光码分复用（OCDM），如图9.1.4所示。此外，还有空分复用，比如双纤双向传输。

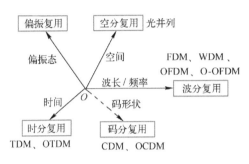

图 9.1.4　光纤通信系统复用技术

目前，光纤通信系统普遍采用电时分复用和电频分复用、波分复用和偏振复用。

9.2　频分复用光纤通信系统

一件事实，除非亲眼目睹，我决不能认为自己已经掌握。

——法拉第（M. Faraday）

9.2.1　频分复用光纤传输系统——4G、5G 移动网络 OFDM 基础

为了充分利用光纤带宽，人们首先采用电频分复用或电时分复用对多路信号进行复用，然后再去调制光载波。

图 9.2.1 为电频分复用的原理图。本质上，频分复用是在频率上把基带带宽分别为 $(\Delta f)_1$、$(\Delta f)_2$、…、$(\Delta f)_N$ 的多个信息通道，分别调制到不同的载波上，然后再"堆积"在一起，以便形成一路合成的电信号，然后用这路合成信号以某种调制方式去调制光载波。经光纤信道传输后，在接收端对光信号进行解调，再进一步借助带通滤波器与各信道的频率选择器（电相干检测），将各基带信息分离和重现出来，所以它是一种副载波复用技术。

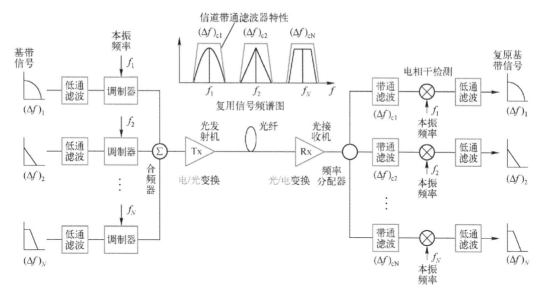

图 9.2.1　电频分复用光纤传输系统原理图

　　而光频分复用解调，是用光纤法布里-珀罗滤波器或者采用相干检测技术，首先把各个光载波分离和重现出来，然后用带通滤波器和各信道的频率选择器，把基带信号分离和重现出来。

　　FDM 与 TDM 也不同，FDM 是将各路信号的频谱分别搬移到互不重叠的频谱上，而TDM 是在时域上采用交错排列多路低速模拟或数字信道到一个高速信道上。因此，信道传输 FDM 信号时，各路信号尽管在时间上重叠，但其频谱是不交错的。

　　对于电频分复用，各路信号首先通过低通滤波器限定最高基带频率，然后再通过各自的调制器，将信号上变频到各自的载波信道上，载波信道带宽分别为 $(\Delta f)_{c1}$、$(\Delta f)_{c2}$、…、$(\Delta f)_{cN}$。调制器同时也滤掉不需要的边带信号和各种交叉调制信号。各路的电路形式是一样的，但使用的载频 f_1、f_2、…、f_N 各不相同，以便实现频率分割，借助一个相加器（即频分复用器）形成复用信号，经电/光转换成光信号，进入光纤传输。

　　多路复用信号经长距离传输后，进入接收端。在这里，复用信号经光/电转换放大后，经过频率分配器（作用与 FDM 相反）分配到各自的解调信道。解调信道采用电相干检测，类似于外差收音机的选频器，把基带信号解调恢复出来。应注意的是，各解调器的本地载波要与发送载波同步。与时分复用比较，不同点仅仅在于：在 TDM 中发送同步

（时钟）脉冲，已确保发送两端的路序在时间上一一对应；而在 FDM 中，则要求在发送端和接收端各路载波在频率及相位上相同。

假如调制器的作用仅仅起上变频的作用，则传输的载波信道带宽$(\Delta f)_{cN}$大致与基带信道带宽$(\Delta f)_N$相同。在一些系统中，合成器可能起着调幅和调频或调相器的双重作用。此时，$(\Delta f)_{cN} > (\Delta f)_N$，这与调制参数有关。

FDM 技术的典型应用就是光纤/电缆混合网络（HFC）和 4G、5G 移动通信网络采用的正交频分复用，它把多个频道的模拟信号用 FDM/OFDM 技术复用在一起，以广播的形式传送到千家万户。本书将在 9.2.3 节和 9.2.4 节分别进一步介绍。

9.2.2 光纤/电缆混合网络——典型的 FDM 光纤通信系统

9.2.1 节已介绍了频分复用光纤传输系统，本节介绍它的典型应用——光纤/电缆混合网络。这种网络在信源前端到小区使用光缆传输，小区到用户使用同轴电缆传输，如图 9.2.2 所示。它是一种典型的频分复用光纤通信系统，主要任务是把多频道模拟视频信号以 FDM 技术复用在一起，通过光纤和电缆以广播的形式传送到千家万户，逐渐从单向发送模拟视频信号向双向发送数字信号演进。它是三网融合的平台之一。

1. HFC 网络的结构和功能

HFC 系统一般可分为前端、干线和分支三个部分，如图 9.2.2 所示。

前端部分包括电视接收天线、卫星电视接收设备、甚高频-超高频（VHF-UHF）变换器和自办节目设备等部件。

在设计 HFC 系统时，把一个城市或地区划分为若干个小区，每个小区设一个光节点，每个光节点可向几千个用户提供服务。从前端经一条（或多条）光纤直接传送已调制光信号到每个光节点，或者通过无源光网络（PON）将光信号分配到各个光节点。在节点处，光信号经光探测器转换为射频信号，再经同轴电缆和 3~4 级小型放大器分配信号到用户。级联的放大器最多不超过 5 级。无论是长距离还是短距离，光路的衰减都设计为 10~12 dB，所以 HFC 每条光路和光节点后边的支线指标都相同，TV 信号在光路的失真甚微，支线上的放大器级联数很少，因而由此造成的噪声、频响不平坦和非线性失真积累也较少，因此 HFC 网络与同轴电缆网络相比，性能指标要高得多。

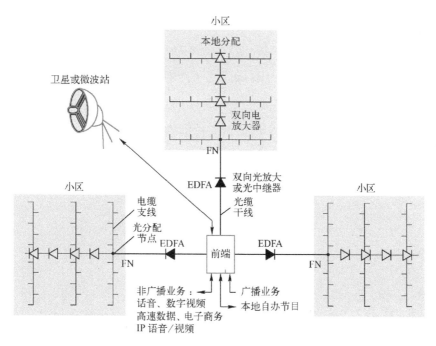

图 9.2.2　光缆/电缆混合有线电视网络结构

与当今大多数数字光纤通信系统不同，HFC 系统是一种模拟传输系统。如果要传输的信号是数字信号，则用 QAM 调制或 QPSK 调制将数字信号转变为模拟信号，再以频分复用（FDM）的方式与模拟信号混合在一起，然后去调制激光器，经干线光纤和支线同轴电缆传输后，在接收端进行解调，恢复为原来的信号。HFC 网络所提供的业务，除电话、模拟广播电视信号外，还可逐步开展窄带 ISDN 业务、高速数据通信业务、会议电视、数字视频点播和各种数据信息业务。这种方式既能提供宽带业务所需的带宽，又能降低建设网络的开支。

2. HFC 网络的频谱安排

HFC 采用副载波频分复用方式，将各种图像、数据和声音信号通过调制/解调器调制在高频载波上，如是模拟电视信号，则每个载波的带宽为 8 MHz（中国），多个载波经 FDM 复用后同时在传输线路上传输，如图 9.2.3 所示。合理的频谱安排十分重要，既要照顾到历史和现状，又要考虑到未来的发展，但目前还没有统一的标准。通常，低频段的 5~65 MHz 安排给上行信道，即回传信道，主要用于传电话信号、状态监视信号和视频点播（VoD）信令。85~700 MHz 频段为下行信道，其中 85~290 MHz 用来传输现有的模拟共用天线（电缆）电视（CATV）信号，每一路的带宽为 8 MHz，约可传输 25 个频道的节目（(290-85)/8≈25）。290~700 MHz 频段用来传输数字电视节目。如数字电视信号采用 64 QAM 调制，调制效率为 4.5 bit/s/Hz，利用 MPEG-2 压缩编码，每信道速率为 4 Mbit/s，因此每个 8 MHz 模拟 CATV 信道可传输的数字信道数为 8×4.5/4=9，则 290~700 MHz 频段传输的数字电视节目数为 (700-290)÷8×9≈561。

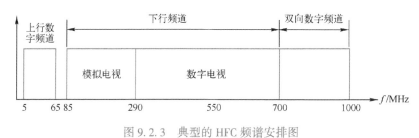

图 9.2.3 典型的 HFC 频谱安排图

高端的 700~1000 MHz 频段可用于传输各种双向通信业务，如 VoD 等。

3. HFC 网络的调制和复用

大多数光纤通信系统是数字系统，但是用于电视分配系统的 HFC 例外，它是模拟系统。现有的 HFC 网络，对于短距离传输，使用残留边带幅度调制（VSB-AM）频分复用技术；对于长距离传输，使用副载波调频（SCM-FM）技术。对于数字视频信号，可以将数字视频基带信号进行 QPSK 或 QAM 载波调制变成模拟信号，分别用不同的副载波载运，再使用 FDM 或 SCM 复用技术复用在一起，如图 9.2.4 所示。

经 FDM 或 SCM 复用后的射频信号或微波信号再对激光器进行直接强度（IM）调制，如果半导体激光器线性特性好，输入电信号就可以变成不失真的输出光信号，经光纤传输后在接收端采用直接检测（DD）变成电信号，然后再解调还原成原基带信号。所以这种系统称为光强度调制/直接检测（IM/DD）系统。

用于 HFC 网络的光发射机，采用直接强度调制，使用工作波长为 1310 nm 或 1550 nm 的激光器，其输出光功率为 6~12 dBm。为了消除直接强度调制光发射机的啁啾效应，也有使用铌酸锂外调制器的光发射机，如果同时使用失真补偿技术、偏置控制技术、受激

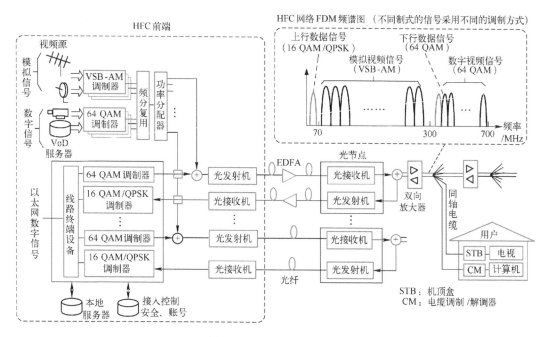

图 9.2.4　HFC 系统的构成

布里渊散射（SBS）抑制技术及系统优化控制技术，还可以提高整机的技术指标。举例来说，有一种光发射机，工作波长为 1550 nm，使用线性好、噪声低的 DFB 激光器，激光输出分双口和单口，由用户选择，尾纤输出光功率为 2×7 dBm，LD 光调制深度可选自动增益控制/人工增益控制。光反射损耗大于 60 dB，可用 SC/APC 或 E-2000 单模光纤连接器与外接光纤相连。射频指标为：频率范围为 45~862 MHz，可容纳 60 个频道，频响平坦度 ≤±0.75 dB，载噪比 CNR≥52 dB，非线性失真组合二阶互调 ≤-65 dB，组合三阶差拍 ≤-65 dB，阻抗 75 Ω。该光发射机内置自动温度控制电路和自动光功率控制电路，使 DFB 激光器稳定在 25℃ 或最佳的输出功率状态。

为了提供双向数据通信和支持电话业务，必须增加电缆调制解调器（Cable Modem，CM）。CM 是一种可以通过有线电视网络进行高速数据接入的装置。它一般有两个接口，一个用来连接室内墙上的有线电视端口，另一个与电视机/计算机相连，以便将数据终端设备（电视机/计算机）连接到有线电视网来进行数据通信和 Internet 访问。CM 不仅有将数字信号调制到射频上的调制功能和将射频信号携带的数字信号解调出来的解调功能，而且还有电视接收调谐、加密/解密和协议适配等功能。它还可能是一个桥接器、路由器、网络控制器或集线器。CM 把上行数字信号转换成类似电视信号的模拟射频信号，以便在有线电视网上传送；而把下行射频模拟信号转换为数字信号，以便电视机/计算机处理。

CM 可分为外置式、内置式和交互式机顶盒。外置 CM 的外形像小盒子，通过网卡连接电视机/计算机，所以连接 CM 前需要给电视机/计算机添置一块网卡，可以支持局域网上的多台电视机/计算机同时上网。CM 支持大多操作系统和硬件平台。

内置 CM 是一块 PCI 插卡，这是最便宜的解决方案，不过只能在台式计算机上使用，在笔记本电脑无法使用。

交互式机顶盒（STB）是 CM 的一种应用，它通过使用数字电视编码技术，为交互式机顶盒提供一个回路，使用户可以直接在电视屏幕上访问网络，收发 E-Mail 等。

使用 DFB 激光器，结合使用外调制器和掺铒光纤放大器，可扩展传输距离。通过较为复杂的预失真和降噪技术也可以提高系统性能。基于上述因素，线性光波系统足以把 80 路模拟视频外加 1 路宽带数字射频（RF）信号传输 60 km 以上，其性能接近理论极限。

9.2.3　微波副载波（SCM）光纤传输系统——射频信号光纤传输（RoF）

1. 微波副载波（SCM）光纤传输系统

在 9.2.2 节介绍的 FDM 系统中，如果载波使用频率较高的微波，则就是微波副载波复用。SCM 是一种结合现有微波和光通信技术的通信系统。众所周知，微波通信是使用多个微波载波经同轴电缆或自由空间传输多个信道（电频分复用）的技术。但是同轴电缆的频带有限，在 SCM 的基础上再使用波分复用（使用多个光载波）还可以达到更大的带宽。因为信号是用光波传输的，微波载波对光载波而言只起副载波的作用，所以这种技术就称为微波副载波复用。

在图 9.2.5 所示的 SCM 纤传输系统中，首先，各路基带信号（数字信号或模拟信号）对各自微波频率振荡器的输出信号进行调制，经调制后的各路输出信号被送入一个微波带通滤波器和功率放大器，该带通滤波器调谐在各个副载波频率上，经功率放大后混合在一起共同调制光发射机中的激光器（LD）。所以光纤传输的是携带这些副载波调制信号的光波。

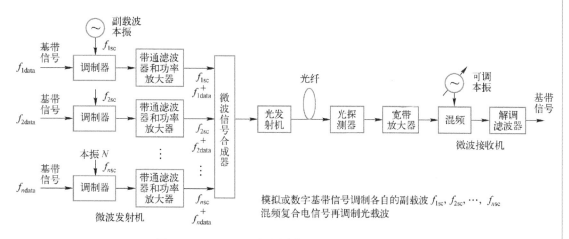

图 9.2.5　VSB-AM 调制多信道 SCM 光纤传输系统

接收端经光/电变换和低噪声放大后与微波本振进行混频，利用一个可调谐微波本振器可以选出所需要的副载波，由混频产生的变频信号再经与发送端对应的解调滤波处理，即可获得基带信号。图中除了电/光转换、光/电转换和光纤传输以外，其他部分与普通微波通信系统无异。

2. 射频信号光纤传输

全球微波接入互操作（WiMAX）是一项基于 IEEE 802.16e 标准的宽带无线接入城域网技术，为了降低 WiMAX 和其他无线网络的开发和维护费用，同时提供功耗低和带宽大的性能，人们提出了射频信号光纤传输（RoF）无线通信系统的建议。为了利用光纤低损宽带的优点，人们就用光纤给用户分配射频信号。微波副载波调制光纤传输系统就是一种 RoF 系统。为了增加用户数据速率，使现在的无线通信系统在常规的射频频段上工作，毫米波段（频率更高的微波）RoF 系统受到人们的极大关注。若用 DWDM 技术，还可以同时将模拟 RoF 信号和数字信号传输到每个家庭。

在 RoF 系统中，信号可能由于模式色散（使用多模光纤时）或色度色散（使用单模光纤时）、基站信号分量缺失和多径无线衰落而产生失真。但是，只要循环前缀的时长大于多径传输和色散引起的传输时延，这些失真就可以避免，RoF 系统的性能就不会受到影响。

RoF 系统的应用范围很广，几种可能的应用是：

1）在现在的移动通信系统中，用于连接中心站和基站。

2）在 WiMAX 系统中，用于连接 WiMAX 基站和远端的天线单元，可扩展 WiMAX 的覆盖范围，提高其可靠性。

3）在光纤混合网络和光纤到家（FTTH）的应用中，使用 RoF 系统可降低室内系统的安装和维护费用。

9.2.4 正交频分复用（OFDM）光纤传输系统——4G、5G 移动通信基础

4G、5G 移动通信采用的正交频分复用（OFDM）是频分复用的一种特殊形式，OFDM 技术利用了各个载波信号之间频域的正交特性和时域的重叠特性，如图 9.2.6 所示，在每个载波信号频谱的最大处，所有其他载波信号的频谱值正好为零。利用这一特性，使用离散傅里叶变换（DFT）

$$X(f) = \sum_{t=0}^{N-1} x(t) \mathrm{e}^{-\mathrm{j}\frac{2\pi}{N}tf} \qquad f = 0, \ 1, \ 2, \ \cdots, \ N-1 \qquad (9.2.1)$$

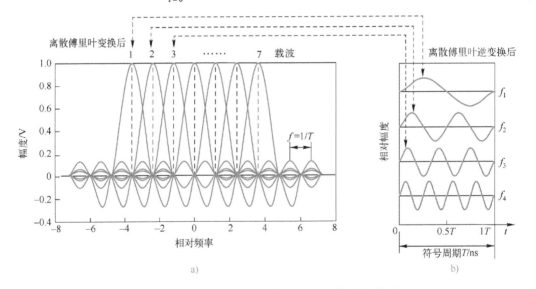

图 9.2.6 OFDM 信号频域图和时域图的对应关系

a）OFDM 信号频域图（各载波频域相互正交）$X(f)$ b）与频域图相对应的 OFDM 信号时域图 $x(t)$

可以估算时域信号 $x(t)$ 的频谱信号 $X(f)$。OFDM 使各个载波的频谱最大点正好落在这些具有正交性的点上，因此就不会有其他载波的干扰。所以，可以从多个在频域相互正交

而时域相互重叠的多个载波信道中，提取每个载波的信号，而不会受到其他载波的干扰。图 9.2.6b 表示与 OFDM 载波信号频域图对应的时域图，在 0~T 内加窗的正弦波形信号时域图 $x(t)$，经离散傅里叶变换后的频域图 $X(f)$ 就是图 9.2.6b。反之，图 9.2.6a 的频域图 $X(f)$ 经离散傅里叶逆变换（IDFT）后，就是图 9.2.6b 的时域图 $x(t)$。定义离散傅里叶逆变换（IDFT）为

$$x(t) = \frac{1}{N} \sum_{f=0}^{N-1} X(f) \mathrm{e}^{j\frac{2\pi}{N}ft} \qquad t = 0,\ 1,\ 2,\ \cdots,\ N-1 \qquad (9.2.2)$$

用它可以估算时域信号 $x(t)$ 的频谱信号 $X(f)$。由式（9.2.1）和式（9.2.2）可知，频域信号 $X(f)$ 可表示为 $(N-1)$ 个时域分量 $X(t)$ 之和；反之，时域信号 $x(t)$ 也可以表示为 $(N-1)$ 个频域信号 $X(f)$ 之和。

在 RoF 系统中，用光纤将正交频分复用射频信号从中心站传送到远端基站，基站将光信号转变成 OFDM 射频信号，然后用天线广播发送到终端用户，如图 9.2.7 所示。

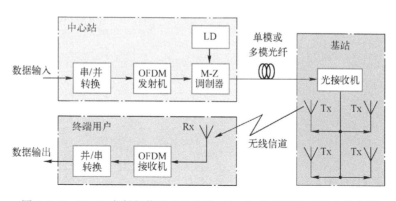

图 9.2.7　OFDM 在射频信号光纤传输（RoF）无线通信网络中的应用

4G 和 5G 移动通信网络使用的正交频分复用由于有较高的频谱利用率和抗多径干扰的能力，已广泛应用于无线、有线和广播通信中，已被多个标准化组织所采纳。中国三大基础电信运营商在全国范围内的 5G 试验频率为 2515 ~4900 MHz。

OFDM 是 FDM 的一种，它与传统的频分复用原理基本类似，即把高速的串行数据流通过串/并变换，分割成低速的并行数据流，通过 QAM、QPSK 等调制转变为模拟信号，分别调制若干个载波频率子信道，实现并行传输。所不同的是，OFDM 对载波的调制和解调是分别基于离散傅里叶逆变换（IDFT）和离散傅里叶变换（DFT）来实现的。

数学分析表明，如果在发送端对每路数据信号进行 QPSK、QAM 符号映射，成为 N 路并行的数据信号，该星座图信号正好满足离散傅里叶逆变换所需要的信号波形。然后，对其进行离散傅里叶逆变换，将频域信号 $X(f)$ 变为时域信号 $x(t)$，经并/串转换后，用数模转换器（DAC）将结果转换成模拟时域信号，然后用马赫-曾德尔（M-Z）调制器转变为携带

$$v(t)=\text{Re}\left\{\left[x(t)+\text{j}y(t)\right]\text{e}^{\text{j}\omega_c t}\right\}=x(t)\cos(\omega_c t)-y(t)\sin(\omega_c t) \qquad (9.2.3)$$

的 OFDM 光信号，经光纤信道发送到接收端，如图 9.2.8a 所示。OFDM 光发射机主要包含 IDFT 的基带处理电路和含 I/Q 调制器的电/光转换电路。

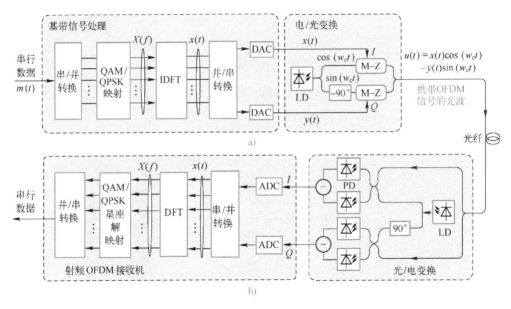

图 9.2.8 正交频分复用（OFDM）光纤传输系统

a）用离散傅里叶逆变换（IDFT）实现 OFDM 发射 b）用离散傅里叶变换（DFT）实现 OFDM 接收

在 OFDM 光接收端，从接收到的 OFDM 光信号恢复串行数据的步骤与发射端的正好相反，首先对接收到的光信号进行光/电转换，产生同向（I）和正交（Q）信号，进行模数转换和串/并转换，然后，进行离散傅里叶变换（DFT），将时域信号 $x(t)$ 变为频域数据信号 $X(f)$，经解映射和并/串转换后，则可以不失真地恢复出发送端的原始信号，如图 9.2.8b 所示。这样，就可以用 IDFT 和 DFT 实现 OFDM 光信号的调制和解调。基带信号处理可以使用 DSP 来实现。

在 OFDM 收/发机中，还需要低通滤波器，使复包络 $g(t) = x(t) + \mathrm{j}y(t)$ 的同相（I）分量和正交（Q）分量经低通滤波后产生等效的带通中频滤波分量，从而用来计算复包络的幅度和相位。通常，滤波器均采用升余弦滚降滤波特性。

使用 DSP 技术几乎不可能制造出工作速率足够快、能处理载频 GHz 的宽带已调信号 ADC/DSP 硬件。但是，根据带通信号的抽样定理，抽样速率与绝对频率（如 6 GHz）无关，而只依赖于信号的带宽，这些复包络信号的产生和接收可以用正交技术光发送机和相干检测光接收机实现，如图 9.2.8 所示。

9.3 时分复用光纤通信系统——SDH 光纤通信系统

拼命争取成功，但不要期望一定会成功。

——法拉第（M. Farady）

同步数字制式（SDH）光纤传输系统可以说是电时分复用的一种最典型应用。

9.3.1 时分复用工作原理

时分复用是采用交错排列多路低速模拟或数字信道到一个高速信道上传输的技术。

时分复用系统的输入可以是模拟信号，也可以是数字信号。目前时分复用通信方式的输入信号多为数字比特流，所以，本书只讨论数字信号时分复用。

如果输入的是模拟信号，则需将模拟信号转变为数字信号，其转变的原理是，利用脉冲编码调制方法，将语音模拟信号取样、量化和编码，使之转变为数字信号。为了实现 TDM 传输，要把传输时间按帧划分，每帧 125 μs，帧又分为若干个时隙，在每个时隙内传输一路信号的 1 个字节（8 bit），当每路信号都传输完 1 个字节后就构成 1 帧，然后再从头开始传输每一路的另 1 个字节，以便构成另 1 帧。也就是说，它将若干个原始的脉冲调制信号在时间上进行交错排列，从而形成一个复合脉冲串，如图 9.3.1b 所示，该脉冲串经光纤信道传输后到达接收端。在接收端，采用一个与发送端同步的类似于旋转式开关的器件，完成 TDM 多路脉冲流的分离。

图 9.3.1a 为 32 路数字信道（E1）时分复用系统的原理图。首先，同步或异步数字比特流送入输入缓存器，在这里被接收并存储。然后一个类似于旋转式开关的器件以 8000 转/秒（即 $f_s = 8\,\text{kHz/s}$）的速率轮流地读取 N 个输入数字信道缓存器中的 1 字节数据，其目的是实现每路数据流与复用器取样速率的同步和定时。同时，帧缓存器按顺序记录并存储每路输入缓存器数据字节通过的时间，从而构成数据帧。N 个信道复用后的帧结构如图 9.3.1b 所示。

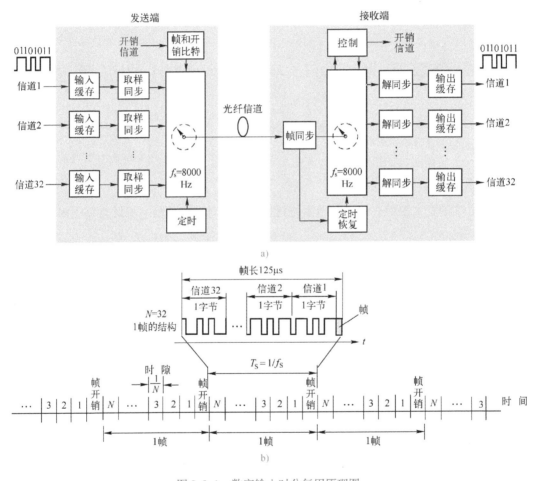

图 9.3.1 数字输入时分复用原理图

a) 32 路数字信道（E1）时分复用系统原理图 b) N 个信道复用后的帧结构

语音信号的频带为 300~3400 Hz，取上限频率为 4000 Hz，按取样定理，取样频率为 $f_s = 2 \times 4\,\text{kHz} = 8\,\text{kHz}$（即每秒取样 8000 次）。取样时间间隔 $T = 1/f_s = 1\,\text{s}/8000 = 125\,\mu\text{s}$，即

帧长为 125 μs。在 125 μs 时间间隔内要传输 8 个二进制代码（比特），每个代码所占时间为 $T_b = 125/8$（μs），所以每路数字电话的传输速率为 $B = 1/T_b = 8 \times 10^6 / 125 = 64$（kbit/s）（或者 8 bit/每次取样×8000 次/每秒取样）。按照国际电联的建议，把 1 帧分为 32 个时隙，其中 30 个时隙用于传输 30 路 PCM 电话，另外 2 个时隙分别用于帧同步和信令/复帧同步，则传输速率为 64 kbit/s ×32＝2048 kbit/s（也就是 8 bit/每个取样值×32 个取样值/每次×8000 次/每秒）。这一速率就是我国 PCM 通信制式的基础速率。

当每个信道的数据（通常是一个 8 bit 字节）依次插入帧时隙时，由于信道速率较低，而复用器取样速率较高，有可能出现没有数据字节来填充帧时隙的情况，此时可用一些空隙字节来填充，在接收端把它们提取出来丢弃。在帧一级，也要插入一些定时和开销比特，其目的是使解复用器与复用器同步。为了检测误码并满足监控系统的需要，也插入另外一些比特。这些填充比特、同步比特、误码检测和开销比特在图 9.3.1 中用帧开销（FOH）时隙表示。

为了在光纤中传输，要对已形成的串联比特流编码（见 9.1.2 节）。在接收端，接收转换开关要与发送转换开关帧同步，恢复定时信号，解码并转换成双极非归零脉冲波形。该信号被送入接收缓冲器，同时也检出控制和误码信号。然后把存储的帧信号依次地从接收缓冲器取出，每路字节信号分配到各自的输出缓冲器和解同步器。输出缓冲器存储信道字节并以适当的信道速率依次提供与输入比特流速率相同的输出信号，从而完成时分解复用的功能。

9.3.2　SDH 帧结构和传输速率

在 SDH 传输网中，信息采用标准化的模块结构，即同步传送模块 STM-N（N = 1、4、16、64 和 256），其中 N=1 是基本的标准模块。

SDH 帧结构是块状帧，如图 9.3.2 所示，它由横向 270×N 列和纵向 9 行字节（1 字节为 8 比特）组成，因而全帧由 2430 个字节，相当于 19440 个比特组成，帧重复周期仍为 125 μs。字节传输由左到右按行进行，首先由图中左上角第 1 个字节开始，从左到右，由上而下按顺序传送，直至整个 9×270×N 字节都传送完为止，然后再转入下一帧，如此一帧一帧地传送，每秒共 8000 帧。因此对于 STM-1 而言（N=1），每秒传送速率为（8

比特/字节×9×270 字节）/帧×8000 帧/秒＝155.52 Mbit/s；对于 STM-4 而言（$N=4$），每秒传送速率为 $8×9×270×4×8000=622.08$（Mbit/s）；对于 STM-16 而言（$N=16$），每秒传送速率为 $8×9×270×16×8000=2480.32$ Mbit/s。

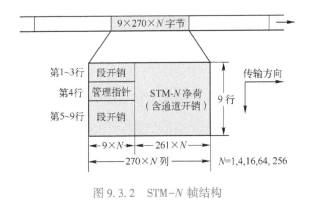

图 9.3.2 STM-N 帧结构

由图 9.3.2 可知，整个帧结构大体可以分为三个区域，即段开销域、管理指针域和净荷域，现分别叙述如下。

段开销域，它是指在 STM 帧结构中，为了保证信息正常灵活传送所必需的附加字节，主要是些维护管理字节。对于 STM-1，帧结构中左边 9 列×8 行（除去第 4 行）共 72 B（576 bit）均可用于段开销。由于每秒传 8000 帧，因此共有 4.608 Mbit/s 可用于维护管理。

管理指针域，它是一种指示符，主要用来指示净荷的第 1 个字节在 STM-N 帧内的准确位置，以便接收端正确地分解。图 9.3.2 中第 4 行的第 9 个字节是保留给指针用的。指针的采用可以保证在 PDH 环境中完成复用、同步和帧定位，消除了常规 PDH 系统中滑动缓冲器所引起的延时和性能损伤。

信号净荷域，它是用于存放各种信息业务容量的地方。对于 STM-1，图 9.3.2 中右边 261 列 9 行共 2349 B 都属于净荷域。在净负荷中，还包含通道开销字节，它是用于通道性能监视、控制、维护和管理的开销比特。

9.3.3 复用映射结构

为了得到标准的 STM-N 传送模块，必须采取有效的方法将各种支路信号装入 SDH 帧

结构的净荷域内，为此，需要经过映射、定位校准和复用这三个步骤。图 9.3.3 为 ITU-T
规范的复用映射结构。

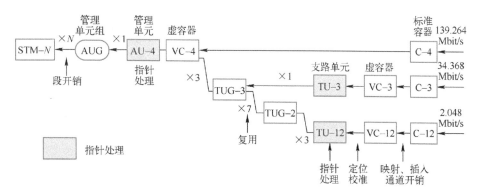

图 9.3.3　适用于我国的 SDH 基本复用映射结构

　　首先，各种速率等级的数字信号先进入相应的不同接口容器 C，针对现有系统常用的
准同步数字体系（PDH）信号速率，G.709 规定了五种标准容器，但适用于我国的只有
C-4、C-3 和 C-12，这些容器是一种信息结构，主要完成适配功能。

　　由标准容器出来的数字流加上通道开销比特后，构成 SDH 中的虚容器（VC），在 VC
包封内，允许装载不同速率的准同步支路信号，而整个包封是与网络同步的，因此，常
将 VC 包封作为一个独立的实体对待，可以在通道中任一点取出或插入，给 SDH 网中传
输、同步复用和交叉连接等过程带来了便利。

　　由 VC 出来的数字流进入管理单元（AU）或支路单元（TU），其中 AU 是一种为高阶
通道层和复用段层提供适配功能的信息结构，它由高阶 VC 和管理单元指针（AU PTR）
组成。一个或多个在 STM 帧内占有固定位置的 AU，组成支路单元组（AUG）；同理，TU
是一种为低阶通道层和高阶通道层提供适配功能的信息结构，它由低阶 VC 和支路单元指
针（TU PTR）组成。一个或多个在高阶 VC 净荷中占有固定位置的 TU 组成支路单元组
（TUG）。最后，在 N 个 AUG 的基础上再加上段开销（SOH）比特，就构成了最终的
STM-N 帧结构。

　　图 9.3.4 表示 SDH 的等级复用原理，首先几个低比特率信号复用成 STM-0 信号，接
着 3 个 STM-0 信号复用成 STM-1 信号，几个低比特率信号也可以直接复用成 STM-1 信
号。然后 4 个 STM-1 信号复用成 STM-4 信号，以此复用下去，最后 4 个 STM-64 信号复

用成 STM-256 （39813.12 Mbit/s）信号。

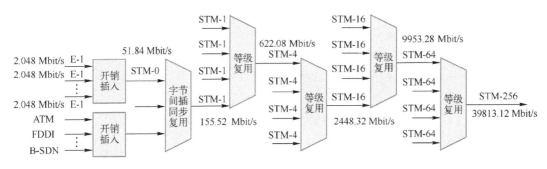

图 9.3.4　SDH 的等级复用

9.4　光复用光纤通信系统

业精于勤，荒于嬉；行成于思，毁于随。

——韩愈

在同一根光纤上传输多个信道，是一种利用极大光纤容量的简单途径。就像电频分复用一样，在发射端多个信道调制各自的光载波，在接收端使用光频选择器件对复用信道解复用，就可以取出所需的信道。使用这种制式的光波系统称作波分复用通信系统。

线性偏振光可以分解成 x 偏振光和 y 偏振光，如果用互不相同的电复用信号对这两种偏振光分别独立进行调制，经过偏振复用后在光纤线路上传输，在接收端，再经过偏振解复用恢复这两路电信号，则可以将光纤的传输容量扩大至现在的两倍。

光时分复用（OTDM）是用多个电信道信号调制速率（B）相同、但在时间上相互错开的同一个光频的不同光信道，然后进行光复用，以便构成比特率为 NB 的复合光信号，这里 N 是复用的光信道数。

光码分复用（OCDM）是在 OCDM 发送端，每个信道采用比它的基带频谱宽得多的编码方式，在接收端对每个信道的编码进行反变换，就可以把该信道信号取出来。

但是，直到目前为此，OTDM 和 OCDM 的技术尚不成熟，应用前景也不明朗，所以本书就不介绍了。本节只介绍已实用化的波分复用和偏振复用。

9.4.1 波分复用（WDM）光纤通信系统

图 9.4.1 表示波分复用光纤通信系统原理图。按照 ITU-T 的规定，波分复用又分为密集波分复用（DWDM）、粗波分复用（CWDM）和宽波分复用（WWDM），其波长间隔分别为 < 8 nm、< 50 nm 和 > 50 nm。对光源波长稳定性的要求是 $\pm\Delta\lambda/5$。

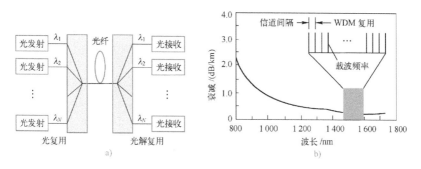

图 9.4.1 波分复用光纤通信

a）波分复用光纤通信系统原理图 b）光纤带宽很宽可以使用波分复用

图 9.4.2 表示偏振复用正交相移键控（PM-QPSK）波分复用光收发机原理图，IQ 调制器已在 6.4.2 节介绍过，相干检测将在 9.5 节介绍，DSP 将在 10.3 节介绍。

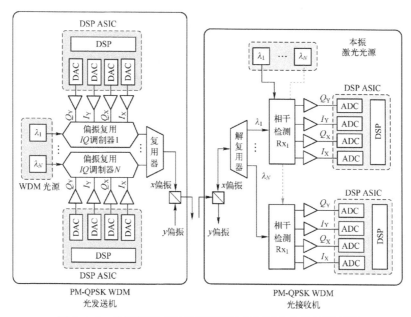

图 9.4.2 偏振复用正交相移键控波分复用光收发机原理图

光线路终端（OLT）有时也称光终端复用器（OTM），其功能是一样的，用于点对点系统终端，对波长进行复用/解复用，如图 9.4.3 所示。由图可见，光线路终端包括转发器、WDM 复用/解复用器、光放大器（EDFA）和光监视信道。

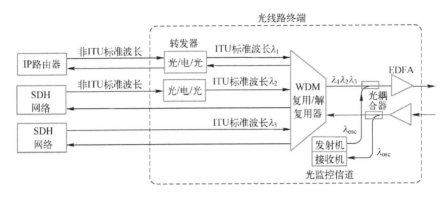

图 9.4.3　光线路终端（OLT）构成原理图

OLT 是具有光/电/光变换功能的转发器（或称电中继器），将用户使用的非 ITU-T 标准波长转换成 ITU-T 的标准波长，以便使用标准的波分复用/解复用器。这个功能也可以移到 SDH 用户终端设备中完成，如果今后全光波长转换器件成熟，也可以用它替换光/电/光转发器。转发器通常占用 OLT 的大部分费用、功耗和体积，所以减少转发器的数量有助于实现 OLT 设备的小型化，降低其费用。

光监视信道使用一个单独波长，用于监视线路光放大器的工作情况，以及用于传送系统内各信道的帧同步字节、公务字节、网管开销字节等。

光监视信道也可以把所有命令比特转换成便于传输的脉宽调制低频（150 kHz）载波信号，然后，在线路光纤放大器，把该信号叠加到线路信号上。

WDM 复用/解复用可以使用阵列波导光栅（AWG）、介质薄膜滤波器等器件来完成。

9.4.2　偏振复用（PM）光纤通信系统

自然光（非偏振光）在晶体中的振动方向受到限制，它只允许在某一特定方向上振动的光通过，这就是线偏振光。光的偏振（也称极化）描述当它通过晶体介质传输时其电场的特性。线性偏振光的电场振荡方向和传播方向总在一个平面内（振荡平面），如图 9.4.4a 所示，因此线性偏振光是平面偏振波。如果把一束非偏振光波（自然光）通过一个偏振片，就可以使它变成线性偏振光。图 9.4.4b 表示与 x 轴成 45° 角的线性偏振光，图 9.4.4c 表示在任一瞬间的线性偏振光可用包含幅度和相位的 E_x 和 E_y 合成。

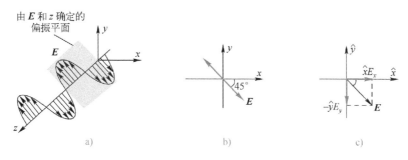

图 9.4.4　线性偏振光

a）线性偏振光波，它的电场振荡方向限定在沿垂直于传输 z 方向的线路上　b）场振荡包含在偏振平面内

c）在任一瞬间的线性偏振光可用包含幅度和相位的 E_x 和 E_y 合成

在标准单模光纤中，基模 LP_{01} 是由两个相互正交的线性偏振模 TE 模（x 偏振光）和 TM 模（y 偏振光）组成的。在折射率为理想圆对称光纤中，两个偏振模的群速度延迟相同，因而简并为单一模式。利用偏振片可以把它们分开，变为 TE 模（x 偏振光）和 TM 模（y 偏振光）。如果用 QPSK 调制后的同向（I）数据和正交（Q）数据通过马赫-曾德尔调制器（MZM）分别去调制 x 偏振光（TE 模）和 y 偏振光（TM 模），调制后的 x 偏振光和 y 偏振光经偏振合波器合波，就得到偏振复用（PM）光信号，然后再将调制后的奇偶波长信号频谱间插复用，如图 9.4.5a 所示，最后送入光纤传输。在接收端，进行相反的变换，解调出原来的数据。图 9.4.5b 中最右侧图表示发送机所有的 PM-QPSK 波长信道经波分复用后的频谱图（即 C 点波形）。

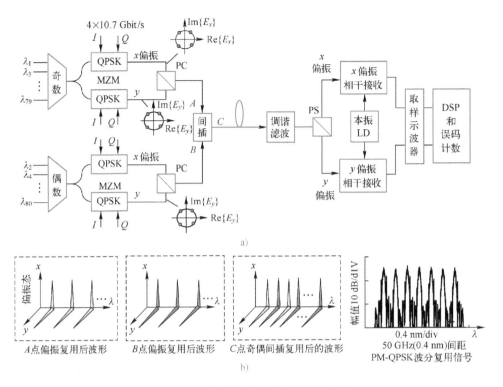

图 9.4.5 采用偏振复用的波分复用系统

a）偏振复用+波长间插复用 80×40 Gbit/s WDM 系统实验原理图

b）偏振复用+奇偶波长信道间插复用图解原理说明

9.5 相干光纤通信系统

我必须使研究具有真正的实验性。

——法拉第（M. Faraday）

9.5.1 相干检测原理——信号光与本振光混频产生中频信号

迄今为止，几乎所有实用的光纤系统都是采用非相干的强度调制-直接检测（IM/DD）方式，这类系统成熟、简单、成本低、性能优良，已经在电信网中获得广泛的应用，并仍将继续扮演主要的角色。然而，这种 IM/DD 方式没有利用光载波的相位和频率信息，无法像传统的无线电通信那样实现外差检测，从而限制了其性能的进一步改进和提高。

IM/DD 方式是用电子数据脉冲流直接调制光载波的强度，在接收端，光信号被光敏二极管直接探测，从而恢复最初的数字信号。相干检测系统用调制光载波的频率或相位发送信息，在接收端，使用零差或外差检测技术恢复原始的数字信号。因为光载波相位在这种方式中扮演着重要的角色，所以称为相干通信，基于这种技术的光纤通信系统称为相干通信系统。

研究相干通信技术的动机主要有两个：一是接收机灵敏度与 IM/DD 系统相比可以改进 20 dB，从而在相同发射机功率下，允许传输距离增加 100 km；二是使用相干检测可以有效地利用光纤带宽。现在，相干检测系统所需的器件均已成熟和商品化，DWDM 和相干检测系统已经广泛使用。

9.5.2　外差异步解调——不需恢复中频可简化接收机设计

在原理上，激光外差检测与无线电外差接收机相似，是基于无线电波或激光光波的相干性和检测器的平方律特性的检测。

图 9.5.1 为外差异步解调接收机方框图。它不要求恢复中频（微波载波），所以可简化接收机的设计。使用包络检波和低通滤波器，把带通滤波后的信号 $I_f(t)$ 转变为基带信号，送到判决电路的信号为

$$I_d = |I_f| = \left[(I_p\cos\varphi + i_c)^2 + (I_p\sin\varphi + i_s)^2 \right]^{1/2} \tag{9.5.1}$$

式中，i_c 和 i_s 分别是同向和异向高斯随机噪声。外差异步解调与外差同步解调的差别在于接收机噪声的同相和异相正交成分均影响信号质量，所以外差异步解调接收机的信噪比和接收机灵敏度均有所降低，不过，灵敏度下降相当小（-0.5 dB）。同时，异步解调对光发射机和本振光的线宽要求却是适中的，因此，外差异步接收机在相干光波系统的设

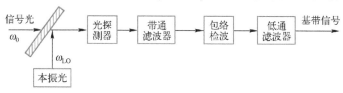

图 9.5.1　外差异步解调接收机方框图

计中扮演着主要的角色。

9.5.3 相位分集接收——产生与信号光和本振光相位差无关的输出信号

在相干光波系统中，导致灵敏度下降的主要因素是发射激光器和本振激光器的相位噪声，其理由可从表示外差接收机光检测器产生的光生电流公式（9.5.1）中得到理解。因为光检测过程的相干特性，相位的不稳定导致电流的不稳定，从而使 SNR 下降。

减少相位噪声除采用单纵模窄线宽半导体激光器外，另一种方法是设计一个相位分集接收机。这种接收机使用两个或多个光检测器，其输出合成后产生一个与相位差 $\phi_{IF} = \phi_s - \phi_{LO}$ 无关的信号。这种技术在 QPSK 调制方式下工作得很好。图 9.5.2 为一个两端口相位分集接收机的原理图，光混频器把信号光和本振光混频，在输出端口上提供适当相位差的输出，送到相应的接收支路。经信号处理和复合后提供一个与中频相位 ϕ_{IF} 无关的电流。例如，具有两个端口输出的零差接收机，其输出光信号相位差为 90°，一个支路的电流是 $I_p \cos\phi_{IF}$，另一个支路是 $I_p \sin\phi_{IF}$。这两个不同相位的信号进入各自的光检测放大支路（"分"开接收），经各自的基带信号处理后，两个输出信号相加（"集"合为有用的解调信号）。这就是所谓的相位分集接收，不管相位 ϕ_{IF} 如何变化，最后输出总保持不变。举一个 ϕ_{IF} 是 90° 或 0° 的特例，不管 ϕ_{IF} 是 90° 还是 0°，输出信号平方相加后（$I_p^2 \cos^2 90° + I_p^2 \sin^2 90°$）总是 I_p^2。两个端口的相位分集接收的缺点是需使用两套接收机，另外，也需要高功率输出的本振激光器，以便能分配足够大的功率到每个支路。因此，目前所有相位分集接收机均使用两个输出端口。光混频耦合器的结构见图 10.3.3。

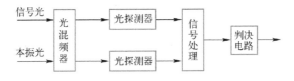

图 9.5.2　两端口输出相位分集接收机原理框图

9.5.4 偏振分集接收——输出信号与偏振无关

在直接检测接收机中，信号光的偏振态不起作用，这是因为这种接收机产生的光生电流只与入射光子数有关，而与它们的偏振态无关。但是，在相干接收机中，要求接收机信号光的偏振态要与本振光的偏振态匹配，并且还要保证匹配是持续保持的。否则，任何瞬时的失配都将导致数据的丢失。目前，普遍采用偏振分集接收。

图 9.5.3 为偏振分集相干接收机的原理方框图。用一个偏振光束分配器（PS）获得两个正交偏振成分输出信号，然后分别送到完全相同的两个接收支路进行处理。当两个支路产生的光生电流平方相加后，其输出信号就与偏振无关。偏振分集接收所付出的代价取决于采用的调制和解调技术。同步解调时，功率代价为 3 dB；理想的异步解调接收机功率代价仅 0.4~0.6 dB。

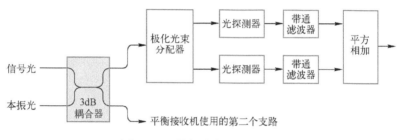

图 9.5.3 偏振分集相干接收机

图 10.3.3 表示 DQPSK 调制和异步相干检测光接收机，在这种接收机中，通常使用相位 & 偏振分集接收，提取同向分量 I 信号和正交分量 Q 信号。这样的接收机前端由 90°光混频耦合器组成，其时钟提取、重取样、色散补偿和时钟恢复采用 DSP 来完成，有的 DSP 功能也包含滤波和 A-D 转换。通常用极大似然（ML）算法进行相位估计。

第 10 章

———

高速光纤通信

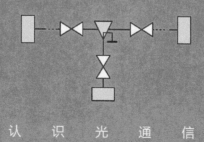

认 识 光 通 信

10.1　前向纠错——减少误码的关键技术

物理定律不能单靠思维来获得，还应致力于观察和实验。

——普朗克（M. K. E. L. Planck）

10.1.1　前向纠错概述——提高色散限制系统性能的最好办法

今天，前向纠错（FEC）技术已经广泛应用于光通信系统，特别是光纤通信系统。这种技术既可以在损耗限制系统中使用，也可以在色散限制系统中使用，但在高比特率、长距离的色散限制系统中使用更为重要。它使光纤通信系统在传输中产生的突发性长串误码和随机单个误码得到纠正，提高了通信质量。同时，也提高了接收机灵敏度，延长了无中继传输距离，增加了传输容量，放松了对系统光路器件的要求。前向纠错技术是提高光纤通信系统可靠性的重要手段。

在色散限制系统中，信息传输速率达到 Gbit/s 量级时，经常出现不随信号功率变化的背景误码效应。这种背景误码主要由多纵模激光器的模式噪声、啁啾噪声和光路器件引入的反射效应，以及由单纵模激光器中的部分模式噪声和模跳变效应引起。目前，克服这种误码效应的办法通常是在系统中加入光隔离器以防止光反射，采用外调制技术以防止啁啾噪声，采用高性能激光器以防止模式噪声。但是，采用上述措施，将使光纤通信系统造价增加，而效果并不理想。将前向纠错技术引入色散限制光纤通信系统，效果最好。

前向纠错是一种数据编码技术，该技术通过在发送端传输的信息序列中加入一些冗余监督码进行纠错。在发送端，由发送设备按一定算法生成冗余码，插入要传输的数据流中；在接收端，按同样的算法对接收到的数据流进行解码，根据接收到的码流确定误码的位置，并进行纠错。比如，发送端在 SDH STM-1 信号（155 Mbit/s）的开销字节中，插入总字节 7% 的冗余纠错码，对发射信号进行前向纠错（FEC）编码；在接收端，对传输过程中产生的误码，通过奇偶校验进行监视并纠正，可使 BER 减小，如图 10.1.1 所示。由图可见，输入误码率为 10^{-3} 时，输出误码率可减小到 10^{-6}；当输入误码率为 10^{-4} 时，输出误码率进一步可减小到 10^{-14}，提高了 10 个数量级。图 10.1.2 表示 2.5 Gbit/s 信号传输 480 km 之后，经前向纠错后接收机灵敏度在 BER = 10^{-9} 时提高了 5.7 dB。FEC 技术在光通信中的应用主要是为了获得额外的增益，即净编码增益（NCG）。

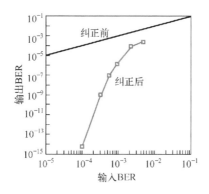

图 10.1.1　使系统 BER 减小

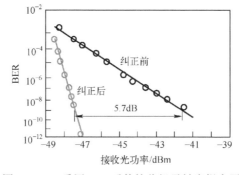

图 10.1.2　采用 FEC 后使接收机灵敏度提高了

10.1.2 前向纠错实现方法——并行处理级联内外编码

ITU-T 制定了 G.975 建议, 规定用 RS(255, 239) 码, 即规定信息码组长度为 239 bit, FEC 冗余码组长度为（255-239）bit, 所以冗余率为（255-239)/239 = 6.69%。这种 EFC 可以纠错 8 字节的码字, 使用插入 16 字节的帧, 可以纠错 1017 个连续误码比特。RS 编码方式是由 Reed 和 Solomon 提出的一种多进制 BCH 编码。

ITU-T 为高比特率 WDM 海底光缆系统 FEC 制定了 G.975.1 建议, 规定了 8 种级联码型。这是一种比 G.975 建议 RS（255, 239）码具有更强纠错能力的超级 FEC（SFEC）码。大部分 SFEC 是用里德-所罗门（RS）编码为内编码和其他一些编码方式为外编码级联而成。

级联码由 2 个取自不同域的子码（一般采用分组码）串接而成长码, 不需要长码所需的复杂解码设备, 且具有极强的纠正突发和随机错误能力。理论上, SFEC 通常采用一个二进制码作内编码, 采用另一个非二进制码作外编码, 组成一个简单的级联码, 其原理实现如图 10.1.3 所示。

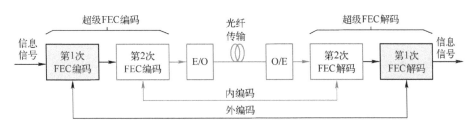

图 10.1.3 级联码原理实现框图

当信道产生少量的随机错误时, 可以通过内编码纠正; 当产生较大的突发错误或随机错误, 以至于超过内码的纠错能力时, 用外编码纠正。内解码器产生错译, 输出的码字错误仅相当于外码的几个错误符号, 外解码器能较容易地纠正。因此, 级联码用来纠正组合信道错误以及较长的突发性错误非常有效, 而且编解码电路实现简单, 付出代价较少, 非常适合光纤通信使用。

为了实现高比特率传输, 需并行处理编码/解码, 即使用分路器, 把总的比特率分解为数个速率较低的支路数据流, 然后对每一路进行编码/解码, 最后再用合路器把编/解码后的几路数据流合在一起，如图 10.1.4 所示。

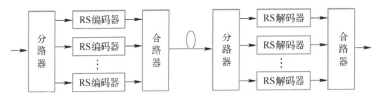

图 10.1.4　使用 FEC 的光纤传输系统

10.2　系统色散补偿和管理

我是一个普通人。如果我接受皇家学会希望加在我身上的荣誉，那么我就不能保证自己的诚实和正直，连一年也保证不了。

——法拉第（M. Faraday）

10.2.1　系统色散补偿原理——设法消去色散使光信号展宽的相位系数

由于光纤放大器的实用化，光纤损耗已不再是光纤通信系统的主要限制因素。的确，最先进的光波系统，如 DWDM 系统被光纤色散所限制，而不是损耗。在某种意义上说，光放大器解决了损耗问题，但同时加重了色散问题，因为与电中继器相比，光放大器不能把它的输出信号恢复成原来的形状。其结果是输入信号经多个放大器放大后，它引入的色散累积使输出信号展宽了。随着比特率的增加，色散已成为标准单模光纤传输距离超过 100 km 时的主要限制。

越来越受到重视的色散补偿技术，其概念可用脉冲传输方程

$$\frac{\partial A}{\partial z} + \frac{i}{2}\beta_2 \frac{\partial^2 A}{\partial t^2} - \frac{i}{6}\beta_3 \frac{\partial^3 A}{\partial t^3} = 0 \qquad (10.2.1)$$

来理解，式中，A 是输出脉冲包络的幅度，z 是光纤长度，三阶色散效应包括在 β_3 项中，实际上，当二阶色散 $|\beta_2| > 1 \ \mathrm{ps}^2/\mathrm{km}$ 时，β_3 项可以忽略不计，此时输出脉冲包络的幅度

$$A(z,t) = \frac{1}{2\pi} \int_{-\infty}^{\infty} \widetilde{A}(0,\omega) \exp\left(\frac{i}{2}\beta_2 z\omega^2 - i\omega t \right) \mathrm{d}\omega \qquad (10.2.2)$$

式中，$\widetilde{A}(0,\omega)$ 是 $A(0,t)$ 的傅里叶变换。

色散使光信号展宽是由相位系数 $\exp(i\beta_2 z\omega^2/2)$ 引起的，它使光脉冲经光纤传输后产生了新的频谱成分。所有的色散补偿方式都试图取消该相位系数，以便恢复原来的输入信号。具体实现时可以在接收机、发射机或沿光纤线路进行补偿。

10.2.2　色散补偿方法——负色散光纤补偿、电子滤波均衡 DSP 等

色散补偿光纤（DCF）是目前使用最广泛的技术。今天使用的大多数色散补偿是对标准单模光纤的色散和色散斜率进行的补偿。如果入射到光纤的平均功率足够低，光纤的非线性响应就可以忽略，此时就可以利用接收机输出脉冲包络的幅度式（10.2.2）的线性特性对色散进行完全的补偿。最简单的方式是在具有正色散值的标准单模光纤之后，接入一段在该波长下具有负色散特性的色散补偿光纤。其色散补偿的原理可以这样理解，在这两段光纤串接的情况下，色散补偿条件变为

$$D_1 L_1 + D_2 L_2 = 0 \tag{10.2.3}$$

色散补偿光纤的长度应满足

$$L_2 = -(D_1/D_2) L_1 \tag{10.2.4}$$

从实用考虑，L_2 应该尽可能短，所以它的色散值 D_2 应尽可能大。

对于单波长系统，一般使用色散接近零但又不为零的 G.655 负色散光纤，在少数色散补偿段上使用具有很大正色散值的色散补偿光纤。

对于多波长系统，大多数线路使用低负色散值[$-2\,\mathrm{ps/(nm \cdot km)}$]光纤；有时在一个中继段内，采用两种光纤级联，段首使用 G.655 大有效截面非零色散位移光纤，段尾使用 G.652 小色散斜率、正常有效芯径面积为 $60\sim80\,\mu\mathrm{m}^2$ 的标准单模光纤（SSF），两种光纤的距离比是 1:1，前者在于降低非线性影响，后者在于提高传输带宽，同时在色散补偿段使用具有较高正色散值的光纤。

如果中继段使用色度色散为 $-2\sim-3\,\mathrm{ps/(nm \cdot km)}$ 的 G.655 光纤，每隔 7 个这样的中继段配置一段 G.652 光纤，作为色散补偿段，典型的传输容量是 $64\times10\,\mathrm{Gbit/s}$，中继距离是 3000 km。

图 10.2.1 表示陆地系统和海底光缆系统色散补偿线路构成图和色散补偿图。

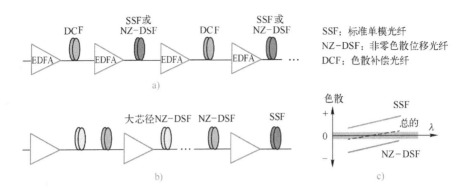

图 10.2.1　陆地系统和海底光缆系统通常使用的色散补偿图

a）陆地系统色散补偿线路构成　b）海底光缆系统标准色散补偿线路构成

c）海底光缆系统平坦色散补偿图

10.2.3　系统色散管理——正负色散光纤交替铺设

如果系统每 $100\sim200\,km$ 采用光-电-光再生中继器，在整段距离上，各种使性能下降的因素都不会累积。然而，当周期性地使用光放大器，自相位调制（SPM）和四波混频（FWM）等一些非线性效应，对于不同的色散补偿制式将以不同的方式影响系统性能。

群速度色散（GVD）和沿色散补偿光纤（DCF）线路功率的变化与 DCF 和光放大器的相对位置有关，为此，需要进行色散管理。所谓色散管理就是在光纤线路上混合使用正负 GVD 光纤，这样不仅减少了所有信道的总色散，而且非线性影响也最小。发送机使用差分相移键控（DPSK）技术可使接收机灵敏度改善 3 dB，可容忍更大的色散累积。适当的色散管理，可减轻非线性噪声和交叉相位调制的影响。

对于一个传输线路使用 G.655 非零色散位移光纤（NZ-DSF）的高比特率系统来说，光纤色散为负值，虽然很小，但当传输光纤很长时，色散在传输路径上的累积也很大，将使信号光脉冲发生畸变。为了补偿（抵消）这种光纤非线性畸变的累积，周期性地插入一段正色散光纤（如 G.652 标准光纤），这段光纤的正色散值正好与线路光纤（G.655）的负色散值相等，从而达到补偿的目的。图 10.2.2 表示理想的色散管理图，传输线路使用色散位移光纤，平均色散为 $D=-0.2\,ps/(nm\cdot km)$，每 1000 km 插入 10 km 的标准光纤（$+20\,ps/(nm\cdot km)$）进行补偿。

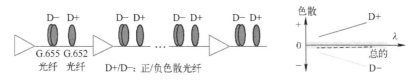

图 10.2.2　理想色散管理图

10.3　数字信号处理（DSP）

我的人生哲学是工作，我要揭示大自然的奥秘，并以此为人类造福。

——爱迪生（T. A. Edison）

10.3.1　DSP 在高比特率光纤通信系统中的作用

如 9.5 节所述，相干光通信系统具有许多优点，特别是偏振复用相干检测系统有着更高的频谱效率和传输速率。但该系统也面临着许多新的挑战，如光纤非线性和色散效应、激光器频率偏移及相位噪声等。有些效应（如色散）可以通过相关的光器件在光域进行补偿；而有的效应（如偏振模色散（PMD）、光纤非线性和光频漂移），很难通过光器件在光域补偿。此外，当本振激光与接收到的光信号拍频提取调制相位信息时，还会产生载波相位噪声。相位噪声来源于激光器，它将引起功率代价，降低接收机灵敏度，增加比特误码率。

在开发高速光传输系统中，相干检测和数字信号处理（DSP）是已用的两种关键技术。对于 400 Gbit/s 系统，不但接收机采用 DSP，甚至奈奎斯特脉冲整形发送机也采用 DSP。

相干检测系统采用 DSP，用于解调、线路增益均衡和前向纠错。在如图 10.3.1 所示的相干检测 DSP 系统中，载波相位跟踪、偏振校准和色散补偿均在数字领域完成。DSP 对线性传输损伤，如色度色散、偏振模色散可以提供稳定可靠的性能，也使系统安装、监视和维修更加容易，所以在高速光纤通信中得到广泛的使用。

在受光纤色度色散、偏振模色散和非线性效应影响的单信道和 DWDM 系统中，发送端/接收端的 DSP 技术可以显著提高 QPSK 和 QAM 调制系统的性能。

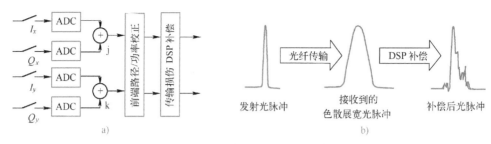

图 10.3.1　相干检测 DSP 构成及其作用

a）相干检测 DSP 构成原理图　b）光纤传输后展宽光脉冲经接收机 DSP 色散补偿重新变窄

10.3.2　DSP 基础——电子滤波均衡色散补偿

电子色散补偿（EDC）是一种光纤色散补偿技术，其目的是扩展光纤线路无补偿传输的距离。EDC 技术由于其小型化、低功耗和低成本的优点而逐渐受到更多的关注。EDC 是基于电子滤波（均衡）的数字信号处理（DSP）技术进行光纤色散补偿的，它通过对接收光信号在电域进行抽样、软件优化和信号复原，有效地调整接收信号的波形，恢复由于色度色散、偏振模色散和非线性引起的光信号展宽和失真，从而达到色散补偿的效果。

EDC 有两种形式：基于发送端的 EDC 和基于接收端的 EDC。目前，高速大容量光纤通信系统既在接收端采用 EDC，也在发送端采用 EDC。EDC 结构有多种形式，比较典型的有前馈均衡器、判决反馈均衡器、固定延迟树查询和最大似然序列估计法这 4 种。其中最大似然序列估计法色散补偿效果最好，但这种方法需要高速模数转换和数模转换，功耗大，在 10 Gbit/s 系统中一般不采用。

接收机可以使用电子技术对群速度色散进行补偿。其原理是：尽管 GVD 使输入光信号展宽，如果认为光纤是一个线性系统，就可以用电子方法来均衡色散的影响。对于相干检测接收系统，这种色散补偿方法是很容易实现的，因为相干接收机首先把光频转换为保留了信息幅度和相位的微波中频 ω_{IF} 信号。微波带通滤波器的冲激响应为

$$H(\omega) = \exp\left[-i(\omega - \omega_{IF})^2 \beta_2 L / 2\right] \qquad (10.3.1)$$

式中，L 是光纤长度，它对应式（10.2.2）中的 z，几十厘米长的微带线就可以对色散补偿。

但是在直接检测接收机中，就不能用线性电子电路补偿 GVD，因为光探测器只对光的强度响应，所有的相位信息在这里都丢失了。因此必须用非线性均衡方法，例如让通常固定在眼图中间位置的判决门限跟随前一个比特的幅度变化，但是这种方法需要复杂的高速逻辑

控制电路，成本较高，同时此方法也只能用于低比特率补偿几个色散距离的系统。

高速光纤通信系统一般综合采用前馈均衡器（FFE）和判决反馈均衡器（DFE）进行补偿，如图 10.3.2 所示。图中，FFE 由一个有限冲激响应滤波器（FIR）构成，输入信号通过一个分级延时电路，将每一级的输出加权累加得到滤波器的输出。延时电路的级数取决于传输信道造成的脉冲展宽。FIR 是线性滤波器，它可以设计成具有与光通道相反的传输特性，从而抵消色散的线性成分。DFE 的主要作用是补偿失真信号的非线性成分，它和判决器一起构成反馈回路，用均方误差准则优化均衡器系数，基于前面探测到的信号，动态调节判决阈值电平，消除码间干扰。

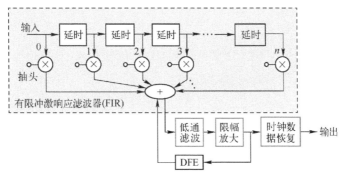

图 10.3.2　综合使用 FIR 和判决反馈均衡器（DFE）进行电子色散补偿

在适配状态下，蝶形有限冲激响应（FIR）滤波器的特性可以产生光纤传输函数的逆矩阵，正好可以抵消光纤传输引起的群速度色散、偏振模色散、偏振相关损耗和双折射效应的影响。

所以，电子色散补偿技术已在数字信号处理器中得到广泛的应用。

10.3.3　数字信号处理（DSP）技术的实现

图 10.3.3 表示 DSP 在 DQPSK 调制和异步相干检测接收机中的应用，在这种接收机中，通常使用相位 & 偏振分集接收，提取同向分量 I 信号和正交分量 Q 信号。这样的接收机前端由 90°光混频耦合器组成，其时钟提取、重取样、色散补偿和时钟恢复采用 DSP 来完成，有的 DSP 功能也包含滤波和模数转换。通常用极大似然算法进行相位估计。

用于偏振复用相干检测的数字信号处理（DSP）电路如图 10.3.4 所示，它由抗混叠滤波器、4 通道模数转换器（ADC）、频域均衡器、适配均衡器、载波相位评估补偿和解码器等组成。

对 ADC 取样速率的要求通常是 2 倍比特率 R，以避免混淆的影响。目前 100 Gbit/s 偏振复用 QPSK 调制（PM-QPSK）系统，波特率是 25 Gbaud，取样率是 50 GSa/s。

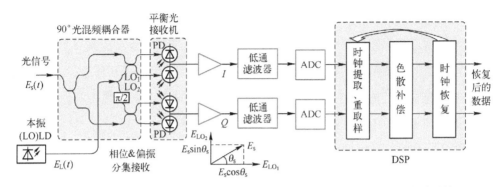

图 10.3.3 DQPSK 调制相干检测平衡光接收机用 DSP 完成时钟恢复和色散补偿

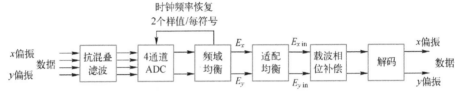

图 10.3.4 数字信号处理电路构成

频域均衡实现过程是对模数转换后的输入数据进行傅里叶变换和逆变换，对系统因传输损伤展宽的输入脉冲信号恢复原来的形状。

10.3.4 100 Gbit/s 系统数字信号处理器

开发出的 100 Gbit/s PM-QPSK 光纤通信系统收发模块和相干检测专用集成电路（ASIC）接收机通道（含数字信号处理器）分别如图 10.3.5a 和图 10.3.5b 所示，该收发模块与光互联网论坛（OIF）发布的指标一致。相干检测接收通道 ASIC 的主要功能包括模数转换、CD 补偿、适配均衡、载波相位恢复和 FEC 解码。这种 DSP 和 ASIC 设计用于长距离应用，该系统的典型要求是，在 FEC 后的 BER 为 10^{-15} 时（要求 FEC 净编码增益约 11 dB），光信噪比（OSNR）约 12 dB，CD 容限 60000 ps/nm 和 PMD 容限 30 ps。

模数转换器取样率约 1.3 倍符号率或更高，模拟带宽要超过 1/2 符号率的奈奎斯特频率。

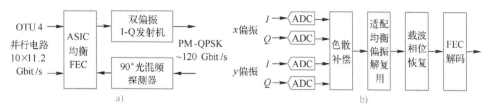

图 10.3.5　100 Gbit/s PM-QPSK 系统收发模块及相干 ASIC

a) 100 Gbit/s 用户光线路卡　b) ASIC 接收机通道

适配均衡完成偏振解复用，同时对偏振模色散、极化相关损耗和残留色度色散进行补偿。它有 2 个输入和 2 个输出，分别用于每个偏振。适配均衡器使用有限冲激响应滤波器（FIR）和恒定模量算法进行均衡补偿，同时对使用器件和工厂制造偏差进行补偿。FIR 是一个线性滤波器，具有与光通道相反的传输特性，从而抵消色散的线性成分。

图 10.3.6 表示 9 抽头有限冲激响应滤波器，它由 8 个移位寄存器、9 个倍乘器和 1 个加法器组成。移位寄存器在 9 个不同的连续时刻接入取样信号，通常取样频率是 2 倍波特率。从左到右的每个取样信号值依次与 h_{xx1}、h_{xx2}、$\cdots$、h_{xx9} 相乘。假如对均衡没有要求，除中心 h_{xx5} 系数为 1 外，其他所有倍乘系数均为 0。然后，9 路信号经倍乘后的取样信号值相加输出。倍乘系数值被恒定模量算法更新。FIR 可以用 DSP 来实现。

色散补偿可以在时域进行，也可以在频域进行。为了更有效补偿，当补偿范围超过约 1000 ps/nm 时，就在频域补偿。使用一个快速傅里叶变换（FFT），将时域样值 $x(t)$ 转换成频域样值 $X(f)$，该 $X(f)$ 值与滤波器冲激响应 $W_N(f)$ 相乘，其乘积用一个傅里叶逆变换（IFFT）转换回时域 $x(t)$。频域均衡值与其对应的时域均衡值在数学上是等效的，但是其均衡的复杂性要低得多。

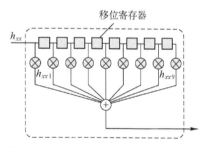

图 10.3.6　有限冲激响应滤波器（FIR）

如果说光学、光电子学是光纤通信的基础，那么信息类高等数学就是高速光纤通信的灵魂。数字信号处理（DSP）是高速光纤传输系统的关键技术。DSP 技术的关键是利用傅里叶变换（FFT）和逆变换（IFFT），把输入数据从时域转换到频域，对色散进行简单有效的补偿。4G、5G 移动通信采用的正交频分复用（OFDM）对载波的调制和解调也是分别基于离散傅里叶逆变换（IDFT）和离散傅里叶变换（DFT）来实现的。

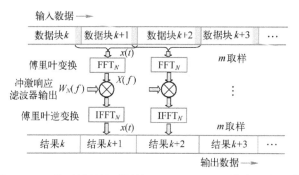

图 10.3.7　从时域转换到频域（FFT/IFFT）对色散进行补偿

10.4　增益均衡

> 一切推理都必须从观察和实验得来。
>
> ——伽利略（G. Galilei）

10.4.1　增益均衡的必要性——满足光纤通信系统所有信道对 BER 的要求

EDFA 增益不平坦，多级串联后使不同波长的光增益相差很大，这种光放大器线路的非一致性频谱响应，使长距离传输系统的 SNR 下降。

为此，每个中继器使用增益平坦滤波器，纠正 EDFA 增益形状和与波长有关的光纤传输损耗引起的输出功率-频谱曲线的畸变。然而，这种光功率-频谱特性的纠正，不能完全解决所有信道的偏差。所选器件参数不可能完全一致，制造过程也不可避免产生偏差。而且，光纤老化或光缆维修也会引起网络传输特性的变化，进而使功率-频谱特性发生偏差。

10.4.2　增益均衡实现方法——预增强和插入增益平坦滤波器

首先，采用功率预增强技术，根据每个波长在线路中的损耗情况，使进入每个 WDM 信道的光功率不同，从而使终端接收机对所有波长信道接收的 SNR（BER）都几乎相同。

其次，把增益平坦滤波器插入线路中，进行适当的预均衡。实际上有 4 种增益平坦滤波技术。

1）每个光放大器均有增益平坦滤波器。

2）每 10 个光放大器插入一个固定增益平坦均衡器，补偿放大器链路中残留非一致性频谱响应，如图 10.4.1 所示，没有增益平坦均衡时，在 1533~1569 nm 范围（36 nm）内，增益波动 3 dB，当插入增益平坦均衡器后，只有 0.25 dB 的波动。

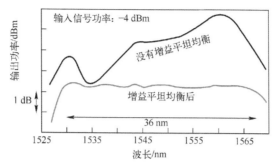

图 10.4.1　固定增益均衡器对 EDFA 增益频谱响应的影响

3）每 10 个放大器插入一个可调谐斜率均衡器，补偿因器件老化和光缆维修引起的增益畸变。

4）周期性地插入拉曼放大器，通过遥控拉曼泵浦功率，获得可调谐倾斜增益，如图 10.4.2 所示。

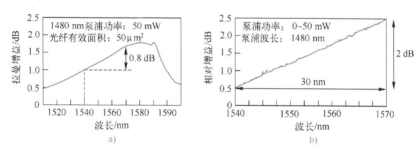

图 10.4.2　将拉曼放大插入 EDFA 链路中构成调谐增益斜率均衡器
a）拉曼增益与波长的关系　b）拉曼放大产生增益倾斜

有两种可用的增益平坦技术，一种是无源均衡技术，另一种是有源均衡技术。均衡器也可以按它们纠正的目的分类，纠正增益-频谱特性倾斜或斜率的，称为斜率均衡器，纠正与残留非线性有关倾斜的，称为形状均衡器。

10.4.3　无源均衡器——光滤波器均衡

无源均衡器的特性在出厂前均已调整好。通常，每 10~15 个中继器插入一个均衡器。

无源均衡器有斜率均衡器和形状均衡器，两者的区别在于是否与波长有关，前者与波长有关，而后者则无关。但两者均由固定传输滤波器组成，用光纤熔接方法接入中继器盒。

一种无源均衡器用多个介质薄膜光滤波器（4.4.2 节）或布拉格光纤光栅滤波器（4.3.2 节）组成，典型均衡器的构成如图 10.4.3 所示，在包含 8 对光纤的中继器盒中，只用一个均衡器即可。通常，均衡器的均衡范围为 1~6 dB，插入损耗为 3~7 dB。需要均衡的区段增益–频谱特性形状，以及滤波器的传输特性，通常直接测量决定。无源均衡器直流电阻小于 0.5 Ω，不需要供电。

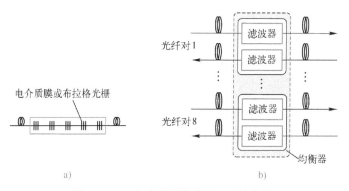

图 10.4.3　由滤波器构成的无源均衡器

a）单个滤波器构成　b）无源均衡器同时补偿 8 个光纤对的增益

10.4.4　有源均衡器——有源滤波

在输出功率自动控制的中继器中，输入信号功率的下降将引起短波长信号 EDFA 增益的增加，于是产生了负的斜率，即频带内短波长信道将携带更多的功率，使用有源均衡器可以均衡这种特性。网络寿命期内，网络管理者在任何时间均可以发送指令，通过光纤传送给中继器监控电路，进行增益斜率调整。

用于 1 个光纤对的有源斜率均衡器如图 10.4.4 所示，该均衡器利用法拉第磁光效应（见 5.1.1 节），使入射光偏振方向发生旋转，其磁场由通电线圈产生。波长不同，旋转角度也不同，法拉第旋转器输出端对 WDM 波段内不同波长信道信号提供不同的线性衰减特性，即检偏器输出倾斜的增益–频谱特性，可用于对输入 WDM 信道信号增益的纠正。不同的偏流产生不同的倾斜校正，使用监控信号设置一套偏置电流对其校正。图 10.4.4a 监控电路中的 PIN 光检测器接收终端站发送来的监控指令，被监控电路接收理解，并对光纤对上的有源滤波器独立控制。倾斜纠正范围典型值为±4 dB，提供的平坦偏差为 0.1~0.4 dB。

对倾斜均衡的监控与对中继器的监控类似，不过使用的指令要少得多。光纤对上的

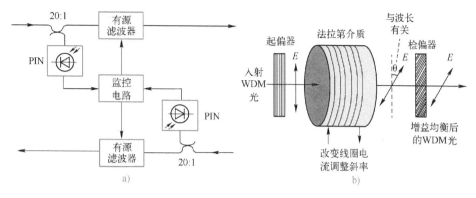

图 10.4.4　用于一个光纤对的有源斜率均衡器

a）在一个光纤对中使用有源滤波器进行斜率均衡　b）调整加在法拉第介质上的电流实施倾斜控制

每个有源滤波器有唯一的地址，终端站只需通知指定的斜率均衡器调整线圈偏流，对倾斜实施控制。

通常，6 个光纤对均衡器消耗的电力可使供电网络电压下降 15 ~ 20 V（线性电流 1000 mA）。

有源均衡器还可以采用其他原理构成，例如可用拉曼泵浦获得正倾斜增益-频谱特性，如图 10.4.2 所示，用于纠正老化和维修产生的负斜率。单个波长拉曼泵浦就可以获得 40 nm 以上的带宽。混合使用 EDFA 和拉曼泵浦，同时可以提供倾斜增益-频谱特性和增益补偿。另外一种有源均衡技术是使用可变光衰减器（VOA），直接控制 VOA 的设置，调整输入到 EDFA 的输入功率，EDFA 就产生一个线性倾斜的输出。但这种方法的系统代价要比固定滤波器或拉曼倾斜均衡器的高。还有一种有源均衡是用光开关从一套无源倾斜滤波器特性中，选择所需要的那种特性进行均衡，但这种方法将中断业务运行。

10.5　奈奎斯特脉冲整形

天才是百分之一的灵感加上百分之九十九的汗水。

——爱迪生（T. A. Edison）

10.5.1　奈奎斯特脉冲整形概念——使信号频谱局限在最小频谱带宽内

奈奎斯特脉冲整形使信号频谱局限在一个最小可能的频谱带宽内，从而避免信道间的干扰，减少使用专门信号处理技术的需要，允许信道间距接近符号率。它是光纤通信系统提高频谱效率的有效工具，用于构成最密集的 WDM 系统。

所谓**奈奎斯特脉冲整形**，就是把时域脉冲形状整形为辛格函数 $[\mathrm{sinc}(x)]$ 形状。辛格函数用 $\mathrm{sinc}(x)=\sin(x)/x(x\neq0)$ 表示，在数字信号处理器（DSP）和信息论中，通常定义归一化辛格函数为

$$\mathrm{sinc}(x)=\frac{\sin(\pi x)}{\pi x},\quad x\neq0 \qquad (10.5.1)$$

当 $x=0$ 时，$\mathrm{sinc}=1$。

在介绍辛格函数频谱特性前，先来回顾一下矩形脉冲的特性。矩形脉冲是最重要和最常用的脉冲信号之一，因为它可以方便地表示二进制数据"1"和"0"。对表示单个矩形脉冲函数进行傅里叶变换，就得到矩形脉冲的频谱为辛格函数形状。图 10.5.1a 表示矩形脉冲的时域图和对应的频域图，由图可见，脉冲宽度 T 与频谱图中的第 1 个零点位置 $1/T$ 是反比关系。

利用傅里叶变换的对称定理，很容易得知，具有 $\sin(x)/x$ 形状的辛格脉冲信号的频谱为矩形频谱，如图 10.5.1b 所示。

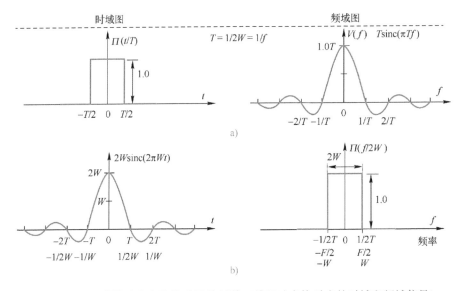

图 10.5.1　矩形脉冲和辛格脉冲及其频谱（傅里叶变换对应的时域和频域信号）

a）矩形脉冲（不整形）　b）辛格脉冲（整形后的奈奎斯特脉冲）

由此可见，在时域，奈奎斯特脉冲形状是辛格函数形状；在频域，它是方波形状。

10.5.2　奈奎斯特发送机/接收机及其系统

奈奎斯特发送机和接收机与传统的不同，它不仅要对数据包络编码到光载波 f_0 上，而且要对脉冲形状编码。因此，需要对发送机输出脉冲整形。

在光脉冲整形和复用发送机中，首先，用 I/Q 调制器把电信号编码到光载波上，然后，对光信号进行脉冲整形，形成发送机信号脉冲响应函数 $h_s(t)$ 脉冲，进一步波长复用，产生 Tbit/s 超级信道信号。当然，也可以在电域进行奈奎斯特整形。

图 10.5.2 表示一个在实验室使用的奈奎斯特光发送机，该实验使用 FPGA 构成 64 抽头系数的有限冲激响应（FIR）滤波器，对输入的伪随机码在电域实时进行奈奎斯特脉冲整形，经数模转换（DAC）平滑后，对 MZ 调制器进行 I/Q 调制，发送机输出信号的时域图/频域图几乎为辛格状/方形脉冲。接收端为相干接收机，以 80 GSa/s 取样，同时处理两个偏振输入信号，进行模数转换（ADC）、载波相位恢复和时钟估算恢复、增益均衡、色散补偿和 BER 测量。

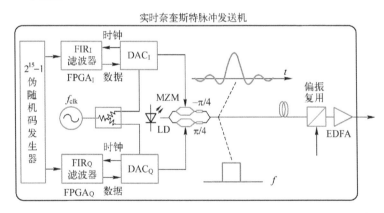

图 10.5.2　奈奎斯特脉冲整形传输实验系统光发送机构成图

奈奎斯特脉冲整形允许有效地进行波长复用，无须保护间隔，在这方面类似于正交频分复用，即方形的时域脉冲和辛格状的频域脉冲，如图 10.5.1 所示。

10.6 100 Gbit/s 超长距离 DWDM 系统

如果一个想法在一开始不是荒谬的，那它就是没有希望的。

——爱因斯坦（A. Einstein）

10.6.1 100 Gbit/s 超长距离 DWDM 系统关键技术

与 10 Gbit/s 线路速率系统相比，100 Gbit/s 系统要求光信噪比（OSNR）提高 10 倍，为此，除采用偏振复用/相干检测、QPSK 或 QAM 调制技术外，还要采用更为先进的前向纠错（FEC）技术。

双偏振指的是两个正交偏振光信号，即两个光频率完全相同但又互相独立的光信号。两路光信号来自同一个发射激光器，经过偏振分配器（PS）获得。每路光信号分别被调制，携带一半数据净荷。而实际发射的信号比特率是净荷数据加上数据编码的额外开销、传输管理、前向纠错（FEC）字节，约为 110 Gbit/s。将数据均分成两份，在两个偏振光波上分别传输，每个偏振携带一半数据率。将调制速率减小一半，意味着降低了对光带宽的要求，减小了信道间距，允许使用 50 GHz 的信道间距，传输净荷 100 Gbit/s 的信号。

10.6.2 100 Gbit/s 超长距离 DWDM 系统光收发模块

100 Gbit/s 超长 DWDM 系统采用偏振复用正交相移键控（PM-QPSK），符号率减小到 1/4，但是信号处理器件规模相应也扩大了 4 倍。图 10.6.1a 表示 PM-QPSK 光发送机模块方框图，信号激光器发射的光信号经过偏振光分离器（PS），分解为水平（x）偏振光和垂直（y）偏振光。x、y 偏振光分别通过 MZ 调制器被同向（I）和正交（Q）数据信号调制。

100 Gbit/s 超长 DWDM 系统的平衡检测光接收机模块采用 90°光混频相干接收机，如图 10.6.1b 所示。

图 10.6.2 表示 PM-QPSK 收发机模块主要功能方框图，所有功能均在一块印制电路板上实现。该模块包含激光器、集成光电子模块、QPSK 解码器、模数转换器（ADC）和

数字信号处理器。如果采用软件判决 FEC，可能还有与 DSP 集成在一起的 FEC。该印制板左侧是光传输网（OTN）数据帧和 FEC 编/解码器，它们位于收发机模块的外边。

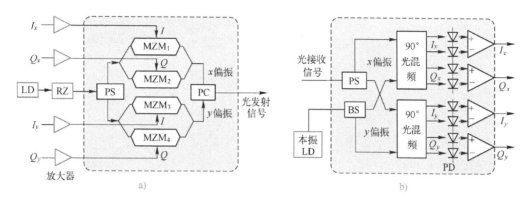

图 10.6.1　100 Gbit/s PM-QPSK 系统光发送机和接收机模块方框图

a) 偏振复用光发送机模块　b) 平衡检测光接收机模块

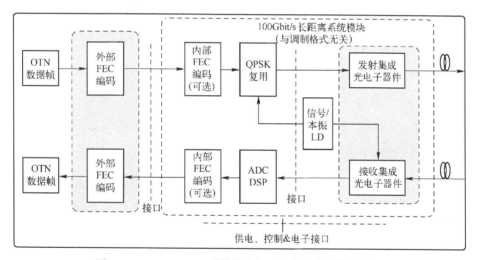

图 10.6.2　100 Gbit/s 系统收发机功能模块印制板构成图

100 Gbit/s 系统收发机模块功能是这样实现的。在发射方向，输入数据首先根据 OTN 建议成帧，送入 FEC 编码，接着编码数据进入收发机模块，被转换成 I/Q 驱动信号，控制光调制器。发射激光器提供光信号给调制器，本振激光器提供光信号给相干接收机。输入信号光与本振光混频后，送到光检测器，被光检测器转换成输入信号光的电信号，经滤波放大、数字化后进入 DSP 模块。经过处理后送入内部或外部 FEC 解码器，最后再按照 OTN 建议使数据成帧。

10.7　海底光缆通信

我并不希望发现新大陆，只希望理解已经存在的物理学基础，或许能将其加深。

——普朗克（M. K. E. L Planck）

10.7.1　海底光缆通信系统在世界通信网络中的地位和作用

海底光缆通信容量大、可靠性高、传输质量好，在当今信息时代，起着极其重要的作用，因为世界上绝大部分互联网越洋数据和长途通信业务是通过海底光缆传输的，有的国外学者甚至认为，可能占到99%。中国海岸线长、岛屿多，为了满足人们对信息传输业务不断增长的需要，我国大力开发建设中国沿海地区海底光缆通信系统，改善中国通信设施，这对于推动整个国民经济信息化进程、巩固国防具有重大的战略意义。

随着全球通信业务需求量的不断扩大，海底光缆通信发展应用前景将更加广阔。

一个全球海底光缆网络可看作由4层构成，前3层是国内网、地区网和洲际网，第4层是专用网。连接一个国家的大陆和附近的岛屿，以及连接岛屿与岛屿之间的海底光缆组成国内网。国内网在一个国家范围内分配电信业务，并向其他国家发送电信业务。地区网连接地理上同属一个区域的国家，在该地区分配由其他地区传送来的电信业务，以及汇集并发送本地区发往其他地区的业务。洲际网连接世界上由海洋分割开的每一个地区，因此称这种网为全球网或跨洋网。第4层与前3层不同，它们是一些专用网，如连接大陆和岛屿之间的国防专用网、连接岸上和海洋石油钻井平台间的专用网，这些网由各国政府或工业界使用。

10.7.2　海底光缆通信系统组成和分类

海底光缆通信系统按有/无海底光放大中继器可分为有中继海底光缆系统和无中继海底光缆系统。有中继海底光缆系统通常由海底光缆终端设备、远供电源设备、线路监测设备、网络管理设备、海底光中继器、海底分支单元、在线功率均衡器、海底光缆、海底光缆接头盒、海洋接地装置以及陆地光电缆等设备组成,如图 10.7.1 所示。

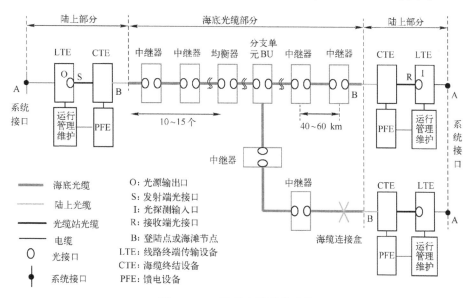

图 10.7.1　海底光缆通信系统

无中继海底光缆系统与有中继海底光缆通信相比,除没有光中继器、均衡器和远供电源设备外,其他部分几乎与有中继的相同。

海底光缆通信系统按照终端设备类型可分为 SDH 系统和 WDM 系统。

图 10.7.1 表示海底光缆通信系统构成和边界的基本概念,通常,海底光缆通信系统包括中继器和/或海底光缆分支单元。图 10.7.1 中,A 代表终端站的系统接口,在这里系统可以接入陆上数字链路或到其他海底光缆系统;B 代表海滩节点或登陆点。A-B 代表陆上部分,B-B 代表海底部分,O 代表光源输出口,I 代表光探测输入口,S 代表发射端光接口,R 代表接收端光接口。

陆上部分,处于终端站 A 中的系统接口和海滩连接点或登陆点之间,包括陆上光缆、陆上连接点和系统终端设备。该设备也提供监视和维护功能。

海底光缆部分,包括海床上的光缆、海缆中继器、海缆分支单元和海缆接头盒。

LTE,线路终端传输设备,它在光接口终结海底光缆传输线路,并连接到系统接口。

运行管理维护(OA&M),是一台连接到监视和遥控维护设备的计算机,在网络管理系统中对网元进行管理。

PFE,馈电设备,该设备通过海底光缆里的电导体,为海底光中继器和/或海底光缆分支单元提供稳定恒电流。

CTE，海缆终结设备，该设备提供连接 LTE 光缆和海底光缆之间的接口，也提供 PFE 馈电线和光缆馈电导体间的接口。通常，CTE 是 PFE 的一部分。

海底光缆中继器，包含一个或者多个光放大器。

BU，分支单元，连接两个以上（不含两个）海缆段的设备。

系统接口，是数字线路段终结点，是指定设备数字传输系统 SDH 设备时分复用帧上的一点。

光接口，是两个互联的光线路段间的共同边界。

海缆连接盒，将两根海底光缆连接在一起的盒子。

10.7.3 海底光缆通信系统发展历程

在陆地干线光缆通信系统应用不久，海底光缆敷设就开始了。从 1980 年英国在国内沿海建立第一条光纤长 10 km，传输速率 140 Mbit/s，只有 1 个电中继器的通信系统算起，海底光缆通信系统已有近 40 年的历史。自此以后，海底光缆通信技术得到了飞速发展，海底光缆通信系统已经历了 4 代。到目前为止，铺设海底光缆线路已达百万千米。与模拟同轴电缆系统、卫星通信系统相比，在传输容量、可靠性和质量方面，海底光缆通信系统已使全球通信发生了彻底的变革。

1988 年，第一条横跨大西洋，连接美国、法国和英国的海底光缆 TAT-8 系统，以及横跨太平洋，连接日本、美国的 HAW-4/TCP-3 海底光缆系统开通，此后，远洋洲际通信系统就不再铺设海底电缆了。这些海底光缆系统采用电再生中继器和 PDH 终端设备，工作在第 2 个光纤低损耗（1.3 μm）窗口，传输速率为 295 Mbit/s，提供 40000 个电话电路，使用常规 G.652 光纤，中继间距约为 70 km，称为第 1 代海底光缆通信系统。

由于 1.55 μm 单频半导体激光器的出现，以及 1.55 μm 窗口光纤损耗的降低，1991 年出现了 1.55 μm 系统。这种系统也采用电再生中继器和 PDH 终端设备，传输速率为 560 Mbit/s，使用 G.654 损耗最小光纤，中继间距几乎是第 1 代系统的两倍，这种工作在 1.55 μm 光纤窗口的系统称为第 2 代海底光缆系统。

20 世纪 90 年代，掺铒光纤放大器（EDFA）产品的出现，使全光中继放大成为现实，这就为海底光缆系统全光中继器取代传统电再生中继器创造了条件。1994 年高速大容量 SDH 光传输设备引入海底光缆系统，1997 年随着波分复用（WDM）技术的成熟，光纤损耗的进一步降低（0.18 dB/km）及色散位移光纤的商品化，无中继传输距离不断增加，622 Mbit/s 的系统的中继传输距离可达到 501 km，2.5 Gbit/s 的系统的中继距离可以达到 529 km。海底光缆通信系统每话路千米成本逐年降低。2000 年~2003 年，从开关键控（OOK）调制变化到差分相移键控（DPSK），使用 C+L 波段 EDFA，信道速率为 10 Gbit/s 的 6000 km 系统单根光纤最大传输容量从 1.8 Tbit/s 提升到 3.7 Tbit/s。在 2004 年，40 Gbit/s 系统使用 DPSK 调制也达到 6 Tbit/s。此后的 5 年里，传输容量再没有扩大，直到 2009 年，使用偏振复用/相干检测和先进的光调制技术（如 PM-QPSK），100 Gbit/s 信道速率信号传输 6000 km 单根光纤容量突破 6 Tbit/s，几乎达到 10 Tbit/s。所以，从 20 世纪 90 年代开始到 2009 年，使用偏振复用相干检测之前是第 3 代海底光缆通信系统。

从 2010 年开始，就进入了基于 WDM+EDFA/Raman+偏振复用（PM）/相干检测技术的第 4 代海底光缆系统。

由于海底光缆通信质量优于微波和卫星，施工难度又小于陆上光缆，所以敷设了大量的海底光缆系统。有文献显示，到目前为止，已铺设光缆百万千米以上。随着光纤技术的进步，通话费用迅速降低，海底光缆传输的话务量急剧增长。

10.7.4 连接中国的海底光缆通信系统

1993 年 12 月，中国与日本、美国共同投资建设的第一条通向世界的大容量海底光缆——中日海底光缆系统正式开通。这个系统从上海南汇到日本宫崎，全长 1252 km，传输速率为 560 Mbit/s。系统有两对光纤，可提供 7560 条话路，相当于原中日海底电缆的 15 倍，显著提高了中国的国际通信能力。

接入中国的主要国际海底光缆通信系统如表 10.7.1 所示，另外还有几条在香港登陆的国际海底光缆，如 1990 年 7 月开通的中国（香港）-日本-韩国海缆系统（H-J-K），1993 年 7 月开通的亚太海缆系统（APC），1995 年开通的泰国-越南-中国（香港）海缆系统（T-V-H），1997 年 1 月开通的亚太海缆网络（APCN）等。这些系统通达世界 30 多个国家和地区，形成覆盖全球的高速数字光通信网络。海底光缆通信技术的最新发展使构成一个全球通信网络的梦想变为可能。

表 10.7.1　连接中国的主要海底光缆系统

名　　称	连接地区（或城市）	信道传输速率/容量	光纤对数	开通/扩容时间
中韩海缆	中国青岛和韩国泰安	0.565 Gbit/s	2	1996 年
环球海缆（FLAG）	中国（上海、香港）、日本、韩国、印度、阿联酋、西班牙、英国等	5 Gbit/s 10 Gbit/s 100 Gbit/s	2	1997 年 2006 年 2013 年
亚欧海缆（SEA-ME-WE-3）	中国（上海、台湾、香港、澳门）、日本、韩国、菲律宾、澳大利亚、英国、法国等	2.5 Gbit/s×8 波长 10 Gbit/s×8 波长 40 Gbit/s×8 波长	2	1999 年 2002 年 2011 年
亚太 2 号海缆（APCN-2）	中国（上海、汕头、香港、台湾）、日本、韩国、新加坡、菲律宾、澳大利亚等	10 Gbit/s×64 波长 40 Gbit/s×64 波长 100 Gbit/s×64 波长	4	2001 年 2011 年 2014 年
C2C 国际海缆	中国（上海、台湾、香港）、日本、韩国、菲律宾等	10 Gbit/s×96 波长，/7.68 Tbit/s	8	2002 年
太平洋海缆（TPE）	中国（青岛、上海、台湾）、韩国、日本、美国	10 Gb/s×64/2.56 Tb/s 100 Gb/s/22.56 Tb/s	4	2008 年 2016 年
亚洲-美洲海缆系统（AAG）	中国、美国、越南、马来西亚、菲律宾、新加坡等	2.88 Tbit/s 100 Gbit/s	3/2	2010 年 2015 年
东南亚-日本海缆系统（SJC）	中国、日本、新加坡、菲律宾、文莱、泰国	64×40 Gbit/s 64×100 Gbit/s	6	2013 年 2015 年
亚太直达海缆系统（APG）	中国、韩国、日本、泰国、马来西亚、新加坡等	100 Gbit/s /54.8 Tbit/s	4	2016 年
跨太平洋高速海缆（FASTER）	中国、美国、日本、新加坡、马来西亚等	100 Gbit/s×100 波长 /55 Tbit/s	3	2016 年
亚欧海缆（SEA-ME-WE-5）	中国（上海、香港、台湾）、新加坡、巴基斯坦、吉布提、法国等 19 个国家	100 Gbit/s /24 Tbit/s	—	2017 年
新跨太平洋海缆（NCP）	中国、韩国、日本、美国等	100 Gbit/s /60 Tbit/s	6	2018 年
香港关岛海缆 HK-G	中国（香港、台湾）、美国（属地关岛）、菲律宾	100 Gbit/s/48 Tbit/s	—	2020 年

亚太光缆网络二号（APCN-2）在 2001 年 NEC 开通时是 10 Gbit/s DWDM 系统，2011 年设备升级到 40 Gbit/s，2014 年又升级到 100 Gbit/s，其光纤容量可扩大至原设计能力 2.56 Tbit/s 的 10 倍多。

跨太平洋高速海底光缆（FASTER）已于 2016 年 6 月 30 日正式投入使用，项目由中国移动、中国电信、中国联通、日本 KDDI、谷歌等公司组成的联合体共同出资建设，工程由日本 NEC 公司负责，采用偏振复用/相干检测技术的密集波分复用（DWDM），每个波长携带数据速率为 100 Gbit/s 的信号，共 100 个波长，线路总长 13000 km，设计容量 54.8 Tbit/s。

2016 年底报道，NEC 宣布亚太直达海底光缆通信系统（APG，Asia Pacific Gateway）的全部工程建设已经完成，并已交付使用。该系统连接中国（上海、香港和台湾）、日本、韩国、越南、泰国、马来西亚、新加坡，全长约 10900 km，采用信道速率为 100 Gbit/s 的偏振复用/相干检测技术 DWDM 系统，可以实现每秒超过 54.8 Tbit/s 的传输容量。该系统在新加坡与其他海底光缆系统连接，可达北美、中东、北非、南欧。APG 海缆由中国电信、中国联通与 13 家合作伙伴共同投资建设。

新跨太平洋海缆系统（NCP）由中国电信、中国联通、中国移动联合其他国家和地区企业共同出资建设，信道速率为 100 Gbit/s，设计总容量为 80 Tbit/s，采用鱼骨状分支拓扑结构，系统全长 13618 km，在中国（上海、台湾）、韩国、日本、美国等地登陆，项目 2018 年正式投产。

西方工业国家把海缆（早期是电缆，后来是光缆）作为一种可靠的战略资源已有一个多世纪了。当前海底光缆通信领域由欧洲、美国、日本的企业主导，承担了全球 80% 以上的海底光缆通信系统市场建设。连接我国的主要海底光缆系统设备、工程施工维护业务几乎都由这些公司垄断。为了保证国家安全、国防安全，大陆到我国东海、南海诸岛的海底光缆，必须自己铺设，所用设备原则上也必须自己制造。国内急需培养这方面的技术开发、关键器件设计生产（包括 100 Gbit/s、400 Gbit/s 系统的收发模块、DSP 芯片、光电器件等）设备制造人才。欣慰的是，近年来国内已对此引起了重视，华为技术有限公司在国内成立了华为海洋网络有限公司，在海外成立了加拿大华为技术研究中心，烽火科技集团公司也成立了烽火海洋网络设备有限公司，致力于掌握海底光缆通信系统的关键技术和工程施工维护技术，开发生产海底光缆、岸上设备和海底设备。

10.7.5 海底光缆系统供电

对于海底光缆中继系统，岸上终端必须给海底中继器泵浦激光器供电。馈电设备（PFE）通过海底光缆中的金属导体，提供恒定的直流电流功率给中继器/光分支单元（BU），用海水作为返回通道。通常，该电流可以调整，因 PFE 是阻性负载，该电流稍微有所降低。因环境温度改变，PFE 电流在规定的范围内随时间变化。即使备份切换后，这种供电电流、供电电压的变化也保持在一定的范围内。规定的 PFE 电流稳定性应满足海底光缆系统对稳定性的总体要求。

通过海底光缆中包围光纤的铜导体，安装在传输终端站的供电设备向沉入海底的设备（如海底中继器、有源均衡器、分支单元等）供电。供电设备不仅要向海里设备提供电源，而且也要终结陆缆和海底光缆，提供地连接以及电源分配网络状态的电子监控。给海底设备供电，既可以单独由终端站 A 供电，此时 B 供电设备备份，反之亦然。也可以由两个终端站同时供电，提供高压直流电源，如图 10.7.2 和图 10.7.3 所示。终端站 C 的供电由它自己提供，但要在分支单元处供电线路另一端接海床，以便形成供电回路。当终端站 A−B 间海底光缆发生故障维修时，在分支单元内应能重构供电线路，由终端站 C 向 AC 干线或 BC 干线中的设备供电。

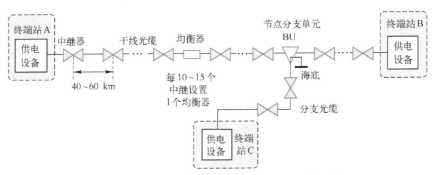

图 10.7.2　具有供电设备的中继海底光缆通信系统

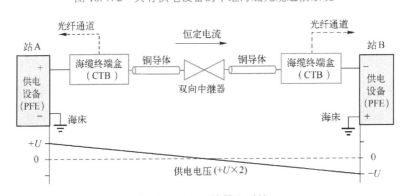

图 10.7.3　双端供电系统

供电系统可分为两类，一类是双端供电（图 10.7.3），另一类是单端供电。双端供电的好处是，一个终端站发生故障和/或光缆断裂，另一个终点站可以提供单端供电。

10.7.6 无中继海底光缆传输系统

在有限的地域内，无中继海底光缆通信系统在两个或多个终端站间建立通信传输线路。该系统在长距离中继段内无任何在线有源器件，减小了线路复杂性，降低了系统成本。在无中继传输系统中，所有泵浦源均在岸上。典型的无中继传输距离是几百千米。

成熟的光放大技术为开发中的长距离、大容量全光传输系统铺平了道路。无中继海底光缆通信系统与光中继海底光缆系统相比具有许多优点，特别是可靠性高、升级容易、成本低、维修简单以及与现有系统兼容。因此，这些系统已得到很大发展，正在与其他传输系统，如本地陆上网络、地区无线网、卫星线路以及海底中继线路相竞争。

ITU-T G.973 是关于无中继海底光缆系统特性和接口要求的标准，它包括单波长系统和波分复用系统，也包括掺铒光纤放大器技术、分布式光纤拉曼放大技术在功率增强放大器、前置放大器、远端光泵浦放大器中的应用。

无中继海底光缆系统无馈电设备（PFE），因为线路中无光纤放大器，即使有分支单元，内部也没有电子器件，所以也不需要监视和供电。

通常，无中继海底光缆通信系统连接两个海岸人口密集的中心城市，现有在线业务接入已非常困难。无中继传输的一个目的是不用任何有源在线器件（光中继放大器），尽可能增加传输距离，减少系统复杂性和运营成本。无中继系统的巨大挑战是，如何克服距离增加产生的光纤损耗，使接收机具有足够大的 OSNR。此外，要求 OSNR 或频谱效率随每信道比特速率增加而增加，从而使大跨距设计更加困难。问题的解决不能简单地在光纤输入端增加发射功率，因为光纤的非线性将引起系统代价。扩大无中继海底光缆系统距离的各种技术途径很多，如混合使用不同有效面积光纤，增加远泵 EDFA 和分布式拉曼光放大，采用低损耗大芯径面积光纤，以及先进的调制技术，如差分相移键控和偏振复用正交相移键控等，从而在提高 OSNR 的同时无须付出非线性代价。

为了降低费用，必须使终端设备、海缆敷设及维护费用降低。为此，要设法降低海缆的运输成本，最好使用本地船只和本地生产的海缆，简化终端设备和海缆安装与连接。

图 10.7.4a 表示无保护设备的无中继海底光缆系统传输终端构成图，发送电路包括复用器、前向纠错编码、光发送机和光功率增强 EDFA 放大器。接收电路包括前置 EDFA 光

放大器、光接收机、前向纠错解码以及解复用器。另外，如果在光发射机之前的海底光缆中接有掺铒光纤，用来对发射光信号进行功率放大，或者在光接收机前的海底光缆中也接有掺铒光纤，对接收光信号提前进行预放大，就需要在光发射端或接收端放置远端泵浦激光源，对海底光缆中的铒光纤进行泵浦，如图10.7.4b所示。

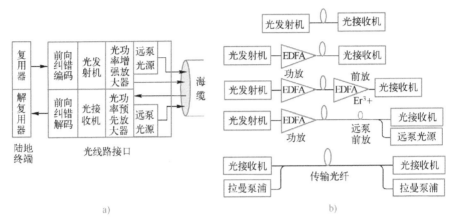

图 10.7.4 无中继海底光缆系统传输终端

a）终端框图 b）光放大器在无中继海底光缆系统中的应用

10.8 光纤传输量子通信

想象力比知识更重要，因为知识是有限的，而想象力概括着世界上的一切，推动着进步，并且是知识进化的源泉。严肃地说，想象力是科学研究中的实在因素。

——爱因斯坦（A. Einstein）

10.8.1 量子通信概述

量子通信是由量子态携带信息的通信，它利用光子等基本粒子的量子纠缠原理实现保密通信。追溯量子通信的起源，还得从爱因斯坦的量子纠缠——纠缠态粒子之间的相互影响说起，几十年来，物理学家一直试图验证这种神奇特性是否真实。1982年，法国物理学家艾伦·爱斯派克特（Alain·Aspect）小组成功地完成了一项实验，证实了微观粒子——量子纠缠现象确实存在。实验证实了爱因斯坦的幽灵——任何两种物质之间，不管距离多远，都有可能相互影响，而不受四维时空的约束。

在量子纠缠理论的基础上，1993 年，美国科学家 C. H. Bennett 提出了量子通信的概念。

1997 年，在奥地利留学的中国青年学者潘建伟与荷兰学者波密斯特等人合作，首次实现了未知量子态的远程传输。这是国际上首次在实验中成功地将一个量子态从甲地的光子传送到乙地的光子上。实验中传输的只是表达量子信息的"状态"，作为信息载体的光子本身并不被传输。

量子通信是指利用量子纠缠效应进行信息传递的一种绝对安全的新型通信方式，其核心就是通过量子密钥分发，实现相距遥远的通信双方共享绝对安全的鱼子密钥。所以，量子密钥分发的发展史几乎也就是量子通信的发展史。鱼子密钥分发需要将信息编码在单个光子的量子态上，但是在实际的量子密钥分发实验中，由于理想的单光子源技术尚不成熟，通常使用弱相干光源作为替代，这也导致保密性的降低。2005 年，清华大学王向斌教授和多伦多大学 Lo 等人分别独立提出了可实用化的诱骗态方案，大大提升了基于弱相干光源的量子密钥分发的理论安全传输距离。随后，量子通信得到了飞速发展，并逐步迈入实用化的阶段。

在已经成熟的经典光纤通信技术的支持下，基于光纤传输的量子通信发展尤为迅猛。

1993 年，日内瓦大学 Muller 等人首次完成了基于偏振态编码的光纤量子密钥分发实验，传输距离为 1 km，随后在 1995 年将这个距离提高到了 23 km。诱骗态理论提出后，在 2007 年，中国科学技术大学潘建伟小组完成了 100 km 光纤传输距离的诱骗态量子密钥分发实验。2010 年，潘建伟小组实现了 200 km 的光纤量子密钥分发实验。2015 年，Korzh 等人将传输距离刷新到 307 km，这是目前光纤信道分发量子密钥的最大传输距离。

另一方面，随着光纤传输量子通信技术的成熟，实用化的光纤传输量子通信网络也逐渐发展起来，包括美国的 DARPA 量子通信网络、欧洲的 SECOQC 量子通信网络、瑞士的 SwissQuantum 量子通信网络和东京的 Tokyo 量子通信网络等。而中国科学技术大学潘建伟小组也分别在北京、济南和合肥建立了实用化的城域量子通信实验网，结合目前正在建设中的量子通信京沪干线，将在未来连接北京、济南、合肥和上海，实现可扩展的广域网光纤传输量子通信。

10.8.2　量子通信系统

量子通信是利用量子纠缠效应进行信息传递的一种新型通信方式，是量子论和信息论相结合的新领域，主要涉及量子密码通信、量子远程传态和量子密集编码等。

量子通信的基本思想是，将原物的信息分成经典信息和量子信息两部分，它们分别经经典信道和量子信道传送给接收者，如图 10.8.1 所示。经典信息是发送者对原物质进行某种测量而获得的，量子信息是发送者在测量中未提取的其余信息；接收者在获得了这两种信息后，就可以制备出原物量子态的完全复制品。该过程中传送的仅是原物质的量子态，而不是原物本身。

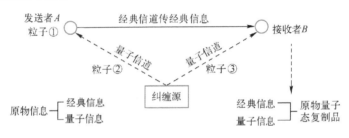

图 10.8.1　量子通信系统原理示意图

在图 10.8.1 中，A 端是量子传态的发送者，B 端是量子传态的接收者。经典信道是指传送数据、声音粒子①的光纤信道或无线信道，传送的是经典信息。量子信道指的是处在量子纠缠状态的粒子对②、③，纠缠源把粒子②发给 A 端，把粒子③发给 B 端，它们之间传递的是量子信息。A 端对手中的粒子①和粒子②进行测量，并将其测量结果作为经典信息通过经典信道立即通知 B 端，B 端按 A 端的通知，变换为粒子①原来的状态，并制备在粒子③上，完成了量子信息由 A 到 B 的传送。

量子通信与经典通信有以下特性：量子信息传递时无须预先知道接收方在哪里；量子信息传递过程不会被任何障碍所阻隔，因而，量子隐形传态是量子态的超空间传送；量子信息的传递速度取决于量子态的塌缩速度，而塌缩速度大大超过光速，因而，量子信息的传递速度是超光速的；原物信息的传递仍需经典信道，而经典信道上信息的传递速度不会超过光速，故原物信息的传递速度不会超过光速。

关于自由空间传输量子通信，本书将在 12.5 节进行介绍。

第 11 章

——

无源光网络接入

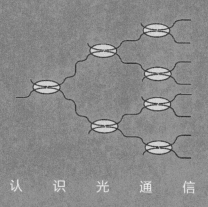

认 识 光 通 信

11.1　接入网在网络建设中的作用及发展趋势

莫等闲，白了少年头，空悲切。

——岳飞

11.1.1　接入网在网络建设中的作用

信息网由核心骨干网、城域网、接入网和用户驻地网组成，其模型如图 11.1.1 所示。由图可见，接入网处于城域网/骨干网和用户驻地网之间，它是大量用户驻地网进入城域网/骨干网的桥梁。

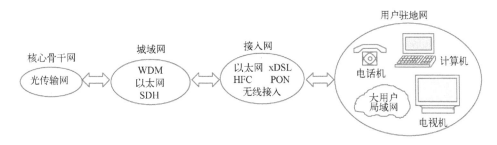

图 11.1.1　信息网模型

目前，科学技术的发展突飞猛进，大量的电子文件不断产生，随着经济全球化，社会信息化进程的加快，因特网大量普及，数据业务激烈增长，电信业务种类不断扩大，已由单一的电话业务扩展到多种业务。窄带接入网已成为制约网络向宽带化发展的瓶颈。接入网市场容量很大，为了满足用户的需求，新技术不断涌现。接入网是国家信息基础设施的发展重点和关键，网络接入技术已成为研究机构、通信厂商、电信公司和运营部门关注的焦点和投资的热点。

11.1.2 光接入网技术演进——向宽带光纤接入过度

在接入技术方面，窄带接入逐渐被宽带接入所取代，最终实现光纤到家；铜缆接入已逐渐被光缆接入所取代。由于无源光网络（PON）的固有特性，它的安装、开通和维护运营成本大为降低，使系统更可靠、更稳定，因此接入网正在大量应用 PON 系统。

异步传输模式（ATM）技术支持可变速率业务，支持时延要求较小的业务，具有支持多业务多比特率的能力，因此 ATM 接入系统能够完成不同速率的多种业务接入，它既能够提供窄带业务，又能提供宽带业务。

随着因特网的快速发展，以太网被大量使用，由于市场的推动，以太网技术也得以飞速发展。20 世纪 80 年代，它仅是一种局域网（LAN）技术，其速率为 10 Mbit/s。20 世纪 90 年代以后，发展了交换型以太网，并先后推出了快速（100 Mbit/s）以太网、吉位（Gbit/s）以太网和 100 Gbit/s 以太网，其传输介质也由双绞线变为多模光纤或单模光纤，它的应用也从 LAN 发展到宽域网（WAN）。

2000 年 12 月，以太网设备供应商提出了将 PON 用于以太网接入的标准研究计划，这种使用 PON 的以太网称为 EPON。EPON 与 APON 相比，上下行传输速率比 APON 的高，EPON 提供较大的带宽和较低的用户设备成本，除帧结构和 APON 不同外，其余所用的技术与 G. 983 建议中的许多内容类似，如下行采用 TDM，上行采用 TDMA。

提倡 EPON 的人相信，随着 EPON 标准的制定和 EPON 的使用，在 WAN 和 LAN 连接时将减少 APON 在 ATM 和 IP 间转换的需要。

鉴于 APON 标准复杂，成本高，在传输以太网和 IP 数据业务时效率低，以及在 ATM 层上适配和提供业务复杂。而 EPON 存在两大致命的缺陷，即带宽利用率低和难以支持以太网之外的业务。因此，全业务接入网（FSAN）组织已制定了一种融合 APON 和

EPON 的优点，克服其缺点的新的 PON，那就是 GPON（千兆无源光网络）。GPON 具有吉比特高速率，92% 的带宽利用率和支持多业务透明传输的能力，同时能够保证服务质量和级别，提供电信级的网络监测和业务管理。

早在 2001 年 IEEE 制定 EPON 标准的同时，全业务接入网组织开始发起制定速率超过 1 Gbit/s 的 PON 网络标准，即 GPON。随后，ITU-T 也介入了这个新标准的制定工作。

2016 年 2 月，ITU-T G. 987. 2 规范了 10 Gbit/s 无源光网络（XG-PON）物理媒质相关层（PMD）参数，它满足商用和家用对带宽的要求。G. 987 系列标准允许使用多个上行和下行线路速率，XG-PON1 规定下行方向线路速率为 9. 95328 Gbit/s，上行方向为 2. 48832 Gbit/s。

GPON 与 EPON 的主要区别在二层协议上，一个采用 GPON 成帧协议，一个采用以太网协议。两种技术下行均采用广播方式，上行均采用时分多址（TDMA）方式。

APON、EPON 和 GPON 都是 TDM-PON。APON 由于自身较低的承载效率以及在 ATM 层上适配和提供业务复杂等缺点，现在已渐渐淡出人们的视线。而 EPON 存在两大致命的缺陷，即带宽利用率低和难以支持以太网之外的业务。GPON 虽然能克服上述缺点，但上下行分别均工作在单一波长（上行，1310 nm；下行，1490 nm），各用户通过时分方式进行数据传输。这种在单一波长上为每个用户分配时隙的机制，既限制了每个用户的可用带宽，又大大浪费了光纤自身的可用带宽，不能满足不断出现的宽带网络应用业务的需求。在这种背景下，人们就提出了 WDM-PON 的技术构想。WDM-PON 能克服上面所述的各种 PON 缺点。近年来，由于 WDM 器件价格的不断下降，WDM-PON 技术本身的不断完善，WDM-PON 接入网应用到通信网络中已成为可能。相信，随着时间的推移，把 WDM 技术引入接入网将是下一代接入网发展的必然趋势。

本章将对以上几种 PON 及其有关的技术进行阐述。

11. 1. 3　三网融合——接入网的发展趋势

由于历史的原因，我国存在着各自独立经营的电信网、互联网和广播电视网。为了使有限而宝贵的网络资源最大限度地实现共享，避免大量低水平的重复建设，打破行业垄断和部门分割，三网融合是信息网发展的必然趋势。

所谓三网融合就是将归属于工业和信息化部的电信网（固定电话网）、互联网（中国电信和中国移动无线互联网）和归属于广电总局的广播电视网在技术上趋向一致，网络层互联互通，业务层互相渗透交叉，应用层使用统一的协议，经营上互相竞争合作，政策层面趋向统一。三大网络通过技术改造均能提供语音、数据和图像等综合多媒体的通信服务。

如图 11.1.2 所示，要想实现三网融合，首先，各网必须在技术、业务、市场、行业、终端和制造商等方面进行融合，转变成电信综合网、电话数据综合网和电视数据综合网。这三种网可能在相当长一段时间内长期共存、互相竞争，最后三网才能融合成一个统一的网。

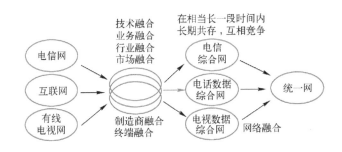

图 11.1.2　三网融合示意图

三网融合的技术基础是：

1）数字技术　电话、数据和图像业务都可以变成二进制"1"和"0"码的信号在网络中传输，无任何区别。

2）光通信技术　为各种业务信息传送提供宽敞廉价高质量的信息通道。

3）软件技术　通过软件变更可支持三大网络各种用户的多种业务。

三网融合对信息产业结构的影响将导致不同行业、公司的并购重组或业务扩展；导致各自产品结构的变化；导致市场交叉、丢失和获取。

11.2　PON 接入网结构

一寸光阴一寸金，寸金难买寸光阴。

——中国谚语

一个本地接入网系统可以是点到点系统，也可以是点到多点系统；可以是有源的，也可以是无源的。图 11.2.1 表示光接入网（OAN）的典型结构，可适用于光纤到家（FTTH）、光纤到楼/路边（FTTB/C）和光纤到交接间（FTTCab）。

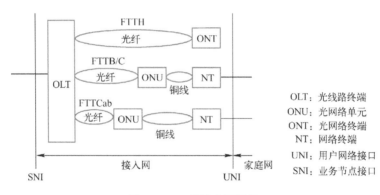

图 11.2.1　光接入网结构

FTTB 和 FTTH 的不同仅在于业务传输的目的地不同，前者业务到大楼，后者业务到家。与此对应，到楼的终端叫 ONU，到家的终端叫 ONT。它们都是光纤的终节点，为了叙述的方便，之后统称为 ONU。通常 ONU 比 ONT 服务的用户更多，适合于 FTTB，而 ONT 适合于 FTTH。

在 FTTH 系统中，没有户外设备，使网络结构及运行更简单；因为它只需对光纤系统进行维护，所以维修容易，并且光纤系统比混合光纤/同轴电缆系统更可靠；随着接入网光电器件技术的进步和批量化生产，将加速终端成本和每条线路费用的降低。所以 FTTH 是接入网未来的发展趋势。

根据 ITU-T G.982 建议，PON 接入网的参考结构如图 11.2.2 所示。该系统由 OLT、ONU、无源光分配网络（ODN）、光缆和系统管理单元组成。ODN 将 OLT 光发射机的光功率均匀地分配给与此相连的所有 ONU，这些 ONU 共享一根光纤的容量。为了保密和安全，对下行信号进行搅动加密和口令认证，在上行方向采用测距技术以避免碰撞。

光分配网络（ODN）在一个 OLT 和一个或多个 ONU 之间提供一条或多条光传输通道。参考点 S 和 R 分别表示光发射点和光接收点，S 和 R 间的光通道在同一个波长窗口中。光在 ODN 中传输的两个方向是下行方向和上行方向。下行方向信号从 OLT 到 ONU 传输，与 ODN 的接口是 S/R；上行方向信号从 ONU 到 OLT 传输，与 ODN 的接口是 R/S。在下行方向，OLT 把从业务节点接口（SNI）来的业务经过 ODN 广播式发送给与此相连的所有 ONU。在上行方向，系统采用 TDMA 技术使 ONU 无碰撞地发送信息给 OLT。

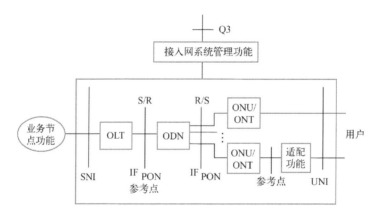

图 11.2.2 PON 接入网的参考结构

11.2.1 光线路终端（OLT）

1. OLT 功能模块

OLT 由 ODN 接口单元、ATM 复用交叉单元、业务单元和公共单元组成，如图 11.2.3 所示。

ODN 接口单元完成物理层功能和汇聚子层（TC）功能，主要包括光/电和电/光变换、速率耦合/解耦、测距、信元定界和帧同步、时隙和带宽分配、口令识别、扰码和解扰码、搅动和搅动键更新、信头误码控制（HEC）和比特交错校验（BIP8）、比特误码率

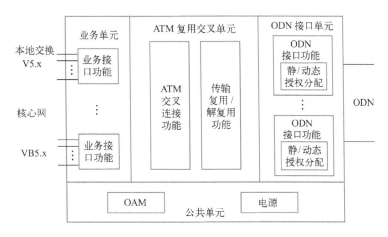

图 11.2.3 OLT 构成框图

（BER）计算和运行维护与管理（OA&M）等，特别是在 OLT 上行方向要完成突发同步和数据恢复等功能。在具有动态带宽分配功能的系统中，ODN 还完成动态授权分配功能。为了实现 OLT 和 ODN 间的保护切换，OLT 通常配备有备份的 ODN 接口。

ATM 复用交叉单元完成多种业务在 ATM 层的交叉连接功能、传输复用/解复用功能、流量管理和整形功能、运行维护和管理（OAM）等功能。在下行 ATM 净荷中插入信头构成 ATM 信元，并从上行 ATM 信元中提取 ATM 净荷。

业务单元完成业务接口功能，如采用基于 SDH 接口，除完成电/光或光/电转换外，在下行方向，从输入的 SDH 信息流中提取时钟和恢复数据，用信元定界方式从 SDH 帧中提取 ATM 信元，滤除空闲信元（即速率解耦），通过 ATM 通用测试运行物理接口（UTO-PIA）输出到 ATM 复用交叉单元；在上行方向，把 ATM 信元和空闲信元（如有必要）插入 SDH 帧的净荷中（即速率耦合），并插入各种 SDH 开销，以便组成 SDH 帧。另外业务单元还应具有信令处理的能力。

2. OLT 工作原理

在下行方向，接收来自业务端的数字流，经速率解耦去掉空闲信元，提取出 ATM 信元，根据其虚通道标识符/虚信道标识符（VPI/VCI）交叉连接到相应的通路，重新组成 ATM 信元，然后对其净荷进行搅动加密。下行传输复用采用时分复用（TDM）方式，每发送 27 个 ATM 信元就插入 1 个物理层 OAM（PLOAM）信元，由此形成 PON 的下行传输帧，经扰码后送给光发送模块，进行电/光变换，以广播方式传送给所有与之相连的 ONU。

在上行方向，OLT 在接收到 ONU 的突发数据时，根据前导码恢复判决门限并提取时钟信号，实现比特同步。接着根据定界符对信元进行定界。获得信元同步后，首先进行解扰码，恢复信元原貌。经速率解耦后提取出 ATM 信元，然后根据信元类型进行不同的处理。若是 PLOAM 信元，则根据其中的信息类型分别送到测距、搅动、OAM 等功能模块进行处理。若是 ATM 信元，则送到 ATM 交叉连接单元进行虚通道标识符/虚信道标识符转换，连接到相应的业务源。

11.2.2 光网络单元（ONU）

1. ONU 完成功能

图 11.2.4 表示 ONU 的功能构成框图，它由 ODN 接口单元、复用/解复用单元、业务单元和公共单元组成。

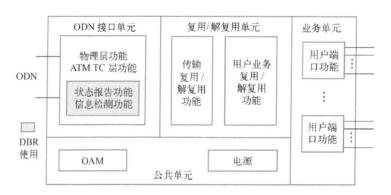

图 11.2.4 ONU 功能构成框图

ODN 接口单元完成物理层功能和 ATM 传输会聚子层（TC）功能，物理层功能包括对下行信号进行光/电变换，从下行数据中提取时钟，从下行 PON 净荷中提取 ATM 信元，在上行 PON 净荷中插入 ATM 信元。如上行接入采用时分多址（TDMA）方式，则对上行信号完成突发模式发射。通常，TC 子层完成速率耦合/解耦、串/并变换、信元定界和帧同步、扰码/解扰码、ATM 信元和 PLOAM 信元识别分类、测距延时补偿、口令识别、搅动键更新和解搅动、信头误码控制（HEC）和比特交错校验（BIP8）、比特误码率

（BER）计算和运行维护和管理等功能。如果在一个 ONU 中有多个传输容器（T-CONT），每个 T-CONT 都要完成以上的功能。

当系统具有上行带宽分配（DBA）能力时，ODN 接口单元还应具有情况报告和信息检测功能。

为了实现 OLT 和 ODN 间的保护切换，ONU 通常配备有备份的 ODN 接口。

ONU 提供的业务，既可以给单个用户，也可以给多个用户。所以要求复用/解复用单元完成传输复用/解复用功能、用户业务复用/解复用功能。在上行 ATM 净荷中插入信头构成 ATM 信元，从下行 ATM 信元中提取 ATM 净荷，根据 VPI/VCI 值完成多种业务在 ATM 层的交叉连接、组装/拆卸和分发功能，以及运行维护和管理等功能。

业务单元提供用户端口功能，根据用户的需要，提供 Internet 业务、电路仿真业务（CES）、E1 业务和 xDSL 等业务。按照不同的物理接口（如双绞线、电缆），它提供不同的调制方式接口，进行 A-D 和 D-A 转换。另外，还应具有信令转换功能。

ONU 公共单元包括供电和 OAM 功能。供电部分有交流/直流变换或直流/直流变换，供电方式可以是本地供电，也可以是远端供电，几个 ONU 也可以共用同一个供电系统。ONU 在备用电池供电条件下也能正常工作。

2. ONU 工作原理

当接收下行数据时，ONU 利用锁相环技术从下行数据中提取时钟，并按照 ITU-T I. 432. 1 建议进行信元定界和解扰码。然后识别信元类型，若是空闲信元则直接丢弃，若是 PLOAM 信元，则根据其中的信息类型分别送到测距、搅动键更新、OAM 等功能模块进行处理。若是 ATM 信元，则解搅动后根据 VPI/VCI 值选出属于自己的 ATM 信元，送到 ATM 复用/解复用单元进行 VPI/VCI 转换，然后送到相应的用户终端。

当发送上行数据时，ONU 从业务单元接收到各种用户业务（如 E1、CES 等）的 ATM 信元后，进行拆包，根据传送的目的地加上 VPI/VCI 值，重新打包成 ATM 信元，然后存储起来。根据从下行 PLOAM 信元中收到的数据授权和测距延时补偿授权，延迟规定的时间后把信元发送出去，当没有信元发送时就发送空闲信元，当接收到 PLOAM 授权后就发送 PLOAM 信元或在接收到可分割时隙授权后就发送微时隙。对该信元进行电/光变换前，先要对除开销字节外的净荷进行扰码。

11.2.3 光分配网络（ODN）——将 OLT 光信号广播分配到多个 ONU

光分配网络（ODN）提供 ONU 到 OLT 的光纤连接，如图 11.2.5 所示。ODN 将光能分配给各个 ONU，这些 ONU 共享一根光纤的容量。在该分配网中，使用无源光器件实现光的连接和光的分路/合路，所以这种光分配系统称为无源光网络（PON）。主要的无源光器件有：单模光纤光缆、光连接器、光分路器和光纤接头等。

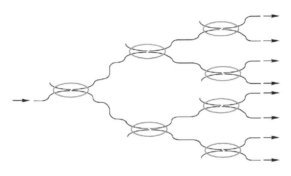

图 11.2.5　1×8 光分路器结构

ODN 采用树形结构的点到多点方式，即多个 ONU 与一个 OLT 相连。这样，多个 ONU 可以共享同一根光纤、同一个光分路器和同一个 OLT，从而节约了成本。这种结构利用了一系列级联的光分路器对下行信号进行分路，传输给多个用户，同时也靠这些分路器将上行信号汇聚在一起送给 OLT。

光分路器的功能是把一个输入的光功率分配给多个光输出。作为光分路器使用的光耦合器，只用其一个输入端口。光分路器的基本结构如图 11.2.5 所示，它是星形耦合器的一个特例。1×N 光分路器可以由多个 2×2 耦合器组合。图 11.2.5 表示由 7 个 2×2 单模光纤耦合器组成的 1×8 光分路器结构。光分路器对线路的影响是附加插入损耗，可能还有一定的反射和串音。

在 ODN 中，光传输有上行方向和下行方向。信号从 OLT 到 ONU 是下行方向，反之是上行方向。上行方向和下行方向可以用同一根光纤传输（单纤双工），也可以用不同的光纤传输（双纤双工）。

为了提高 ODN 的可靠性，通常需要对其进行保护配置。保护通常指在网络的某部分建立备用光通道，备用光通道往往靠近 OLT，以便保护尽可能多的用户。

PON 是一个点到多点系统，比点到点系统复杂得多。各种 PON 都具有相同的拓扑特性，即所有来自 ONU 的上行传输都在树状 ODN 中以无源方式复用，再通过单根光纤传送到 OLT 后解复用。不过，各个 ONU 都不能访问其他 ONU 的上行传输。

PON 的功率分配也可以分级进行，比如在一条馈线末端安装 1×8 的分路器，再在 8 分支末端安装 1×4 的分路器，从而使总分路比达到 1:32。分配级数可以大于 2。由于功率分配可以分开进行，这使得同一 PON 里的 ONU 享有不同的分光比。

在 ODN 中有两种发送下行信号的基本方法，一种是功率分配 PON（PS-PON），一种是波长路由 PON，也称 WDM-PON。PS-PON 一般简称为 PON，下行信号的功率平均分配给每个分支，所以 OLT 可以向所有的 ONU 进行广播，由各个 ONU 负责从集合信号中提取自己的有效载荷。在 WDM-PON 中，给每个 ONU 分配一个或多个专用波长。

11.3　无源光网络技术

百川东到海，何时复西归？少壮不努力，老大徒伤悲。

——《乐府诗集》

11.3.1　下行复用技术——时分复用或 WDM

PON 的所有下行信号流都复用到馈线光纤中，并通过 ODN 广播传输到所有的 ONU。下行复用可以采用电复用和光复用。最简单经济的电复用是 OLT 采用时分复用（TDM），将分配给各个 ONU 的信号按一定的规律插入时隙中。在接收端，ONU 把给自己的有效载荷从集合信号中再分解出来。

对于光复用，可以采用密集波分复用（DWDM），给每个 ONU 分配一个下行波长，将分配给各个 ONU 的信号直接由该波长载送。在接收端，ONU 使用光滤波器再从 WDM 信号中分解出自己的信号波长，因此每个 ONU 都要配备相当昂贵的特定波长接收机。虽然 DWDM 下行复用大大增加了功率分配 PON（PS-PON）的容量，但是也增加了每个用户的成本和系统的复杂性。

11.3.2 上行接入技术——TDMA 突发模式接入

在 PON 接入系统中，信道复用是为了充分利用光纤的传输带宽，把多个低容量信道以及开锁信息，复用到一个大容量传输信道的过程。在电域内，信号复用可分为时分复用（TDM）、频分复用/正交频分复用（FDM/OFDM）和码分复用（CDM）。

在点对点的系统中，信道的接入称为复用，而在接入网中则称为多址接入。所以对应的频分复用/正交频分复用称为频分多址接入（FDMA）/正交频分多址接入（OFDMA），对应的时分复用称为时分多址接入（TDMA），对应的码分复用则称为码分多址接入（CDMA），在光域内的频分多址则称为波分多址（WDMA），如图 11.3.1 所示。也可以综合使用几种接入方法。

对于使用 OFDM 的 4G/5G 移动前传（MFH），也可以使用 TDM-PON。

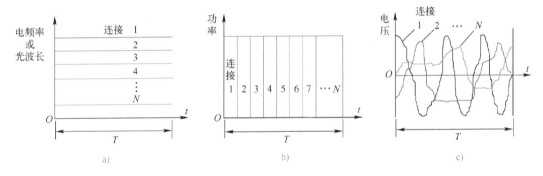

图 11.3.1 三种基本的多址接入技术

a) 频分多址（FDMA）/正交频分多址（OFDMA）或波分多址（WDMA）　b) 时分多址（TDMA）　c) 码分多址（CDMA）

1. 时分多址（TDMA）接入

时分多址接入是把传输带宽划分成一列连续的时隙，根据传送模式的不同，预先分配或者根据用户需要分配这些时隙给用户。通常有同步传送模式（STM）和异步传送模式。

STM 分配固定时隙给用户，因此可保证每个用户有固定的可用带宽。时隙可以静态分配，也可以根据呼叫动态分配。不管是哪种情况，分配给某个用户的时隙只能由该用户使用，其他用户不能使用。

相反，ATM 根据数据传输的实际需要分配时隙给用户，因此可以更有效地使用总带宽。与 STM 相比, ATM 要求更多的有关业务的类型和流量特性, 以确保每个用户公平地使用带宽。

图 11.3.2 表示一个树形 PON 的 TDMA 系统, 该系统允许每个用户在指定的时隙发送上行数据到 OLT。OLT 可以根据每个时隙位置或时隙本身发送的信息, 取出属于每个 ONU 的时隙数据。在下行方向, OLT 采用 TDM 技术, 在规定的时隙传送数据给每个 ONU。

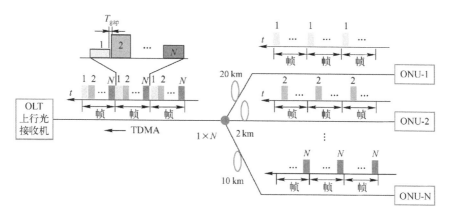

图 11.3.2　PON 系统各 ONU 采用 TDMA 突发模式接入

在使用 TDMA 技术的树形 PON 中, 上行接入采用突发模式, 一个重要特点是必须保证 ONU 上行时隙的同步, 所以必须采用测距技术, 以便控制每个 ONU 的发送时间, 确保各 ONU 发送的时隙插入指定的位置, 避免在组成上行传输帧时发生碰撞。为防止各 ONU 时隙发生碰撞, 要求时隙间留有保护间隙 T_{gap}。测距精度通常为 1~2 bit, 所以各 ONU 信元在组成上行帧时的间隙 T_{gap} 有几个比特, 因此到达 OLT 的信元几乎是连续的比特流。ONU 占据多少时隙由媒质接入控制协议（MAC）完成, ONU 何时发送数据时隙（即在收到数据发送授权后延迟多长时间）, 由 OLT 根据测距（测量 ONU 到 OLT 的距离）结果通知 ONU。

在突发模式接收的 TDMA 系统中, 除要求 OLT 测量每个 ONU 到 OLT 的距离外, 还要求 OLT 利用上行突发数据时隙开始的前几个比特尽快地恢复出采样时钟, 并利用该时钟进行该时隙数据的恢复。也就是说同步电路必须能够确定突发时隙信号到达 OLT 的相位和开始时间, 同时还要为测距计数器提供开始计数和计数终了的时刻。

在使用 TDMA 技术的树形 PON 中, OLT 突发模式接收机接收从不同距离的 ONU 发送来的数据包，并恢复它们的幅度，正确判决它们是"1"还是"0"码。由于每个 ONU 的 LD 发射功率都相同，但它们到达 OLT 的距离互不相同，所以它们的数据包到达 OLT 时的功率变化很大。OLT 突发模式接收机必须能够应付这些功率的变化，正确恢复出数据，不管它们离 OLT 多远。

2. 波分多址接入（WDMA）

由于光纤的传输带宽很宽，所以可以采用波分复用（WDM）技术实现多个 ONU 的上行接入。图 11.3.3 表示波分多址接入树形 PON 的系统结构，每个 ONU 用一个特定的波长发送自己的数据给 OLT，各个波长的光信号进入光分路器后复用在一起，OLT 使用滤波器或光栅解复用器将它们分开，然后送入各自的接收机将光信号变为电信号。OLT 也可以使用 WDM 技术或一个波长的 TDM 技术把下行业务传送给 ONU。WDM 技术虽然简化了电子电路的设计，但是是以使用贵重的光学器件为代价的。

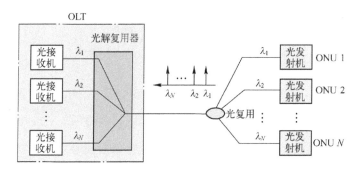

图 11.3.3　波分多址接入树形 PON 系统结构

11.4　PON 接入系统

一旦科学插上幻想的翅膀，它就能赢得胜利。

——法拉第（M. Faraday）

11.4.1　EPON 系统

EPON 和 APON 的主要区别是，在 EPON 中，根据 IEEE 802.3 以太网协议，传送的是可变长度的数据包，最长可为 1526 个字节；而在 APON 中，根据 ATM 协议的规定，传送的是包含 48 个字节的净荷和 5 字节信头的 53 字节的固定长度信元。IP 要求将待传数据分割成可变长度的数据包,最长可为 65535 个字节。与此相反,以太网适合携带 IP 业务,与 ATM 相比,极大地减少了开销。

鉴于 EPON 技术已经获得大规模的成功部署,IEEE 工作组开发的 802.3av 标准最重要的要求是和现有部署的 EPON 网络实现后向兼容及平滑升级,并与以太网速率 10 倍增长的步长相适配。为此,802.3av 标准进行了多方面的考虑。

1)10 Gbit/s EPON 提供两种应用模式,充分满足不同客户的需求:一种是非对称模式(10 Gbit/s 下行/1 Gbit/s 上行),另一种是对称模式(10 Gbit/s 下行/10 Gbit/s 上行)。

2)10 Gbit/s EPON 绝大部分继承了 1 Gbit/s EPON 的标准,仅针对 10 Gbit/s 的应用、EPON 的 MPCP(IEEE 802.3)以及 PMD 层进行了扩展。在业务互通、管理与控制方面,与 1 Gbit/s EPON 兼容,如图 11.4.1 所示,下行采用双波长波分,上行采用双速率突发模式接收技术,通过 TDMA 机制协调 1 Gbit/s 和 10 Gbit/s ONU 共存。10 Gbit/s EPON 的 ONU 与 1 Gbit/s EPON 的 ONU 在同一 ODN 下实现了良好共存,有效地保护了运营商的投资。

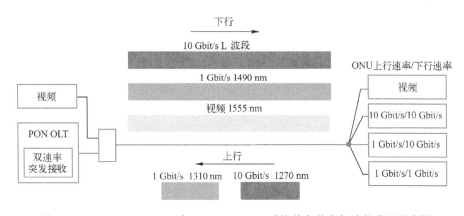

图 11.4.1　10 Gbit/s EPON 与 1 Gbit/s EPON 系统共存兼容与波长分配示意图

3)采用一系列技术措施提高性价比,且为长距离与大分光比的应用打下了坚实的基础。10 Gbit/s EPON 采用 64B/66B 线路编码,效率高达 97%;前向纠错功能采用 RS(255、223)多进制编码,可以使光功率预算相对于没有 FEC 增加 5~6 dB。

由于以太网技术的固有机制，不提供端到端的包延时、包丢失率以及带宽控制能力，因此难以支持实时业务的服务质量。要确保实时语音和 IP 视频业务，在一个传输平台上以与 ATM 和 SDH 的 QoS 相同的性能分送到每个用户，GPON 则是一个最好的选择。

11.4.2　GPON 系统

APON 标准复杂、成本高，在传输以太网和 IP 数据业务时效率低，以及在 ATM 层上适配和提供业务复杂。而 EPON 存在两大致命的缺陷，即带宽利用率低和难以支持以太网之外的实时业务。因此，全业务接入网（FSAN）组织开始考虑制定一种融合 APON 和 EPON 的优点，克服其缺点的新的 PON，那就是 GPON。GPON 具有吉比特高速率，92% 的带宽利用率和支持多业务透明传输的能力，同时能够保证服务质量和级别，提供电信级的网络监测和业务管理。本节就介绍 GPON 接入的有关技术问题。

1. GPON 系统参考结构

图 11.4.2 表示当前 GPON 系统的参考结构，GPON 主要由光线路终端（OLT）、光分配网（ODN）和光网络单元（ONU）三部分组成。OLT 位于接入网局端，它的位置可以就在局内本地交换机的接口处，也可以是在野外的远端模块，为接入网提供网络侧与核心网的接口，并通过一个或多个 ODN 与用户侧的 ONU 通信。OLT 与 ONU 是主从关系，OLT 控制各 ODN，执行实时监控，管理和维护整个无源光网络。

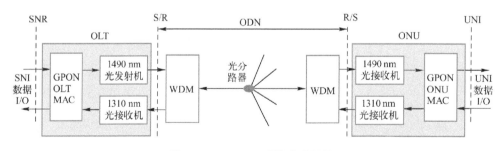

图 11.4.2　GPON 系统参考结构

ODN 是一个连接 OLT 和 ONU 的无源设备，它的主要功能是完成光信号和功率的分配任务。GPON 采用单纤双向传输，上/下行光信号采用波分复用汇合/分开。下行使用

1480~1500 nm 波段（XG-PON1，使用 1575~1580 nm 波段），上行使用 1260~1360 nm 波段（XG-PON1，使用 1260~1280 nm 波段）。同时，GPON 的 ODN 光分路器的性能也提高到可支持 1:128 分路比。

ONU 为光接入网提供直接或者远端的用户侧接口。ONU 终结 ODN 光纤，处理光信号并为若干用户提供业务接口。

在 GPON 中，光接口的结构如图 11.2.2 所示。在 G.984.2 中，给出了 GPON 系统不同上下行速率时的 4 个光接口的要求，以及在 S/R 参考点对发射机的要求和在 R/S 参考点对接收机的要求。GPON 和 APON 的标准基本一致。

根据系统对衰减/色散特性的要求，可以选择多纵模（MLM）激光器或单纵模（SLM）激光器。应该指出，并不要求都用 SLM 激光器，只要能够满足系统性能的要求，就可以用 MLM 器件取代 SLM 器件。但是，XG-PON1（10 Gbit/s PON）只考虑使用单纵模激光器。

2. GPON 和 EPON 的比较

下面将从带宽利用率、成本、多业务支持、OAM 功能等多方面对 EPON 和 GPON 进行详细的比较。

（1）带宽利用率

一方面，EPON 使用 8B/10B 编码，其本身就引入了 20% 的带宽损失，1.25 Gbit/s 的线路速率在处理协议本身之前实际上就只有 1 Gbit/s 了。GPON 使用扰码作线路码，只改变码，不增加码，所以没有带宽损失；另一方面，EPON 封装的总开销约为调度开销总和的 34.4%，而 GPON 在同样的包长分布模型下，得到 GPON 的封装开销约为 13.7%。

（2）成本

从单比特成本来讲，GPON 的成本要低于 EPON。但如果从目前的整体成本来讲，则反之。影响成本的因素在于技术复杂度、规模产量以及市场应用规模等各个方面，特别是产量基本决定了产品的成本。

（3）多业务支持

EPON 对 TDM 支持能力相对比较差，容易引起 QoS 的问题。而 GPON 特有的封装形式，使其能很好地支持 ATM 业务和 IP 业务，做到了真正的全业务。APON、EPON、GPON 承载业务能力的比较如图 11.4.3 所示。

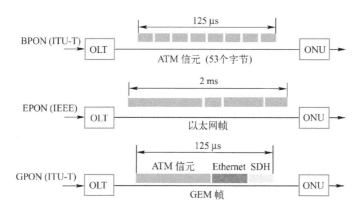

图 11.4.3　APON、EPON、GPON 承载业务能力的比较

（4）OAM 功能

从标准上看，GPON 标准定义的 OAM 信息比 EPON 的丰富。

3. GPON 较 EPON 的优势

通过上面对 GPON 和 EPON 主要特征以及具体各项指标的比较，可以发现 GPON 具有以下优势。

（1）灵活配置上/下行速率

GPON 技术支持的速率配置有 7 种方式。对 FTTH 和 FTTC 应用，可采用非对称配置；对于 FTTB 和 FTTO 应用，可采用对称配置。由于高速光突发发射和突发接收器件价格昂贵，且随速率上升显著增加，因此这种灵活的配置可使运营商有效控制光接入网的建设成本。

（2）高效承载 IP 业务

GEM 帧的净荷区范围为 0～4095 字节，解决了 APON 中 ATM 信元带来的承载 IP 业务效率低的弊病；而以太网 MAC 帧中净负荷区的范围仅为 46～1500 字节，因此 GPON 对于 IP 业务的承载能力是相当强的。

（3）支持实时业务能力

GPON 所采用的 125 μs 周期的帧结构能对 TDM 语音业务提供直接支持，无论是低速的 E1，还是高速的 STM-1，都能以它们的原有格式传输，这极大地减少了执行语音业务的时延及抖动。

（4）支持更远的接入距离

针对 FTTB 开发的 GPON 系统，其 OLT 到 ONU 的最远逻辑接入距离可以达到 60 km 以上，而 EPON 则只有 20 km。

（5）更高的带宽有效性

EPON 的带宽有效性为 70%；而 GPON 则高达 92%。

（6）更多的分路比数量

EPON 支持的分路比为 32；而 GPON 则高达 64 或 128。

（7）运行、管理、维护和指配功能强大

GPON 借鉴 APON 中 PLOAM 信元的概念，实现全面的运行维护管理功能，使 GPON 作为宽带综合接入的解决方案可运营性非常好。

11.4.3　WDM-PON 系统

目前的 PON 技术主要有 APON、EPON 和 GPON，它们都是 TDM-PON。APON 承载效率低，在 ATM 层上适配和提供业务复杂。EPON 存在两大致命的缺陷，即带宽利用率低和难以支持以太网之外的业务，特别是承载话音/TDM 业务时会引起 QoS 问题。GPON 虽然能克服上述的缺点，但上下行均工作在单一波长，各用户通过时分的方式进行数据传输。这种在单一波长上为每用户分配时隙的机制，既限制了每用户的可用带宽，又大大浪费了光纤自身的可用带宽，不能满足不断出现的宽带网络应用业务的需求。在这种背景下，人们就提出了 WDM-PON 的技术构想。WDM-PON 能克服上面所述的各种 PON 缺点。近年来，由于 WDM 器件价格的不断下降，WDM-PON 技术本身不断完善，WDM-PON 接入网应用到通信网络中已成为可能。相信随着时间的推移，将 WDM 技术引入接入网将是下一代接入网发展的必然趋势。

WDM-PON 有三种方案：第一种是每个 ONU 分配一对波长，分别用于上行和下行传输，从而提供了 OLT 到各 ONU 固定的虚拟点对点双向连接；第二种是 ONU 采用可调谐激光器，根据需要为 ONU 动态分配波长，各 ONU 能够共享波长，网络具有可重构性；第三种是采用无色 ONU，即 ONU 无光源方案。

11.4.4　WDM/TDM 混合 PON

> 生命的长短用时间计算；
>
> 人生的价值用贡献衡量。

——裴多菲（匈牙利诗人）

即使完善地解决了 ONU 的波长控制问题，但是由于 WDM-PON 的高损耗及串扰，光环回和光谱分割 WDMA 技术仍然受到很大的使用限制。在 WDM-PON 和 PS-PON 之间有一种折衷的方案，那就是下行传输采用 WDM-PON，上行传输采用功率分配（PS）的 TDMA-PON，如图 11.4.4 所示。这种方案称为 WDM/TDM 混合无源光网络，它结合了波分复用无源光网络和时分复用无源光网络的优点，非常适合从时分无源光网络到波分无源光网络过渡的部署。这种混合网络实际上在网络容量和实现成本两个方面进行了折衷，既具有 TDM-PON 中无源光功率分配所带来的优点，又具有 WDM-PON 波长路由选择所带来的优点，实现了相对较低的用户成本，并在维持较高用户使用带宽的前提下，增加了网络容量扩展的弹性。

图 11.4.4 是一种双纤结构，下行是 1550 nm 的 DWDM，用 AWG 波长路由器（WGR）对各个用户波长解复用，然后分别馈送各波长信号到相应的 ONU。上行采用 1310 nm 的 TDMA，所以 OLT 接收机要采用突发模式光接收机。

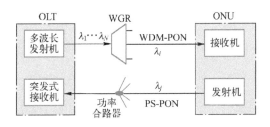

图 11.4.4　WDM/TDM 混合无源光网络

因为混合 PON 采用专用的下行波长及共享的上行带宽波长，它特别适用于满足住宅区对非对称带宽的要求。另外，下行使用波长路由，不仅解决了 PS-PON 的私密问题，而且还可以采用光时域反射仪（OTDR）来远程定位分支光纤的故障状况。从光层角度看，混合 PON 的 ONU 和 TDM/TDMA PS-PON 的 ONU 没有任何区别。在 OLT 侧，用一个突发模式接收机取代波分解复用器和接收机阵列即可。

WDM-PON 与 PS-PON 的技术比较

与 TDM-PON 相比，WDM-PON 系统具有以下的一些优点。

1）WDM-PON 系统的信息安全性好，在 TDM-PON 系统中，由于下行数据采用广播式发送给与此相连接的所有 ONU，为了信息安全，必须对下行信号进行加密，这在 G.983.1 建议中已经作了规定，尽管如此，它的保密性也不如单独使用一个接收波长的 WDM-PON 系统。

2）OLT 由于是多波长发射和接收，工作速率与 ONU 的数目无关，可与 ONU 的工作速率相同。

3）电路实现相对较简单，因为不需要难度很大的高速突发光接收机。

4）波分复用/解复用器的插入损耗要比光分配器的小，在激光器输出功率相等的情况下，传输距离更远，网络覆盖范围更大。

WDM-PON 可以视作 PON 的最终形态，但在近期还很难大规模应用。主要原因是缺乏国际标准，设备商投入较少，各种器件（如芯片、光模块）还不够成熟，成本也偏高，世界范围内能提供商用 WDM-PON 系统的设备制造商也屈指可数。但随着 WDM-PON 相关研究的逐渐活跃，国际标准化组织也开始考虑 WDM-PON 的标准化工作。

WDM-PON 既具有点对点系统的大部分优点，又能享受点对多点系统的光纤增益。但如果将 WDM-PON 同已建成的点对点系统或 PS-PON 系统比较，就会发现由于昂贵的 WDM 器件、串扰及损耗所致的性能降低，以及复杂性等因素，WDM-PON 的这些优点难以体现。关键在于成本，不管是单用户成本或是单波长成本，对于住宅或者中小型公司的接入，WDM-PON 在未来数年内都显得成本偏高。这点对上行方向尤为如此。用 TDMA 替代 WDMA 会使 WDM-PON 看起来更加现实，如果 WDM-PON 在近几年商用的话，混合 PON 可能会是其第一个优选方案。

第 12 章

———

无线光通信

认 识 光 通 信

光通信是一种利用激光传输信息的通信方式。激光是一种新型光源，具有亮度高、方向性强、单色性好、相干性强等特征。按光信号是否通过光纤传输，可分为有线光通信和无线光通信。按光传输媒质的不同，光通信又可分为光纤通信、自由空间光通信、蓝绿光通信和 LED 灯光通信等。自由空间光通信传输介质是大气，蓝绿光通信是海水，光纤通信是光纤。自由空间光通信又分近地大气光通信、卫星间光通信、星地间光通信。

自由空间光通信与微波通信相比，具有调制速率高、频带宽、天线尺寸小、功耗低、保密性好、抗干扰和截获能力强、不占用频谱资源等特点；与光纤通信相比，具有机动灵活、对市政建设影响较小、运行成本低、易于推广等优点。自由空间光通信可以在一定程度弥补光纤通信和微波通信的不足。自由空间光通信设备或天线可以直接架设在屋顶，既不需要申请频率执照，也无须敷设管道挖掘马路。在点对点系统中，在确定发/收两点之间视线不受阻挡之后，一般可在数小时之内安装完毕，投入运行。

12.1　无线光通信系统

我的人生哲学就是工作，我要揭示大自然的奥秘，并以此为人类造福。我们短暂的一生中，我不知道还有什么比这种服务更好的了。

——爱迪生（T. A. Edison）

　　无线光通信端机由光学天线（望远镜）、激光发射/接收机、信号处理单元、自动跟瞄系统等部分组成。光发射机光源采用激光器（LD）或发光二极管（LED），光接收机采用 PIN 光敏二极管或雪崩光敏二极管（APD），无线光通信的模型如图 12.1.1 所示。

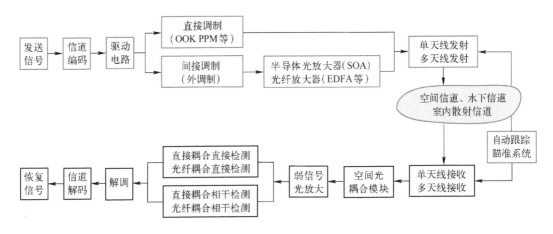

图 12.1.1　无线光通信的模型

12.1.1　光学天线

　　卫星光通信系统是相隔极远距离的光发射机和光接收机之间的高速数据传输系统，其技术难点来自于超远的距离、链路的动态变化和复杂的空间环境。光学系统是卫星光通信系统的主体，它的主要作用是由光发射机光学系统将需要传输的光信号有效地发向光接收机。卫星光通信光学系统的基本结构如图 12.1.2 所示，主要分为发射光路和接收光路。发射光学系统主要由激光器、整形透镜组、瞄准镜和发射光学天线组成。接收光学系统主要由接收光学天线、分色镜、分光镜、滤光器和光探测器组成。在收/发共用的卫星光通信终端中，光学天线既用于发射光信号，也用于接收光信号。发射天线的主要作用是压缩发射光束发散角和缩短发射光路筒长，而接收光学天线的主要作用是扩大接收口径，以便接收到更多的光发射机光场功率。

　　通常，天线采用卡塞格伦（Cassegrain）望远镜，它包含两个镜子，一个是抛物面柱形凹面镜，称为主镜，另一个是双曲凸面镜，称为副镜。卡塞格伦望远镜具有低成本和

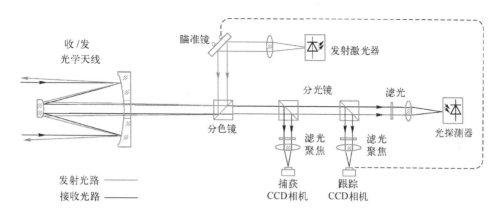

图 12.1.2 卫星光通信光学系统示意图

有限发散角的优点。

发射天线有单（或多）天线发射/单（或多）天线接收，多天线发射/多天线接收可以抑制大气湍流的影响。

滤光器有光阑空间光滤光器、带外背景光滤光片等。光阑空间滤光器是一个中心孔状的金属薄片，其作用是限制成像光束大小，以降低接收光噪声，并避免光接收机出现饱和情况。这可通过反馈光接收机输出信号电平，控制光阑的孔径大小来实现。带外背景光是噪声的主要来源，吸收滤光片可以消除特定环境光和太阳光，可以设计成带通、高通或低通滤光片。高通滤光器可以滤除一些太阳光辐射，得到波长为 1550 nm 的入射信号光。干涉滤光片，如多层电介质镜（图 4.4.1）就具有带通滤光特性。

为使光反射机和光接收机之间的光路链路稳定，发射光学系统又分为信标发射子系统和信号发射子系统，而接收光学系统则进一步分为跟踪接收子系统和通信接收子系统。

为完成系统双向互逆跟踪，空间光通信系统均采用收、发一体天线。由于半导体二极管激光器（LD）光束质量一般较差，要求天线增益高，结构紧凑轻巧、稳定可靠。目前天线口径一般为几厘米至 25 厘米。比如日本宇宙开发事业团研制的低轨（轨道高度 600 km）测试卫星终端，卡塞格伦望远镜天线孔径 26 cm，发射波长 847 nm，发射功率 40 mW，调制方式为非归零（NRZ）脉冲，数据速率 49 Mbit/s。

12.1.2 光发射机

卫星激光通信系统除光学系统外，还有光发射机和光接收机。光发射机的主要作用是将原始信息编码的电信号转换为适合空间传输的光信号，它主要包括激光器、调制器和控制电路。如图 12.1.1 所示，光发射机由信道编码、激光器驱动电路、光调制电路、光信号放大器以及发射天线组成。

1. 激光器

激光器用于产生光束质量好的激光信号，它的好坏直接影响通信质量及通信距离，对系统整体性能影响很大，因而对它的选择十分重要。空间光通信具有传输距离长、空间损耗大的特点，因此要求光发射系统中的激光器输出功率大、调制速率高。一般用于空间通信的激光器有三类。

1）二氧化碳激光器、输出功率最大，可超过 $10\,kW$，激光波长有 $10.6\,\mu m$ 和 $9.6\,\mu m$ 两种，缺点是体积较大、寿命较短，现在已不使用了。

2）倍频 Nd:YAG 激光器：波长范围为 $514\sim532\,nm$，具有较强的抗干扰能力和穿透大气能力。

3）半导体激光器（LD）泵浦的固体（Nd:YAG）激光器：当用 $810\sim750\,nm$ 波长的光泵浦时，可得到波长为 $1064\,nm$ 的几瓦连续输出光，如图 12.1.3 所示。在图 12.1.3a 中，激光谐振腔的形状是环形，由 Nd:YAG 棒和两个反射镜组成，法拉第旋转器和半波片保证其单向工作。在图 12.1.3b 中，激光谐振腔超短，只有一个纵模工作，输入耦合镜对 $808\,nm$ 波长激光具有高的透光率、对 $1064\,nm$ 激光具有高的反射率；输出耦合镜使 $808\,nm$ 波长激光反射回腔内、允许 $1064\,nm$ 激光透射出去。在这两种激光器中，波长的调谐可通过改变晶体的温度，进而改变腔体的长度来实现，一种微片激光器的调谐率为 $3.44\,GHz/℃$。Nd^{+3}:YAG 激光器晶体具有高的热传导率，易于散热，不仅可以单次脉冲工作，还可以用于高重复率或连续运转。Nd^{+3}:YAG 连续激光器的最大输出功率已超过 $1000\,W$，每秒几十次重复频率的调 Q 激光器，其峰值功率甚至可达数百兆瓦。这种激光器相干性好、体积小、适用于卫星间光通信。

在深空光通信系统设计的初期，大多采用 $1064\,nm$ 的 Nd:YAG 调 Q 激光器，其峰值功率在 $1000\,W$。随着元器件的发展，目前光纤器件已经成熟且商品化，国外开始考虑大量采用光纤器件来设计深空光通信系统，以满足深空光通信终端小型化、轻量化和低功耗的要求。比如发射机采用掺镱光纤 $1064\,nm$ DFB 激光器、$LiNbO_3$ M-Z 外调制器和掺镱光

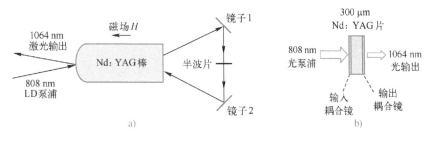

图 12.1.3 Nd：YAG 激光器

a）棒形激光器 b）微片单纵模激光器

纤功率放大器，可以支持 64 位的 PPM 调制。

在外差检测系统中，半导体激光器和固体激光器都可以作为激光发射光源。零差系统要求更大的边模抑制比，更好的光谱特性，所以常采用固体激光器。

激光二极管（LD）具有效率高、结构简单、体积小、重量轻、可直接调制等优点，所以，现在的许多空间光通信系统都采用 LD 作为光源。例如波长为 800 ~ 860 nm 的 AlGaAs LD 和波长为 970~1550 nm 的 InGaAs LD，其中最常用的波长为 1550 nm。由于 Al-GaAs LD 具有简单、高效的特点，该波长范围的 APD 量子效率最高（830 nm 波长 0.8）、增益高（300），并且与捕获跟踪用 CCD 阵列器件波长兼容，在空间光通信中是一个较好的选择。

大多数无线光通信链路采用天基发射器，要求激光源输出功率低于 10 W。无线光通信系统可采用多个通信波长，在所有的通信波长激光器中，1550 nm 波长商用半导体激光器最受关注，因为该波长大气衰减较小，可应用于直接调制和外调制，紧凑高效，其缺点是单纵模输出功率仅为 1 W 量级，多纵模输出可达几瓦。典型的外调制器需要非常苛刻的输入光束质量，通常也不允许多模光纤输入，而且，大多数外调制器不接受几瓦量级的输入。此外，也可使用半导体激光器（LD）泵浦固体激光器，因为输出功率可达数瓦，其缺点是效率低、调制速率低、热耗大。

2. 编码、调制及解调

（1）信道编码

信道编码是在信号数据码流中，插入一些冗余码元，以便在接收端进行判错和纠错，提高系统可靠性（见 9.1.2 节），其代价是牺牲传输有用的信息数据。降低系统误码率是信道编码的基本任务。

（2）开关键控（OOK）调制

调制是让光信号的幅度、频率、相位或偏振携带电数据信号，即完成电/光转换过程。在无线光通信系统中，由于相位检测困难、带宽限制、接收机灵敏度不高，码间干扰容易，光发射机通常让光信号幅度或位置承载信息，所以通常采用开关键控调制（OOK）或脉冲位置调制（PPM）的光强度调制（IM），而在接收端采用直接检测（DD）。

开关键控调制是最简单的幅度控制方式，二进制"1"发送脉冲，激光器发光，接收机光探测器有光生电流输出；二进制"0"不发送脉冲，激光器不发光，接收机光探测器光生电流为0。非归零（NRZ）二进制码如图12.1.4a。对于NRZ-OOK调制，一个脉冲的持续时间相当于1 bit，如图12.1.4b所示；归零脉冲（RZ）OOK调制，一个脉冲的持续时间小于1 bit，如图12.1.4c所示。

（3）脉冲位置调制（PPM）

OOK方式实现简单，如图12.1.4f所示，传输容量大，但功率利用率低，而且抗干扰能力差；PPM是利用脉冲位置来代表信息，相对OOK提高了能量利用率，但是很大程度上牺牲了带宽利用率。脉冲位置调制是将一组 n 位二进制数据映射成为 2^n 个时隙组成的时间段上的某一个时隙处的单个脉冲信号，脉冲的位置就是二进制数据对应的十进制数。即调制信号使载波脉冲串中每一个脉冲产生的时间发生改变，而不改变其形状和幅度，如图12.1.4e所示。由此可见，脉冲位置调制是基于脉冲位置来传送信息的，大部分能量集中在很容易通过耦合电容的高频端，从接收到的脉冲位置信号，根据解码定时关系，就很容易恢复出发送端的双极信号，如图12.1.4h所示。PPM适合要求数据速率低、灵敏度高的深空通信中应用。

（4）差分相移键控（DPSK）调制

差分相移键控（DPSK）调制每发射1 bit信息，光载波的相位变化 π；每发射0 bit信息，光载波的相位保持不变，如图12.1.4d所示。在接收机中，采用每比特与前一个比特（经1比特延迟线得到）相干检测，在具体应用中，可采用平衡相干接收解调，如图12.1.4g所示。

以上介绍的开关键控调制、差分相移键控调制和脉冲位置调制是直接调制，它通过

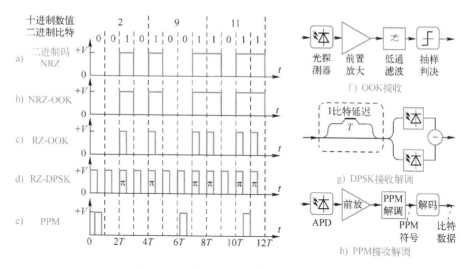

图 12.1.4 适合无线光通信的调制与解调

a）非归零二进制码（NRZ） b）NRZ 码开关键控（NRZ-OOK）

c）归零码开关键控（RZ-OOK） d）RZ-DPSK 调制

e）脉冲位置调制（PPM） f）OOK 直接探测 g）平衡探测延迟解调 DPSK h）PPM 接收解调

控制驱动 LD 的电流直接对光源光强进行调制，如图 6.4.1a 所示，这种调制方法可以实现 1 GHz 速率调制亚瓦级的激光输出。此外，还有间接调制，它是对光源发出的光通过外调制器对其调制，也称为外调制，如图 6.4.1c 所示。外调制有 M-Z 电光调制（见4.1.2 节）和电吸收调制两种，但外调制不接受几瓦量级的输入光功率。

3. 光放大

如果通信距离很远，激光器输出的光功率不足以传输这样远的距离，则采用光放大器对光信号放大。光放大器有半导体光放大器（SOA）和光纤放大器（掺铒光纤放大器和光纤拉曼放大器）（见第 8 章）。

为了实现大的输出功率，通常采用每一级放大增益不同的多级放大，如图 12.1.5 所示。光纤放大器的几种典型结构是，半导体激光器泵浦/掺铒（或掺钕或掺镱）光纤放大器、钕光纤（或镱光纤）泵浦共掺镱和铒光纤放大器。采用前向和后向双向泵浦方式对掺杂光纤进行泵浦。光隔离器（见 5.2 节）的作用是阻止后向散射光对本级光放大器的影响。掺稀土元素光纤激光器和光放大器是当今远程无线光通信系统中的关键技术。目前，双包层掺杂光纤激光器可以实现高功率和高效率输出（见原荣编著《光纤通信技术

（第2版）》4.5.2节）。输出功率从1mW可提高到数千毫瓦。

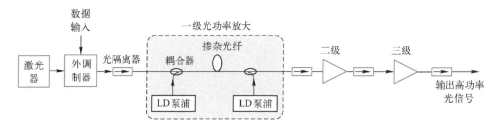

图12.1.5　三级光放大器级联输出高功率光信号

基于光纤放大器的光发射机与传统的LD泵浦的固体激光器光发射机相比，具有以下主要优点。

（1）电/光转换效率高

现在，商用LD可实现电/光转换效率超过65%，掺铒（Er）光纤放大器转换效率为23%，而掺钕（Yb）光纤放大器转换效率甚至超过70%。

（2）光束质量好、方向性稳定

光纤放大器采用单模光纤，可以获得稳定性高、方向性好的空间激光光束。

（3）航天适用性强

航天光学机械要求光源紧凑、可靠和轻便，基于光纤的激光发射机可以同时满足所有这些要求。

（4）无须制冷

与LD泵浦的固体（Nd：YAG）激光器相比，由于光纤放大器发射机热载荷同时分布在整个光纤上，无须采用制冷措施，这对提高激光器的能量转换效率，降低设备体积和尺寸非常重要。

（5）可靠性高

光纤放大器发射机采用光纤、光连接器和泵浦激光二极管，耐热耐振动，冗余设计容易，不足之处是耐辐射性能有所降低。

12.1.3　光接收机

学而不思则罔，思而不学则殆。（一味读书而不思考，会陷入迷茫；一味空想而不学习，则一无所得。)

——孔子

接收机包括对发射机光信号收集的天线、把空间光耦合进光纤的耦合单元、对弱光信号进行预先放大的前置放大器、把光信号转变成电信号的光探测器、恢复发射数据的解调器、抽样判决电路等。

光信号检测有直接检测和相干检测，每种检测又有直接耦合检测和光纤耦合检测，如图 12.1.1 所示。如果采用多天线接收，则还要进行分布式检测。

图 12.1.6 表示数字光接收机的通用结构，在直接检测接收机中，没有本振激光器，只有相干检测接收机才需要它。如果空间距离近，接收天线输出光信号足够大，也可以不需要光放大器。为了避免光学天线接收到的背景辐射的影响，通常采用中心波长为信号光波长 λ 的带通滤波器。滤波器的输出数据光信号经光探测器检测，转变为信号光生电流，经前置放大、基带处理后，进行抽样判决，恢复出光发射机发送来的数据信号。这是直接检测光接收机的接收过程。

光探测器可以采用 Si APD、AlGaAs APD，830 nm 波长时量子效率可以大于 80%，增益达到 300；对于 Ge APD，1064 nm 波长时量子效率也可以达到 80%，增益 200。一般来说，光/电转换器与一个或多个低噪声跨阻抗放大器（图 12.4.7b）结合，对接收光信号进行检测、放大，并进行自动增益控制，并通过反馈回路控制光阑孔径大小以避免放大器出现饱和情况。

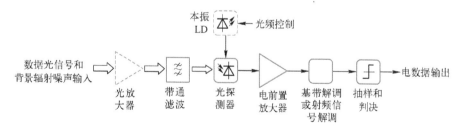

图 12.1.6　无线光通信数字光接收机的通用结构

如果是相干接收机，则本振激光器的输出本振光首先要和带通滤波器的输出信号光混频，如图 9.5.1 所示，然后被光探测器转换为与入射光信号成比例的电信号。相干检测光接收机与直接检测光接收机相比，不但提高了探测灵敏度，而且还可以检测相位或频率或偏振调制的光信号，如差分相移键控、正交相移键控、正交幅度调制信号。为了抑制相应的强度噪声、相位噪声或偏振噪声，可以采用平衡混频接收、相位分集接收或偏振分集接收（见 9.5 节）。

图 12.1.7 表示用于抑制强度噪声的双平衡混频相干接收原理图，该图只适用于直接耦合情况。本振光和信号光在棱镜 1 混频，混频后的光信号分成两路，分别送入同向支路 I 和正交支路 Q，经平衡探测后，产生的光生电流分别送入 I/Q 差分放大器，差分放大器的输出就与直流分量无关，与此有关的强度噪声也随之消除。

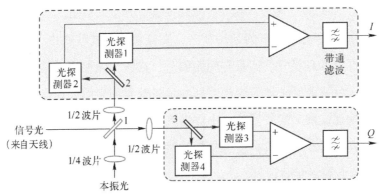

图 12.1.7　可抑制强度噪声的双平衡混频相干接收机（直接耦合使用）

如果采用光纤耦合，即接收天线的输出信号耦合到光纤，经光纤传输后的光信号再耦合到光探测器，则平衡混频接收机的前端部分（棱镜分光部分）要使用图 10.3.3 的结构，这种结构就要简单容易得多，可靠性也高得多。

12.1.4　捕获、瞄准和跟踪

微波通信天线发射功率大，发散角也大，不需要天线很精确对准；而无线光通信要求光束汇聚性能好，接收视场角小，激光发射功率又有限，这样使捕获、瞄准和跟踪就成为一个关键问题。目前已研究了多种方法以满足所要求的初始指向、空间捕获、精确跟踪和可靠通信等功能。一旦链路建立起来，就需要收/发两个激光通信终端必须在比通信束散角和接收视场大数个量级的扰动条件下，实现狭窄通信光束和接收视场的精确对准与高精度跟踪。

图 12.1.8 表示空间光通信系统的捕获、瞄准和跟踪子系统基本结构，它由收发天线

子系统、通信发射激光子系统、通信接收子系统、信标光发射子系统、捕获跟踪子系统组成。通信激光器发射功率低、信号光束窄；而信标激光器发射功率高、信标光束宽。

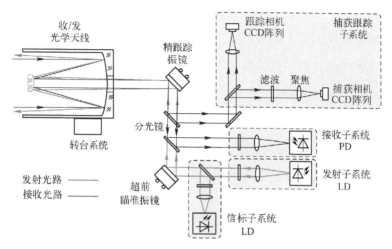

图 12.1.8 空间光通信系统捕获、瞄准和跟踪子系统基本结构

（1）捕获

在不确定区域内，对目标进行判断和识别，通过扫描直至在捕获视场内（±1°～±20°或更大）接收到信标光信号，为后续的瞄准和跟踪奠定基础。对于收/发一体光学望远镜天线，有着较高的共轴性，所以基本都采用天线整体扫描的方法。扫描时，检测光探测器的输出，直到确认光束已经被接收到。天线扫描分焦平面阵列扫描、螺旋扫描、光栅扫描和螺旋光栅复合扫描等。通常采用电荷耦合器件（CCD）阵列构成的焦平面阵列扫描，并与带通光滤波器、信号实时处理伺服执行机构共同完成捕获。

（2）瞄准

在远距离无线光通信系统中，当收发双方（如星际间）在切向发生高速相对移动时，就需要在发射端进行超前瞄准。瞄准的目的是，使卫星 A 通信发射端视轴与卫星 B 接收端天线视轴，在通信过程中保持非常精密的同轴性。

（3）跟踪

一旦捕获视场检测到对方发过来的信标光，收/发双方形成光的跟踪闭环，就进入粗跟踪阶段，其执行机构为两轴伺服转台带动天线望远镜单元整体运动。粗跟踪精度不高，只要能保证可靠进入精跟踪视场即可。

振镜的工作原理是使驱动器产生角位移或线位移，驱动附加在驱动器上的反射镜，实现角度二维偏转。常见的驱动器有电磁振镜和压电振镜。电磁振镜的工作原理是通电线圈放在磁场内会产生机械力，力的大小与通电电流成比例，该机械力可产生角位移或线位移，其控制精度可达几十纳米。压电陶瓷振镜的工作原理是，压电效应可产生电致伸缩效应，直接将电能转换为机械能，产生微位移，目前，大多数空间激光系统中的精跟踪和提前量伺服单元都采用压电振镜。

由于发射机和接收机之间的相对运动，大气湍流造成的光斑闪烁、漂移，以及平台振动对瞄准精度的影响，在瞄准完成后，通过跟踪将瞄准误差控制在允许的范围内。

通常采用四象限红外探测器或高灵敏度位置传感器来实现跟踪，并配以相应伺服控制系统。

图 12.1.9 表示一款自由空间光通信端机的结构图，该系统接收子系统采用直接耦合检测方式，而发射子系统采用光纤耦合方式，瞄准子系统位于收/发子系统的上方。

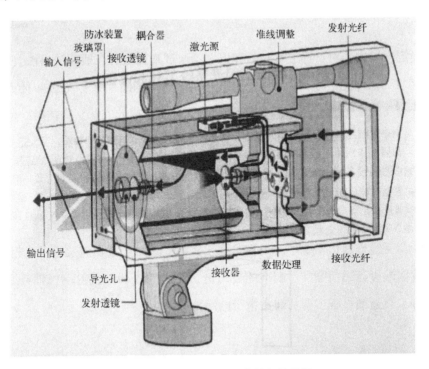

图 12.1.9　自由空间光通信端机结构图

12.1.5 空间分集系统

为了抑制大气湍流引起的光强变化，可采用分集技术对两个或多个不相关信号进行处理。空间分集系统的一般模型如图 12.1.10 所示，M 个发射机和 N 个接收机构成 $M×N$ 个子信道。在接收端，多路信号通过一定的合并法则进行合并，判决器对合并后的信号进行判决。

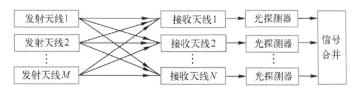

图 12.1.10　空间分集系统的一般模型

12.1.6 信道

在地-地、地-空激光通信系统信号传输中，大气信道是随机的。大气中气体分子、水雾、雪、气溶胶等粒子的几何尺寸与二极管激光波长相近甚至更小，这就会引起光的吸收和散射，特别在强湍流情况下，光信号将受到严重干扰。因此如何保证随机信道条件下系统的正常工作，对大气信道工程研究是十分重要的。自适应光学技术可以较好地解决这一问题，并已逐步走向实用化。

空间光通信是包含多项工程交叉科学研究课题，它的发展与高质量大功率半导体激光器、精密光学元件、高质量光滤波器件、高灵敏度光学探测器及快速、精密光、机、电综合技术的研究和发展密切不可分。光电器件、激光技术和电子学技术的发展，为空间光通信奠定了物质基础。

对于大气对光通信信号的干扰分析，目前仅局限于大气的吸收和散射等，很少涉及大气湍流引起的闪烁、光束漂移、扩展以及大气色散等问题，而这些因素都会影响接收端信号的信噪比，从而影响系统的误码率、通信距离和带宽。因此，有必要在这方面做更深入详尽的分析，并提出解决以上问题的技术方案，如采用自适应光学技术是一个值得重视的研究方向。

12.2 自由空间光通信（FSO）

没有知识就不可能对生活做出正确的解释。

——高尔基（M. Gorky）

与传统微波通信相比，光通信具有传输速率快、通信容量大、抗电磁干扰性能强、保密性好、通信终端体积小、功耗低等优点，引发各国研究热潮。

自由空间光通信是指以光波为载体、在空间传递信息的通信技术，可分为大气光通信、卫星间光通信和星地间光通信，现分别加以介绍。

12.2.1 大气光通信——传输介质为大气

地面大气光通信如图12.2.1所示。早在20世纪60年代光纤通信出现之前，自由空间光通信的研究就已开始。1930年至1932年间，日本在东京的日本电报公司与每日新闻社之间实现了3.6 km的大气光通信，但在大雾大雨天气里效果很差。第二次世界大战期间，光电话发展成为红外线电话，因为红外线肉眼看不见，更有利于保密。

图12.2.1 地面大气光通信示意图

大气由气体、水蒸气、污染物和其他化学粒子组成。大气作为传输媒体，和光纤信道一样也存在吸收和散射，产生功率损耗和波形失真。而且，大气密度和折射率随气候和温度的变化更为明显，所以引起大气沿传输路径的透光特性和传输损耗在随时变化。比如在非常晴朗的天气，能见度达到 50~150 km，衰减系数为 0.03~0.144 dB/km；但在浓雾天气时，能见度只有 70~250 m，衰减系数竟然达到 58~220 dB/km。另外，光通过透明大气层时，有些波长的光受到很强的吸收，只有某些波长的光，如 0.85 μm、1.3 μm 和 1.55 μm 波段的光才具有最大的折射率。因此大气光通信受天气的影响很大，传输容量一直都很小，距离也很短，而且要求收发端天线对准精度很高，所以在民用通信网中几乎没有使用。无线光通信的研究和应用仅局限于星际通信和国防通信领域。

但是近年来，光放大器的普遍应用，光电器件制造技术、系统集成技术和大气信道传输技术的逐渐成熟，对自由空间光通信系统的发展构成有力的支撑。鉴于光纤传输受到传输范围和地域限制，为了实现全方位的通信，自由空间光通信系统逐渐受到了人们的重视。

在自由空间光通信系统中，激光器输出光束与天线的耦合、天线与光探测器的耦合，可以采用直接耦合，如图 12.1.8 所示，也可以采用光纤耦合，如图 12.2.2 所示。直接耦合的主要缺点如下。

1）激光器发射的光束由于散射角不同，光斑粗糙，因此需要对激光器发射光束进行优化，使其达到高斯光束的目的。

2）接收端光/电转换单元数量随着带宽的扩大而增加，使系统成本增加，必须要提升光/电转换单元的功能，减少其使用数量。

3）空间光通信设备的发射和接收单元均放置在建筑物屋顶，安装和维护存在一定困难。

而光纤耦合 FSO 系统，激光器发射高斯光束，耦合进入多模光纤，经传输到天线单元；天线单元的输出光信号也耦合进多模光纤，经传输后到达光接收器。

目前已有多种大气激光通信设备，图 12.2.2 表示一般大气激光通信系统的构成，其中值得一提的是工作窗口为 1.55 μm 波长、采用 4×2.5 Gbit/s 密集波分复用技术的设备。这一系统的关键技术是采用多径发射天线以解决对准困难，使用 EDFA 放大器来补偿光通道损耗。在光发射端，LD 的输出光被 EDFA 放大后，经多模光纤分支器将光信号同时加到发射光学望远镜的孔径上，每个孔径偏移 0.5 毫弧度（mrad），在大气中传输后到达接

认识光通信

收端时的光斑直径为 2.2 m。光接收终端是一个改进了的施密特–卡塞格伦望远镜天线，自由空间光信号进入该望远镜后被聚焦到芯径为 62.5 μm 的多模光纤上。

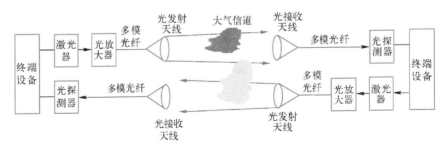

图 12.2.2　大气激光通信系统

12.2.2　大气湍流决定的 BER、SNR 和 Q 参数

在大气湍流的影响下，系统误码率（BER）仍可以用式（7.3.3）表示，即

$$\mathrm{BER}=\frac{1}{2}\mathrm{erfc}\left(\frac{Q}{\sqrt{2}}\right)\approx\frac{\exp(-Q^2/2)}{Q\sqrt{2\pi}} \tag{12.2.1}$$

式中，Q 参数为

$$Q(I)=\frac{\alpha_{\mathrm{ant}}RAI}{\sqrt{\sigma_1^2}+\sqrt{\sigma_0^2}} \tag{12.2.2}$$

式中，R 是探测器灵敏度，I 是发射"1"码时接收天线信号辐照度，A 是接收天线面积，AI 则是接收到的信号功率，α_{ant} 是光学天线系统损耗系数，$\alpha_{\mathrm{ant}}RAI$ 是接收机在接收数字"1"码时产生的信号电流，σ_1^2 是接收"1"码时的均方噪声电流，σ_0^2 是接收"0"码时的均方噪声电流。

在大气湍流条件下，比特误码率（BER）是由概率密度函数计算出的平均值

$$\langle\mathrm{BER}\rangle=\int_0^\infty P_1(I)\,\mathrm{BER}\left[Q(I)\right]\mathrm{d}I \tag{12.2.3}$$

或者用 SNR 表示 BER，即

$$\mathrm{BER}=\frac{1}{2}\mathrm{erfc}\left(\sqrt{\frac{\mathrm{SNR}}{2}}\right) \tag{12.2.4}$$

大气湍流会使光波强度变化，不考虑其他噪声，只考虑大气湍流对通信系统误码率的影

响时，可以将光强变化近似看成大气湍流噪声所引起，此时 SNR 可表示为

$$\mathrm{SNR} = \frac{I_1^2}{\sigma_1^2} = \frac{1}{\langle \varepsilon^2 \rangle} = \frac{1}{\langle \chi^2 \rangle} \tag{12.2.5}$$

式中，I_1 表示"1"码信号平均信号电平，ε 表示噪声和信号的强度比，当 ε 非常小时，$\chi \approx \ln(1+\varepsilon) = \varepsilon$，$\chi$ 为湍流引起的对数强度起伏（即噪声）。

在弱湍流情况下，可以认为"1"码均方噪声电流 σ_1^2 就是湍流引起的均方噪声，即

$$\sigma_1^2 = 4\chi^2 \tag{12.2.6}$$

在实际的激光通信系统中，发射端发出的激光经过光学透镜准直后，可以看成平面波，弱湍流条件下，接收"1"码时均方噪声电流

$$\sigma_1^2 = 1.23 C_n^2 k^{7/6} L_{\mathrm{dis}}^{11/6} \tag{12.2.7}$$

式中，C_n^2 为大气湍流折射率结构常数；$k = 2\pi/\lambda$ 为波数；L_{dis} 为传播距离。

误码率为

$$\mathrm{BER} = \frac{1}{2}\mathrm{erfc}\left(\sqrt{\frac{\mathrm{SNR}}{2}}\right) = \frac{1}{2}\mathrm{erfc}\left(\frac{2}{1.23 C_n^2 k^{7/6} L_{\mathrm{dis}}^{11/6}}\right) \tag{12.2.8}$$

当"0"码均方噪声电流与"1"码均方噪声电流近似相等时，Q 参数为

$$Q(I) = \frac{\alpha_{\mathrm{ant}} R A I}{\sqrt{\sigma_1^2} + \sqrt{\sigma_0^2}} = \frac{\alpha_{\mathrm{ant}} R A I}{2\sqrt{1.23 C_n^2 k^{7/6} L_{\mathrm{dis}}^{11/6}}} \tag{12.2.9}$$

由此可见，Q 参数与探测器灵敏度 R、接收天线口径 A、接收天线信号辐照度 I（即光发射机发射功率）成正比，而与大气湍流折射率结构常数 C_n^2 和传输距离 L_{dis} 的 $L_{\mathrm{dis}}^{11/6}$ 开方成反比。

12.2.3　星地间光通信

美国、欧洲、日本等国家和地区均在空间激光通信技术领域投入巨资进行相关技术研究和在轨试验，对空间激光通信系统所涉及的各项关键技术展开了全面深入的研究，不断推动空间激光通信技术迈向工程实用化。

20 世纪 70 年代初，美国国家航空航天局（NASA）资助进行了 CO_2 激光和光泵浦的 Nd：YAG 激光空间通信系统的初步研究。20 世纪 70 年代中期，美国空军资助在飞船上

搭载半导体激光发射机进行了飞船与地面之间的外差相干检测接收链路的预研工作。NASA 的喷气推进实验室制定过火星与地面之间的激光通信计划，也实施了月球与地面之间的激光通信实验。

美国于 2010 年开始实施转型卫星通信计划，其目的是建立一个激光通信网络，实现已有的微波通信网络向激光通信网络的过渡，通信速率为 10~40 Gbit/s，其投资超过 200 亿美元。

1. 美国月球激光通信演示验证项目

2013 年 10 月，美国国家航空航天局（NASA）成功开展了"月球激光通信演示验证"项目，从月球轨道与多个地面站分别进行了双向激光通信试验，创造了 622 Mbit/s 的下行数据传输速率新纪录，上行数据传输速率也达到 20 Mbit/s，首次验证了空间激光通信系统的可行性，以及系统在空间环境中的可生存性。

月球激光通信演示验证项目主要包括星上终端、地面终端、月地激光通信操作中心。

（1）星上终端

美国月球激光通信演示验证项目星上终端如图 12.2.3 所示。星上终端主要包括安装在飞船载荷仓的外部的光学模块、安装在飞船内部的调制解调模块和控制器电子学模块。光学模块的主要部分是 10 cm 口径的卡塞格伦望远镜发射天线，安装在两轴转台上，可实现大范围光学对准。空间捕获和跟踪使用了大视域的 InGaAs 四象限探测器。发射光通过光纤传输给望远镜发射，入射光经望远镜聚焦后耦合到光纤。编码数据通过脉冲位置调制（PPM）加载到光信号上，如图 12.1.4e 所示，该光信号通过掺铒光纤放大器放大到 0.5 W 的平均功率。

调制解调模块中，有光发射与接收器。在接收器中，弱光信号首先被一个低噪声 EDFA 放大，然后被光敏二极管直接检测，光生电流被放大后，通过双 PPM 解调器对下行链路信号解调、抽样和判决，然后由 FPGA 解码，如图 12.1.4h 所示。

控制电子学模块是由单板机构成的航天电子学模块，实现对光学模块中所有执行机构的闭环控制，为飞船间提供命令与遥测接口，对调制解调进行设置与控制。

（2）地面站终端

美国月球激光通信演示验证项目终端设备如图 12.2.4 所示，地面站终端由发射天线

a)　　　　　　　　　　　　　　　　　　　b)

图 12.2.3　美国月球激光通信演示验证项目星上终端

a）光学模块　b）终端调制解调模块

阵列、接收天线阵列、控制室组成。采用天线阵列不但增加了天线口径，而且降低了大气湍流对光信号的影响。发射天线由 4 个 15 cm 口径的折射式望远镜组成，接收天线由 4 个 40 cm 的反射式望远镜组成。每一个望远镜的光学信号都通过光纤耦合到控制室，与光发射器和接收器相连。这 8 个望远镜安装于同一个二维转台上。转台可在半球空间内实现光学天线的粗对准。每一个光学天线之后的光学系统都包括一个焦平面阵列探测器（CCD）和一个高速偏转镜，以实现对下行光束的跟踪，同时对每一个光学天线的光轴进行校准。

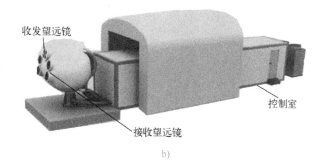

收发望远镜

控制室

接收望远镜

a)　　　　　　　　　　　　　　　　　　　b)

图 12.2.4　美国月球激光通信演示验证项目终端设备

a）星上终端电子控制模块　b）地面终端

（3）月地激光通信操作中心

在地面站控制室中，实现对转台与天线的控制，以及对光信号的放大、调制和解调。光发射器 EDFA 对天线聚焦光信号放大到 10 W，然后被脉冲位置调制器（PPM）调制，发射光束通过偏振保持单模光纤耦合至发射望远镜中。地面终端接收器为超导纳米线阵列光子计数探测器，探测波长范围为 600~1700 nm，工作在低温环境中，具有单个光子的探测能力。

2. 美国激光通信中继演示验证项目

美国 NASA 正在开展"激光通信中继演示验证"项目，主要用于验证激光通信技术的有效性和可靠性等。该系统包括 2 个地球同步轨道星载激光通信终端和 2 个在夏威夷和加利福尼亚州的地面激光通信终端，如图 12.2.5 所示。NASA 计划于 2019 年发射星载激光通信终端至地球同步轨道，开展为期 2 年的激光通信中继演示验证任务。任务中，位于美国加州的地面站将向距地约 36000 千米的地球同步轨道星载激光通信终端发射激光信号，随后地球同步轨道星载激光通信终端将信号中继到位于夏威夷的另一个地面站。目前，已进入系统整合与测试阶段。

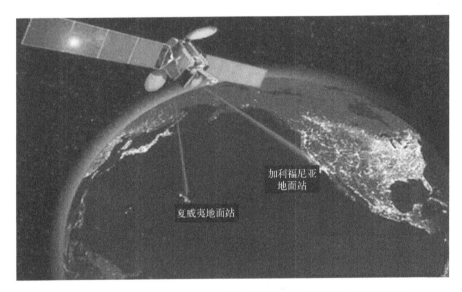

图 12.2.5　美国 NASA 正在开展的激光通信中继演示验证项目示意图

3. 中国卫星光通信事业的发展

在中国，卫星光通信也受到了极大的关注。很多大学和研究所积极开展了对卫星光通信技术的研究。与其他国家相比，中国的卫星光通信事业虽然起步较晚，但发展迅速，已经完成了大量的理论和实验工作，目前已进入工程化阶段。

2011 年 11 月，哈尔滨工业大学研制的激光通信终端成功地进行了"海洋二号"卫星与地面间的星地激光通信实验，如图 12.2.6 所示，实现了中国首次星地高速直接探测激光通信，最高通信数据速率为 504 Mbit/s，为中国卫星光通信系统实用化打下了基础。

图 12.2.6 我国的星地间光通信示意图

尽管存在诸多优势，目前我国的自由空间光通信技术整体而言仍处于研究阶段，尚面临诸多技术挑战，如大气湍流、大气衰减等因素的影响和干扰，空间光通信所需的地面基础设施远未完备等。

12.2.4 卫星间光通信

卫星光通信（激光星间链路）具有重要的应用前景，可应用于低轨道（LEO）卫星与同步轨道（GEO）卫星间的通信链路、GEO 卫星与 GEO 卫星间的通信链路、LEO 卫星与 LEO 卫星间的通信链路、空间与地面的通信链路，如图 12.2.7 所示，也可用于深空探测、载人航天空间站的通信。GEO（对地静止轨道）卫星距地面的轨道高度为 36000 km，而 LEO 卫星距地面的轨道高度小于 1000 km，中轨道（MEO）卫星距地面的轨道高度为 10000~20000 km。LEO 卫星与 LEO 卫星的链路距离小于 15000 km，MEO 卫星与 MEO 卫星、LEO 卫星与 MEO 卫星的链路距离小于 35000 km，GEO 卫星与 MEO 卫星、GEO 卫星与 LEO 卫星的链路距离小于 85000 km。

1985 年，欧洲空间局（ESA）就实施了半导体激光星间链路试验项目，首次验证了

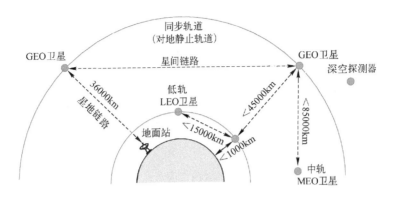

图 12.2.7　可建立的空间激光通信链路

低轨道卫星（1998 年发射）至地球同步轨道卫星（2001 年发射）的星间通信，同时实现了中继同步卫星与地面站的激光通信。该项目终端开始使用 830 nm 半导体激光器作为通信光源、Si PIN 作为探测器，采用激光器强度调制/直接探测（IM/DD）体制，通信速率只有 50 Mbit/s，取得了极大成功。从 1989 年开始，ESA 开始研制固体激光器相干检测光通信系统，实现了 Nd：YAG 激光器 BPSK/外差相干检测通信演示系统，通信速率 140 Mbit/s，误码率 10^{-9}，灵敏度每比特 28 个光子，其他天线光学参数、捕获跟踪探测器、信号光/信标光和探测器参数如表 12.2.1 所示。

表 12.2.1　欧洲空间局星间链路激光通信终端参数

终端名称		低轨卫星（LEO）终端	高轨（同步）卫星（GEO）终端
光学天线	天线形式	卡塞格伦反射式望远镜，收发共用	
	接收天线口径	250 mm	
	发射天线口径	250 mm	125 mm
	接收视场角	8.5 毫弧度（mrad）	
捕获探测器	探测器类型	CCD（384×288）	CCD（70×70）
	像素尺寸	23 μm	
	接收视场角	8.64×8.64 mrad	1.05×1.05 mrad
	捕获精度	±0.5 像素	
跟踪探测器	探测器类型	CCD（14×14），像素尺寸 23 μm	
	视场角	0.238 × 0.238 mrad	
	跟踪精度	< 0.07 微弧度（μrad）	

（续）

终 端 名 称		低轨卫星（LEO）终端	高轨（同步）卫星（GEO）终端
信号光发射	激光器	GaAlAs LD，波长 847 nm	GaAlAs LD，波长 819 nm
	输出平均功率	60 mW	37 mW
	光束宽度（$1/e^2$）	250 mm（高斯光束）	125 mm（高斯光束）
	光束发散角	10 微弧度（μrad）	16 微弧度（μrad）
信标光发射	激光器	—	19 支 GaAlAs LD（801 nm）
	输出平均功率	—	每个 900 mW，总功率 3.8 W
	光束发散角	—	750 微弧度（μrad）
信号光接收	探测器类型		Si APD
	视场角	100 微弧度（μrad）	70 微弧度（μrad）
	探测灵敏度	−59 dBm	—

2008 年 2 月，德国地球观测卫星与美国国防部近红外试验卫星成功地进行了世界上首次星间相干激光链路实验，链路距离最长达到 4900 km，通信速率为 5.625 Gbit/s。

2008 年 11 月，欧洲空间局开始制定和实施欧洲数据中继卫星系统计划。该计划包含 2 个同步地球轨道（GEO）卫星，如图 12.2.8 所示，它们各自配备了一套激光通信终端，用于星间激光通信链路，可为低轨道卫星、无人机以及地面站之间提供用户数据中继服务。激光通信终端采用二进制相移键控调制，零差相干解调方式，速率为 1.8 Gbit/s，误码率为 10^{-8} 量级，通信距离为 45000 km。

欧洲数据中继系统的首个激光通信中继卫星 EDRS 系统中的 EDRS-A 中继卫星已于 2014 年成功发射，迈出了构建全球首个卫星激光通信业务化运行系统的重要一步。EDRS 由 3 颗同步卫星组成，每颗卫星都装载有用于星间链路的激光通信终端与用于星地链路的 Ka 波段终端。EDRS-C 中继卫星已于 2015 年发射，星间传输速率可达 1.8 Gbit/s，星地下行链路 Ka 波段（20 GHz/30 GHz）终端提供 600 Mbit/s 速率。在完成一系列在轨测试后，EDRS-A 于 2016 年 6 月成功传输了雷达卫星的图像，并于 2016 年 7 月进入业务运行阶段。EDRS-A 载荷实现在轨服务，表明欧洲已率先实现星间高速激光通信技术的业务化应用，是近年来欧洲航天技术快速发展的一个重要里程碑。

欧洲空间局计划在 2020 年扩展成为全球覆盖系统，形成以激光数据中继卫星与载荷为骨干的天基信息网，实现卫星、空中平台观测数据的近实时传输。

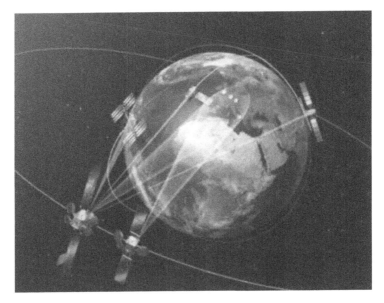

图 12.2.8　欧洲空间局（ESA）卫星间光通信示意图

12.3　蓝绿光通信——传输介质为海水

人的影响有限而短暂，书的影响则广泛而深远。

——普希金

12.3.1　概述

蓝绿光通信是光通信的一种，采用光波波长为 450~570 nm 的蓝绿光束进行通信。由于海水对蓝绿波段的可见光吸收损耗小，因此蓝绿光通过海水时，不仅穿透能力强，而且方向性极好，是深海通信的重要方式，另外还应用于探雷、测深等领域。

1963 年，Duntley 发现，海水在 450~550 nm 波长（对应于蓝色和绿色光谱）具有相对较低的吸收衰减特性，后由 Gilbert 等人通过实验证实，如图 12.3.1 所示，这为水下光通信奠定了基础。

早期，水下蓝绿光通信主要应用于军事目的，特别是在潜艇通信中。1976 年，Karp 评估了水下与卫星终端之间进行蓝绿光通信的可行性。1977 年，加利福尼亚大学研究人

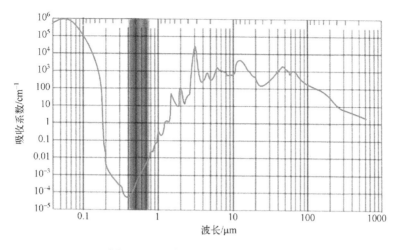

图 12.3.1　水对蓝绿光的吸收衰减谱

员建立了一种从海岸到潜艇的单向光通信系统，其发射机采用蓝绿光激光源产生光脉冲，将其输出光束聚焦发射到中继卫星上，然后再将光束反射到潜艇，如图 12.3.2 所示。蓝绿光由激光发生器产生，蓝绿光不仅能有效地穿透海水，也能有效地穿透大气，与其他单色光相比，不易被空气中的水珠或云、雾吸收，它的这种通天入海的奇特本领引起了研究潜艇通信的科学家的重视。试验中，飞机从 12 km 高空向海面发射一束蓝绿光，结果一路畅通无阻，直达位于海面下 300 m 深处的海豚号潜艇。潜艇也以相同的方式向飞机发送了信息，终于实现了水下与空中和地面进行双向通信的愿望。

1980 年起，美国海军进行了 6 次海上大型蓝绿光对潜通信试验，证实了蓝绿激光通信能在大暴雨、浑浊海水等恶劣条件下正常进行。

1983 年底，在黑海舰队的主要基地附近，苏联也进行了把蓝绿光束发送到空间轨道反射镜后再转发到水下弹道潜艇的激光通信试验。

1986 年，美国一架装备了蓝绿激光器的 P-3C 飞机采用蓝绿激光通信技术，向冰层下的潜艇发送了信号。1988 年，美国完成了蓝光通信系统的概念性验证。1989 年，美国开始着手研究提升飞机或卫星平台与水下潜艇间的激光通信性能。

1989 年~1992 年，美国还实施了潜艇激光通信卫星计划，旨在实现地球同步轨道卫星对潜激光通信。

几十年来，水下蓝绿光通信仍局限于军事应用。迄今为止，只有少数有限的水下蓝绿光通信产品在 20 世纪初商业化，例如有的系统可以在 200 m 的距离上实现 20 Mbit/s 的水下数据传输。

吸收和散射是影响水下光衰减的两个主要因素。吸收是一种能量传递过程，光子失去其能量并将其转换成其他形式的能量，如热能和化学能（光合作用）。散射是由光与传输介质的分子和原子的相互作用引起的。一般来说，吸收和散射对这种系统会产生三种不良影响。首先，吸收使光的总传播能量不断降低，将限制通信距离；第二，散射将扩展光束，导致接收器收集的光子数量减少，系统信噪比（SNR）降低；第三，由于光在水下散射，每个光子可能在不同的时隙到达接收器平面，产生多径效应，发生符号间干扰（ISI）和定时抖动。这些因素将直接使系统误码率（BER）降低，为此，可使用前向纠错技术。另外，光束扩散和多径散射也会影响光在水下的传输。多径散射是，光在海水中传播时，光波被散射粒子散射而偏离光轴，形成多次散射。

12.3.2　激光对潜通信种类

激光对潜通信系统可分为陆基通信、天基通信和空基通信三种系统形式。

（1）陆基通信系统

由陆上基地发射台发出强激光脉冲，经卫星上的反射镜将激光束反射到所需照射的海域，实现与水下潜艇的通信。这种方式可通过星载反射镜扩束成宽光束，实现大范围内的通信；也可以控制成窄光束，以扫描方式通信。

（2）天基通信系统

把大功率激光器置于卫星上，地面通过微波通信或光通信系统对星上设备实施控制和联络，还可以借助卫星之间的通信，让位置最佳的一颗卫星实现与潜艇通信。

（3）空基通信系统

将大功率激光器置于飞机上，飞机飞越预定海域时，激光束以一定形状的波束扫过目标海域，完成对水下潜艇的广播式通信。

12.3.3　蓝绿光通信系统

蓝绿光通信系统由光发射机、水下信道和光接收机组成，如图 12.3.2 所示，编码电路、调制电路、能够发射蓝绿光的激光器、聚焦蓝绿光的透镜发射天线系统组成光发射机，聚焦蓝绿光的透镜接收天线系统、对蓝绿光敏感的光探测器、低噪声放大器、解调电路和解码电路组成光接收机。

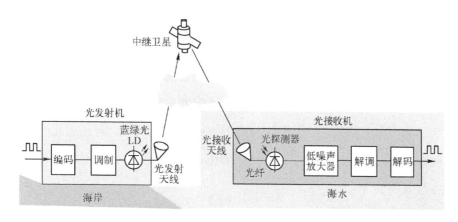

图 12.3.2　蓝绿光通信系统

通信时，发射端将脉冲信息编码，变换成一列不连续的电脉冲信号，然后用此信号直接调制光载波，使光发射器件光强度随信息变化而变化。通过光发射天线把调制后的光信号发射给中继卫星的反射镜，然后反射给海水中的潜艇，潜艇上的光接收机接收到这一光束后，透镜接收天线系统对它进行滤色、聚焦，经光检测器还原成电信号，再经低噪音放大、解调、脉冲整形，解码恢复发射机所发脉冲信号。

蓝绿光通信系统光发射机采用简单的通断键控（OOK）直接强度调制（IM）（见 6.4.1 节）。蓝绿光通信系统也可以使用 12.1.2 节介绍的脉冲位置调制（PPM），与 OOK 调制相比，PPM 具有更高的能量效率，并且不需要动态阈值，但以较低的带宽利用率和更复杂的收发机为代价。PPM 调制的主要缺点是严格的定时同步要求，任何定时抖动或异步都会严重影响系统的误码率。

与 IM 方案相比，相干调制对光载波的振幅、极化或相位信息进行编码。在接收端，本振光与接收信号光混频，完成解调（见 9.5 节）。与 IM 相比，相干调制具有更高的接收机灵敏度、更高的系统频谱效率和更强的背景噪声抑制，但是实现复杂度和成本也更高。相干调制有 6.4.2 节介绍的正交幅度调制（QAM）、正交相移键控调制（QPSK）。

由于海水产生严重的吸收和散射效应，使传输光信号经受相当大的衰减，严重影系统误码率性能。为了减轻水下光衰减的影响，并在低信噪比（SNR）水下环境中保持少的 BER，可以在蓝绿光系统中使用前向纠错信道编码技术（见 10.1 节）。

蓝绿光通信可应用于环境监测、近海勘探、灾害预防和军事领域。军事领域如潜水员之间通信，无人驾驶水下车辆、潜艇、船舶和水下传感器之间的通信等。

研究内容有信道特性、调制和编码技术和具体实现途径。

水下激光通信目前仍然在发展之中，科学家们目前已经对蓝绿光在云层、海水中的传播以及在多种气象条件和海洋条件下的对潜通信的关键技术进行了公关，为潜艇激光通信技术实用化奠定了基础。随着关键技术的突破和试验成功，潜艇激光通信的研究重心转向了提高系统的通信性能，尤其是提高通信速率，发展基于卫星的通信能力，逐步向实用化方向发展。

12.4 可见光通信——传输介质为空气

> 科学上没有平坦的大道，真理的长河中有无数礁石险滩。只有不畏攀登的
> 采药者，只有不怕巨浪的弄潮儿，才能登上高峰采得仙草，深入水流觅得骊珠。
>
> ——华罗庚

白光发光二极管（LED）是第四代节能环保照明产品，因为它使用寿命长、尺寸小、易驱动、效率高。白光 LED 的响应灵敏度非常高，具有良好的调制特性，它在照明的同时，可作为无线通信网络的接入点。将室内的通信基站与白光 LED 照明设备结合到一起，并将其接入其他通信网络，这就是可见光通信。

在无线光通信领域标准化方面，已经提出了许多版本的数据链路协议，点到点协议有 VLCC/IEEE 802.15.7（可见光）、IrDA/IEEE 802.15.3（红外光）；点到多点协议有 IEEE 812.15.7/OWMAC（可见光）、OWMAC（红外光）。光无线媒体接入控制（OWMAC）协议规定的数据速率为 128～1024 Mbit/s，是半双工或者全双工通信，比如，可见光（如波长 450 nm）系统，数据速率采用 100 Mbit/s，覆盖范围 12 m^2；红外光（如波长 850 nm）系统，数据速率采用 300 Mbit/s，覆盖范围 30 m^2。在可见光通信标准方面，

有一个可见光通信协会（VLCC），它是一个使用 LED 提供可见光通信系统的日本标准联盟。

日前，中国电子技术标准化研究院和全国信息技术标准化技术委员无线局域网标准工作组联合发布了可见光通信标准化白皮书，其中对国内可见光通信产业化现状进行了深入分析，并就可见光通信技术、应用、芯片、标准化等方面提出了针对性的建议。

12.4.1　白光 LED 发光原理

1. LED 工作原理

从 6.1.3 节可知，发光二极管（LED）是通过电子从高能级跃迁到低能级，发出频谱宽度在几百纳米以下的光，如图 12.4.1 所示。可见光光谱的波长范围为 380 ~ 760 nm，人眼感受到的七色光——红、橙、黄、绿、青、蓝、紫，各自都是一种单色光。白光是由多种单色光合成的复合光，早在 1666 年，就被英国物理学家牛顿发现（见 3.3.2 节）。

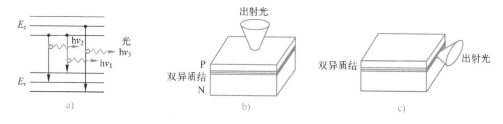

图 12.4.1　LED 的发光机理及分类

a）LED ——光的自发辐射　b）面发射 LED　c）边发射 LED

LED 有面发光型和边发光型两类。面发光 LED 的出光面与 PN 结平面平行，如图 12.4.1b 所示。边发光 LED 与普通的 LD 相同，从 PN 结的一个端面（与结平面垂直）出光，如图 12.4.1c 所示。

发光二极管的材料主要是 III-V 族化合物半导体，如 GaP、GaAs、GaN 等，半导体材料往往折射率较高（如 GaAs，$n = 3.6$），故在材料与空气的界面易发生全反射，使光不能完全辐射出去，如图 12.4.2a 所示。为了提高面发光 LED 的耦合效率，通常将 LED 芯片封装在塑料半透镜的中心，如图 12.4.2b 和图 12.4.2c 所示。透明塑料的折射率为 1.5，光输出是图 12.4.2a 的 4 倍，而且造价也低，因而被大量使用。

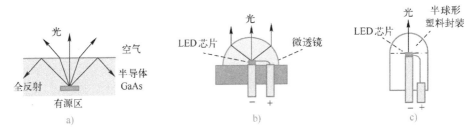

图 12.4.2　面发光 LED 的结构[6]

a) 面发射 LED 发散角大，部分光出现全反射　b) 加微透镜聚光 LED　c) 半球形塑料封装 LED

2. 白光是如何实现的

白光 LED 实际上是蓝光和黄光的混合光，因为黄色是红色和绿色的混合色，所以将蓝色和黄色混合，相当于将红色、绿色和蓝色三色混合，当然会显示白色。白光 LED 的出现，主要归功于氮化镓铟（GaInN）高亮度蓝光 LED 的研制成功。一种典型的白光 LED 结构如图 12.4.3a 所示，它是将磷光体半球体覆盖 GaInN 芯片，该芯片在加上电压后发出蓝光，部分蓝光激发 $Y_3Al_5O_{12}$：Ce^{3+} 磷光体中的发光中心 Ce^{3+}，发出黄光，然后蓝光和黄光混合就变成了肉眼看到的白光，其光谱图如图 12.4.3b 所示。由此可见，这种白光 LED 综合采用了电致发光和光致发光的原理。电致发光是一种直接把电能转换成光能的物理现象。光致发光是在磷光体中，发光中心（催化剂）首先被高频光激发，高能量光子首先被吸收，然后以低能量光子发射的一种发光现象。彩色阴极射线管（CRT）显示器和等离子体（PDP）平板显示器就是光致发光的例子。

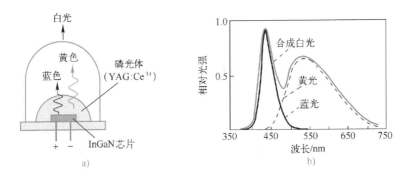

图 12.4.3　白光 LED 的结构和光谱形成的过程

a) 典型白光 LED 结构　b) 白光 LED 光谱的形成

借助分别独立驱动单独发射红光、绿光和蓝光（RGB）的三基色芯片，就可以得到白光或 256 个颜色中的任意一种颜色。

3. LED 特性及应用

PN 结材料的能带决定了 LED 的光谱特性，其峰值波长由禁带宽度所决定，如式（6.1.4）所示。LED 发出的是非相干光，所以光谱宽带 $\Delta\lambda_{1/2}$ 为几十到上百毫微米，如图 12.4.4a 所示。

LED 的工作电流一般在十到数十毫安，发射功率一般在几百微瓦到毫瓦量级。$P\text{-}I$ 特性曲线的线性区很宽，无阈值电流。在电流较大时，PN 结发热，发光效率降低，出现饱和现象，如图 12.4.4b 所示。

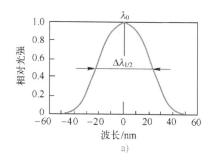
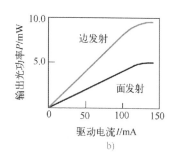

图 12.4.4　LED 的特性

a）频谱特性　b）$P\text{-}I$ 特性

LED 适用于低速低频短距离的应用场合，可以直接调制，其基本电路如图 12.4.6 所示。对 InGaAsP LED，其调制带宽在 $50\sim140\,\mathrm{MHz}$ 范围内。边发光 LED 的调制带宽为几百兆赫，而面 LED 仅为几十兆赫。目前已有各种各样的 IC 芯片可供驱动 LED 使用。

LED 可用于仪器仪表的指示灯，如将单个 LED 拼成符号、字符或纵横矩阵排列，可显示符号、字符、图形和广告显示屏等。GaAs LED 发光波长 867 nm，与 Si 光探测器有最佳的光谱匹配，是各种遥控器、光耦合器、光电检测系统的关键器件。

由于 LED 耗电少，使用寿命长，目前 LED 照明技术已是一种新型节能、环保替代技术。如果将光伏电池与 LED 装配在一起，则白天由光伏电池收集阳光，转化成电能存储，晚上供给 LED 发光，运用于城市亮化工程，可有效地消减城市用电，也为游牧区和边远山区提供了一种照明方案。

12.4.2 可见光通信系统

室内 LED 光通信系统中，采用半漫反射链路配置，发射机为调制的白光 LED 阵列光源，安装在天花板或墙壁上，具有较大的发散角，多个阵列光源可以使得直射光信号覆盖到室内所有角落，有效降低阴影和遮挡的影响。位于桌面的光接收机接收来自发射机的光信号。在室内可见光通信系统中，考虑到照明的需要，直射链路在信道中占主导地位，同时也存在着一部分漫反射链路。

通常，可见光通信采用强度调制-直接检测（IM/DD）技术，强度调制可分为模拟强度光调制和数字强度光调制。模拟强度光调制是模拟电信号线性地直接调制 LED 的输出光功率，如图 12.4.5a 所示。当调制信号是数字信号时，调制原理与模拟强度调制相同，只要用脉冲波取代正弦波即可，如图 12.4.5b 所示，工作点均选在 $P\text{-}I$ 特性的线性区，以免引起信号失真。

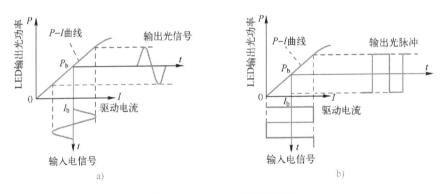

图 12.4.5 LED 的强度调制

a) 模拟强度调制 b) 数字强度调制

LED 驱动电路多种多样，有对模拟信号的驱动电路，有对数字信号驱动的驱动电路，图 12.4.6 只表示出几种样式。

可见光通信接收机的主要部分是光敏二极管及紧随其后的前置放大器，光敏二极管产生的信号光电流流经前置放大器的输入阻抗时，将产生信号光电压，使用大的负载电阻 R_L，可使该电压增大，因此，窄带系统常常使用高阻抗前置放大器，如图 12.4.7a 所示。同时，大的 R_L 可减小热噪声和提高接收机灵敏度。高输入阻抗前置放大器的主要缺

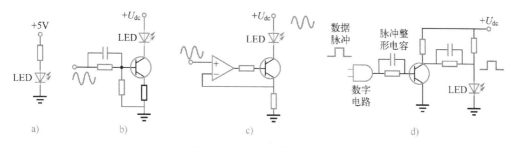

图 12.4.6　LED 驱动电路

a）直接驱动电路　b）模拟信号输入　c）提供恒定电流的结型晶体管　d）数字电路驱动 LED

点是它的带宽窄，因为带宽 $\Delta f = (2\pi R_L C_T)^{-1}$，$C_T$ 是总的输入电容，包括光敏二极管结电容和前放输入级晶体管输入电容。假如接收机灵敏度不是主要关心的问题，人们可以简单地减小 R_L，增加接收机带宽，这样的接收机就是跨阻抗前置放大器，如图 12.4.7b 所示。可用提供恒定电流的结型晶体管对 LED 驱动，如图 12.4.6c 所示；也可以用数字电路驱动 LED，如图 12.4.6d 所示。在光接收机中，光接收前置放大器扮演着关键的作用，其基本电路如图 12.4.7 所示。图 12.4.7a 表示的高输入阻抗放大器，接收灵敏度高，但带宽窄；图 12.4.7b 表示的跨阻抗放大器，接收机灵敏度高，带宽也宽。

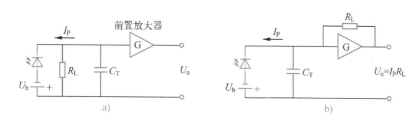

图 12.4.7　光接收机前置放大器

a）高输入阻抗窄带放大器　b）跨阻抗宽带放大器

可见光通信技术原理是将需要传输的信息编码成一段特殊信号，用 OOK 调制方式将这个信号加到 LED 灯具的驱动电流上，如图 12.4.8 所示，使 LED 灯具以极高的频率闪烁。虽然人眼看不到这种闪烁，但是通过光探测器可以检测到这种高频闪烁，并将其解调还原为原来的信息，从而通过灯具完成信息传输的目的。白光通信具有保密性强，不占用无线信道资源，可以集成到灯具中。

国外已有一些产品可供选择，比如有一款产品的参数是，广播速率 100 Mbit/s，通信距离 2 m，覆盖面积 10 m²，嵌入天花板的 LED 发射源为 16 个。

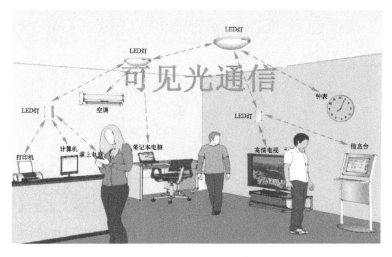

图 12.4.8　可见光通信

12.4.3　可见光通信上行链路

可见光通信的上行链路有以下 3 种方案。

（1）射频上行链路

目前，射频通信技术已经相当成熟，人们熟知的 Wi-Fi（IEEE 802.11）已广泛应用在室内通信。

（2）红外光上行链路

以 RGB 3 色 LED 中的 473 nm 蓝色光作为系统下行链路信号源，以中心波长 850 nm 的红外 LED 作为上行链路，上下行均采用离散多音频（DMT）方式进行调制，构成波分双工系统。接收则采用 APD 探测器，其前端分别放置 850 nm 和 473 nm 的带通滤光片，用于消除上下行间的干扰和抑制背景噪声。

（3）激光上行链路

以 1550 nm 激光作为上行数据信号载波光束，以白光 LED 作为下行链路，构成一套波分全双工的通信系统。接收端采用 APD 探测器，其前端放置 1550 nm 窄带滤光片。

12.4.4　可见光通信应用

可见光通信应用领域宽广，现举例说明如下。

（1）照明与通信

LED 照明灯除满足照明需求外，也可以在室内环境下广播信息。

（2）视觉信号与数据传输

交通信号灯主要通过颜色变化给人们提供信号，而将数据通信与信号灯结合，则可为交通管理提供更好的安全可靠性。

基于可见光通信技术的新型媒体广告电视屏幕，室外大型商场、超市、写字楼 LED 屏幕、路灯及家庭内部 LED 照明灯均是一种隐式广告发布平台。

（3）室外显示与数据通信

火车站、机场的 LED 显示屏通常用于显示信息，如果将信息和数据直接传输给用户手持终端，将会给用户提供很大便利，这是一种直接使用屏幕的数据传输与交互方式。

（4）室内定位

可见光可用于矿下通信与定位、地下停车场车辆定位、大型楼宇室内人员三维定位、超市物品展示与导购员定位、博物馆展品无线讲解员定位等典型行业。

在消防人员进入现场救火时，为确保消防人员的人身安全，在其制服上按上定位纽扣，使消防人员现场救援可视化；在公共场所，发生恐怖袭击或者突发灾难时，室内定位技术会让后台指挥人员实时了解现场动向，以便及时有效地进行处置。机场室内定位技术可运用在可疑物品跟踪上，只要系统发现该物品进入了不该进入的区域，就立刻报警。

工业 4.0 时代，通过室内定位技术让整个生产流程可视化和可追踪化。

在监狱/医院，在每个犯人/病人手上装一个不可拆卸的手环，只要系统检查到有人单独在一个房间里停留时间过长，系统就会报警，以防止事故发生。

不过，无论国外还是国内，对于可见光通信的具体应用大多数处于实验室研究阶段，并未形成规模化的应用。

可见，光通信目前仅是 Wi-Fi、蓝牙技术的补充和一定范围内的替代。

12.5 自由空间传输量子通信

科学的真理不应在古代圣人那蒙着灰尘的书上去找，而应该在实验中和以实验为基础的理论中去找。真正的哲学是写在那本经常在我们眼前打开着的最伟大的书里面的。这本书就是宇宙，就是自然本身，人们必须去读它。

——伽利略（G. Galilei）

10.8 节已介绍了光纤传输量子通信。在光纤信道中光子的传输存在着固有损耗，在 1550 nm 波段这个损耗的典型值为 0.2 dB/km，同时由于光纤的双折射效应（见 2.3.4 节），长距离传输后光子的相干性变得很差，因此光纤量子通信的通信距离也逐渐到达了瓶颈。相对于光纤信道，光子在自由空间传输过程中的衰减更小，而且大气中几乎不存在双折射效应，这也使得基于自由空间的量子通信近些年发展迅速。

1989 年，Bennett 等人首次在桌面平台上完成了量子密钥分发的实验验证，通信距离为 32 cm。

2005 年，潘建伟小组在合肥实现了 13 km 的双向纠缠光子分发，在国际上首次验证了纠缠光子穿越等效大气厚度的可行性。

图 12.5.1　青海湖湖心岛的百千米级量子纠缠分发实验

　　2007 年 6 月，一个由奥地利、英国、德国研究人员组成的小组进行了大气量子通信距离 144 km 实验。因为大气容易干扰光子脆弱的量子状态，而要达到更远的通信距离就很难。由于大气随高度增加而日趋稀薄，乘卫星旅行数千千米穿过的大气只相当于在地面上旅行 8 km。因此，科学家们想出了通过人造卫星发送光子的解决办法。

　　2012 年，潘建伟小组在青海湖实现了 101 km 的自由空间量子纠缠分发实验，如图 12.5.1 所示。

　　2018 年 1 月，潘建伟教授及其同事彭承志等组成的研究团队，联合中国科学院上海技术物理研究所王建宇研究组、国家天文台等，与奥地利科学院 Anton Zeilinger 研究组合作，利用"墨子号"量子科学实验卫星，在中国和奥地利之间首次实现距离达 7600 km 的洲际量子密钥分发，并利用共享密钥实现加密数据传输和视频通信，如图 12.5.2 所示。该成果标志着"墨子号"已具备实现洲际量子保密通信的能力，为未来构建全球化量子通信网络奠定了坚实基础。

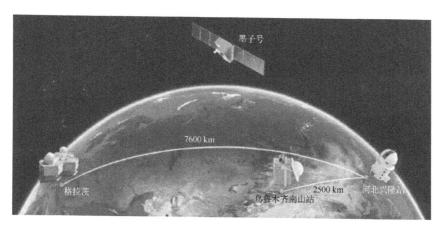

图 12.5.2　中国和奥地利科学家进行的洲际量子保密通信网络示意图

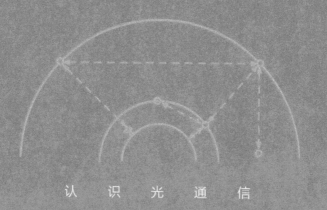

附　　录

认　识　光　通　信

附录 A 名词术语索引

ADC （Analog Digital Conversion）	模拟数字变换
APD （Avalanche Photodiode）	雪崩光敏二极管
APON （ATM PON）	ATM 无源光网络
APT （Acquisition Pointing Tracking）	捕获、瞄准和跟踪
ASIC （Application-Specific Integrated Circuit）	专用集成电路
ATM （Asynchronous Transfer Mode）	异步传输模式
AU （Administrative Unit）	管理单元
AWG （Arrayed Waveguide Grating）	阵列波导光栅
BER （Bit Error Rate）	比特误码率
BH （Buried Heterostructure）	双异质结半导体激光器
BPSK （Binary Phase Shift Keying）	二进制相移键控
BU （Branching Units）	分支单元
CATV （Common-Antenna （cable） Television）	共用天线（电缆）电视
CCD （Charge-Coupled Devices）	电荷耦合器件
CD （Chromatic Dispersion）	色度色散
CDM （Code Division Multiplexing）	码分复用
CES （Circuit Emulation Service）	电路仿真业务
CM （Cable Modem）	电缆调制解调器
CNR （Carrier-To-Noise Ratio）	载噪比
CRT （Cathode Ray Tube）	阴极射线管
CSF （Cutoff Wavelength Shifted Fiber）	截止波长位移光纤
CTE （Cable Terminating Equipment）	海缆终结设备
DAC （Digital Analog Conversion）	数模转换器
DBA （Dynamic Bandwidth Assignment）	动态带宽分配
DBR （Distributed Bragg Reflector）	分布布拉格反射镜
DCF （Dispersion Compensation Fiber）	色散补偿光纤
DFB （Distributed Feedback） Laser	分布反馈激光器
DFT （Discrete Fourier Transform）	离散傅里叶变换
DRA （Distributed Rama Amplifier）	分布式光纤拉曼放大器

DSF （Dispersion Shifted Fiber）	色散位移光纤
DSP （Digital Signal Processing）	数字信号处理器
DWDM （Dense Wavelength Division Multiplexing）	密集波分复用
EDC （Electrical Dispersion Compensation）	电子色散补偿
EDFA （Erbium-Doped Fiber Amplifier）	掺铒光纤放大器
EDRS （European Data Relay Satellite）	欧洲数据中继卫星
ESA （European Space Agency）	欧洲空间局
EPON （Ethernet PON）	以太网 PON
FDM （Frequency-Division Multiplexing）	频分复用
FEC （Forward Error Correction）	前向纠错
FFT （Fast Fourier Transform）	快速傅里叶变换
FIR （Finite Impulse Response） filter	有限冲激响应滤波器
FOH （Frame Overhead）	帧开销
F-P （Fabry-Perot） Resonator	法布里-珀罗谐振腔
FRA （Fiber Raman Amplifiers）	光纤拉曼放大器
FSAN （Full Service Access Network）	全业务接入网
FSO （Free Space Optical） Communications	自由空间光通信
FSR （Free Spectral Range）	自由光谱区
FTTB/C （Fiber to the Building/Curb）	光纤到楼/路边
FTTCab （Fiber to the Cabinet）	光纤到交接间
FTTH （Fiber to the Home）	光纤到家
FWHM （Full Width at Half Maximum）	半最大值全宽
FWM （Four-Wave Mixing）	四波混频
GEO （Geosynchronous Earth Orbit）	同步地球轨道
GMP （Gain Measuring Point）	增益测量点
GPON （Gigabit Capable PON）	千兆无源光网络
GVD （Group-Velocity Dispersion）	群速度色散
HEC （Header Error Control）	信头误码控制
HFC （Hybrid Fiber Copper）	光纤/电缆混合网络
IDFT （Discrete Fourier Inverse Transform）	离散傅里叶逆变换
IEEE （Institute of Electrical and Electronics Engineers）	国际电气和电子工程师协会
IFFT （Fourier Inverse Transformation）	傅里叶逆变换

IM/DD（Intensity Modulation With Direct Detection）	强度调制/直接检测
IrDA（Infrared Data Association）	红外数据协议
ITU-T（International Telecommunication Union Telecommunication Standards Department）	国际电信联盟电信标准部
LAN（Local Area Network）	局域网
LD（Laser Diode）	激光二极管
LED（Light Emitting Diode）	发光二极管
LEO（Low Earth Orbit）	低轨道
LTE（Line Terminal Equipment）	线路终端
MAN（Metropolitan Area Networks）	城域网
MEO（Middle Earth Orbit）	中地球轨道
MFH（Mobile Fronthaul）	移动前传
ML（Maximum likelihood）	极大似然（载波相位估计算法）
MLM（Multi-Longitudinal Mode）LD	多纵模激光器
MQW（Multiquantum Well）	多量子阱
M-Z（Mach-Zehnder）	马赫-曾德尔
NA（Numerical Aperture）	数值孔径
NASA（National Aeronautical and Space Administration）	（美国）国家航空航天局
NCG（Net Coding Gain）	净编码增益
NZ-DSF（Non Zero Dispersion Shift Fiber）	非零色散位移光纤
OA&M（Operation，Administration and Maintenance）	运行管理与维护
OAN（Optical Access Network）	光接入网
OCDM（Optical Code Division Multiplexing）	光码分复用
ODN（Optical Distribution Network）	光分配网络
OFDM（Orthogonal Frequency Division Multiplexing）	正交频分复用
OIF（Optical Interworking Forum）	光互联网论坛
OLT（Optical Line Termination）	光线路终端
OOK（On-Off Keying）	开关键控
OSNR（Optical SNR）	光信噪比
OTDM（Optical Time Division Multiples）	光时分复用
OTDR（Optical Time-Domain Reflectometer）	光时域反射仪

OTM（Optical Terminal Multiplexer）	光终端复用器
OTN（Optical Transport Network）	光传输网
OWMAC（Optical Wireless Media Access Protocol）	光无线媒体接入控制协议
PAM（Pulse Amplitude modulation）	脉冲幅度调制
PC（Polaring beam Combiner）	偏振光束合光器
PCM（Pulse-Code Modulation）	脉冲编码调制
PD（Photo Detection）	探测器
PDH（Plesiochronous Digital Hierarchy）	准同步数字制式
PFE（Power Feeding Equipment）	馈电设备
PLOAM（Physical Layer OAM）	物理层 OAM
PMD（Polarization Mode Dispersion）	偏振模色散
PMD（Physical Media Dependent）	物理媒质相关层
PM（Polarization Multiplexing）	偏振复用
PM-QPSK	偏振复用差分正交相移键控
PON（Passive Optical Network）	无源光网络
PPM（Pulse Position Modulation）	脉冲位置调制
PS（Polarizing beam Splitter）	偏振光束分光器
PS-PON（Power Splitting PON）	功率分配
PSK（Phase Shift Keying）	相移键控
IM/DD（Intensity Modulation/Direct Detection）	强度调制/直接检测
I/Q（In-phase/Quadrature）Modulation	同向/正交调制
QAM（Quadrature Amplitude Modulation）	正交幅度调制
QPSK（Quadrature Phase-Shaft Keying）	正交相移键控调制
RF（Radio Frequency）	射频
RoF（Radio of Fiber）	射频信号光纤传输
ROPA（Remote Optically Pumped Amplifier）	远端光泵浦放大器
SBS（Stimulated Brillouin Scattering）	受激布里渊散射
SCM（Subcarrier Modulation）	微波副载波复用
SDH（Synchronous Digital Hierarchy）	同步数字制式
SILEX（Semiconductor Laser Inter Satellite Link Experiment）	半导体激光星间链路试验
SLM（Single Longitudinal Mode）	单纵模激光器
SMF（Single Mode Fiber）	单模光纤

SNI（Service Node Interface）	业务结点接口
SNR（Signal-to-Noise Ratio）	信噪比
SOA（Semiconductor Optical Amplifier）	半导体光放大器
SOH（Section Overhead）	段开销
SPM（Self-Phase modulation）	自相位调制
SSF（Standard Single Mode Fiber）	标准单模光纤
SRS（Stimulated Raman Scattering）	受激拉曼散射
STB（Set Top Box）	机顶盒
STM（Synchronous Transfer Mode）	同步传送模式
SWS（Single Wavelength System）	单波长系统
TCS（Transmission Convergence Sublayer）	传输汇聚子层
TDM（Time-Division Multiplexing）	时分复用
TDMA（Time Division Multiple Access）	时分多址接入
TU（Tributary Unit）	支路单元
TW-PD（Traveling Wave PD）	行波光探测器
UTOPIA（Universal Test & Operation Physical Interface for ATM）	ATM 通用测试运行物理接口
VC（Virtual Container）	虚容器
VHF-UHF（Very High Frequency-Ultra High Frequency）	甚高频-超高频
VLCC（Visible Light Communication Consortium）	可见光通信联盟
VOA（Variable Optical Attenuator）	可变光衰减器
VoD（Video on Demand）	视频点播
VPI/VCI（Virtual Path Identifier/ Virtual Channel Identifier）	虚通道标识符/虚信道标识符
VSB -AM（Vestigial Side Band AM）	残留边带幅度调制
WAN（Wide Area Network）	宽域网
WDM（Wavelength Division Multiplexing）	波分复用
WDMA（Wavelength Division Multiaccess）	波分多址，波分多路接入
WG-PD（Waveguide PD）	波导光探测器
WiMAX（Worldwide Interoperability for Microwave Access）	全球微波接入互操作
Wireless Optical Communications	无线光通信
WNZ-DSF（Wide Band NZ-DSF）	宽带非零色散位移光纤

附录 B　科学名人及其贡献

（括号内数字表示所在章节）

哥白尼（N. Kopernik）	提出日心说，近代自然科学的奠基人（0）
贝尔（A. G. Bell）	发明电话（1.2）和光电话（1.2.1）
梅曼（T. H. Maiman）	发明第一台红宝石激光器（1.2.2）
高锟（K. C. Kao）	光纤通信鼻祖（1.2.4）
麦克斯韦（J. C. Maxwell）	预言电磁波存在，建立麦克斯韦方程组（2.1.1）
赫兹（H. Hertz）	验证电磁波存在（2.1.1）
爱因斯坦（A. Einstein）	提出光子假设，成功解释了光电效应（2.1.2）
普朗克（M. K. E. L. Planck）	发现能量量子化，1918 年荣获诺贝尔物理学奖（2.1.3）
斯奈尔（W. Snell）	发现折射定律（2.3.1）
托马斯·杨（Thoms Young）	进行双缝干涉实验（2.3.2）
布拉格（W. Bragg）	父子同获一个诺贝尔奖，建立了布拉格公式（2.3.2）
惠更斯（C. Huygens）	提出波前每一点是球面次波点波源的惠更斯原理（2.3.2）
牛顿（I. Newton）	用三角棱镜将太阳光分解为七色彩带（3.3.2）
弗琅荷费（J. Fraunhofer）	发现衍射光斑（2.3.2）
菲涅尔（A. Fresnel）	发现偏振光，物理光学的缔造者（2.3.3）
巴塞林那斯（E. Bartholinus）	发现双折射现象（2.3.4）
珀克（F. C. A. Pockels）	发现线性电光效应（即晶体折射率与所加电场强度的一次方成正比变化）（4.1.1）
马赫（L. Mach）－曾德尔（L. Zehnder）	发明马赫-曾德尔（M-Z）干涉仪（4.1.2）
法拉第（M. Faraday）	在电磁学等领域做出过杰出的贡献（5.1.2）
法布里（C. Fabry）和玻罗（A. Perot）	发明 F-P 光学谐振器（6.1.2）
拉曼（C. V. Raman）	发现光通过介质会发生拉曼散射（8.2.1）

参考文献

[1] 原荣. 光纤通信技术[M]. 北京：机械工业出版社，2011.

[2] 原荣. 海底光缆通信——关键技术、系统设计及 OA&M[M]. 北京：人民邮电出版社，2018.

[3] 原荣. 光纤通信[M]. 3 版. 北京：电子工业出版社，2010.

[4] 原荣. 光纤通信入门 130 问[M]. 北京：机械工业出版社，2012.

[5] 曹天元（Capo）. 上帝掷骰子吗?：量子物理史话[M]. 北京：北京联合出版公司，2013.

[6] 原荣，邱琪. 光子学与光电子学[M]. 北京：机械工业出版社，2014.

[7] 马晶，谭立英，于思源. 卫星光通信[M]. 北京：国防工业出版社，2015.

[8] 柯熙政，邓莉君. 无线光通信[M]. 北京：科学出版社，2016.

[9] [美] Hamid Hemmati. 近地激光通信[M]. 佟首峰，刘云清，娄岩，译. 北京：国防工业出版社，2017.

[10] [法] Olivier Bouchet. 无线光通信[M]. 韩仲祥，马丽华，康巧燕，等译. 北京：国防工业出版社，2018.

[11] ITU-T G. 987. 2（02/2016）. 10-Gigabit-capable passive optical networks（XG-PON）：Physical media dependent（PMD）layer specification[S].

[12] 原荣. 光纤通信网络[M]. 2 版. 北京：电子工业出版社，2012.

[13] [日] 未松安晴，伊贺健一. 光纤通信入门[M]. 刘时衡，梁民基，译. 北京：国防工业出版社，1981.